EINFÜHRUNG IN DIE KRISTALLPHYSIK

EINFÜHRUNG IN DIE KRISTALLPHYSIK

PROF. DR. WILL KLEBER · DR. KLAUS MEYER
DIPL.-PHYS. WERNER SCHOENBORN

Mit 82 Abbildungen

AKADEMIE-VERLAG · BERLIN

1968

Erschienen im Akademie-Verlag GmbH, 108 Berlin, Leipziger Straße 3—4

Lizenznummer: 202 · 100/440/68
Gesamtherstellung: VEB Druckhaus „Maxim Gorki", 74 Altenburg
Bestellnummer: 5668 · ES 18 F 3/18 C 2
17,—

Vorwort

Wir meinen, daß es heute für die Publikation einer „Einführung in die Kristallphysik" keiner weiteren Begründung bedarf. Es ist nicht zu übersehen, daß die Kristallographie und Kristallphysik seit 50 Jahren eine ungewöhnlich steile Entwicklung erfahren haben, die nicht zuletzt durch technische Anwendungen beträchtlich gesteigert wurde. Dabei mag es eine überraschende Tatsache sein, daß die deutsche wissenschaftliche Literatur praktisch kein modernes Lehrbuch aufzuweisen hat, obwohl auf diesem Gebiet eine ganz hervorragende und international anerkannte Tradition vorliegt. Es sei in diesem Zusammenhang nur an die bedeutenden Werke von Theodor Liebisch, von Paul von Groth und insbesondere von Waldemar Voigt erinnert, dessen Lehrbuch der Kristallphysik vom Jahre 1910 bis in unsere Tage effektiv geblieben ist. Mit der vorliegenden Monographie soll eine Einführung in die Kristallphysik gegeben werden.

Neben der „Kristallphysik" im klassischen Sinne hat sich eine mehr oder weniger eigenständige und sehr aktive „Festkörperphysik" entwickelt. Es erscheint heikel, eine definierte Grenzlinie zwischen beiden Gebieten festlegen zu wollen. Vielleicht sind es nur Akzente, durch die sich beide Richtungen unterscheiden. Die Schwerpunkte der „Kristallphysik" liegen sicher in den Beziehungen zu Symmetrie- und Strukturproblemen.

Dieser Konzeption folgend werden in diesem Buch die physikalischen Eigenschaften der Kristalle unter den Aspekten der Symmetrie, der Ideal- und der Realstruktur diskutiert. Zum Studium des Einflusses der Kristallsymmetrie auf die störungsunempfindlichen physikalischen Eigenschaften werden zunächst grundlegende Kenntnisse über die 32 Punktgruppen und 90 magnetischen Punktgruppen vermittelt und mit den in Tensorschreibweise formulierten Effekten in Beziehung gesetzt. Die in den letzten Jahren erfolgte Verbindung der magnetischen Punktgruppensymmetrie mit den physikalischen Eigenschaften ist in diesen Teil mitaufgenommen worden. Selbstverständlich konnten im Bereich der Gitterphysik nur einige wenige charakteristische Modelle (Elastizität, Ferroelektrizität, Magnetismus, Brechung, Doppelbrechung, optische Aktivität) herausgegriffen werden. Im Kapitel zur Physik der Realstrukturen liegt das Gewicht auf der Darstellung der Geometrie der Kristallbaufehler. Von den störungsempfindlichen Eigenschaften werden Plastizität, Bruch und Diffusion diskutiert.

Diese „Einführung“ ist für Studenten und Nachwuchswissenschaftler der Fachrichtungen Kristallographie, Physik, Chemie und Mineralogie geschrieben.

Wir danken Herrn Prof. Dr. S. Haussühl und Herrn Dipl.-Phys. Ch. Ullner für ihre kritischen Bemerkungen zu den Teilen I und II sowie Herrn Dr. H. Bunge zu dem Teil IV des Manuskriptes.

Berlin, im Juni 1968

W. Kleber
K. Meyer
W. Schoenborn

Inhaltsverzeichnis

I. Elemente der Kristallsymmetrie

Von WERNER SCHOENBORN

1. Kristallsysteme und Translationsgitter

Als Kristall bezeichnen wir einen festen Körper, der aus einer dreidimensional periodischen Anordnung von Atomen oder Ionen besteht. Ein grobes Modell des Kristalls ist ein *Raumgitter*, das die Anordnung der Atomschwerpunkte charakterisiert (Abb. 1).

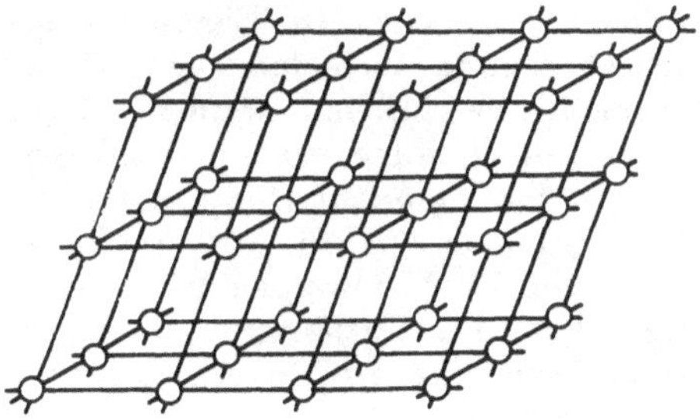

Abb. 1. Raumgitter aus identischen Gitterbausteinen

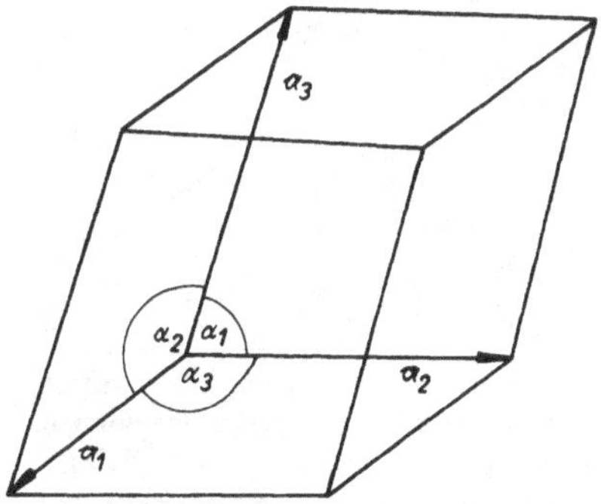

Abb. 2. Das Parallelepiped mit den Basisvektoren $\mathfrak{a}_1, \mathfrak{a}_2, \mathfrak{a}_3$ charakterisiert Form und Größe der Elementarzelle

Die kleinste Baueinheit, deren dreidimensionale Aneinanderreihung das Kristallgitter liefert, ist die *Elementarzelle* (Abb. 2). Mit den Basisvektoren $\mathfrak{a}_1$, $\mathfrak{a}_2$ und $\mathfrak{a}_3$ der Elementarzelle können wir den Vektor

$$\mathfrak{r} = n_1 \mathfrak{a}_1 + n_2 \mathfrak{a}_2 + n_3 \mathfrak{a}_3, \quad n_1, n_2, n_3 = 0, \pm 1, \pm 2, \ldots$$

definieren, der *identische Punkte* des Kristallgitters ineinander überführt. Gleichbedeutend damit ist die Aussage, daß die Translation der Elementarzelle um die Vektoren $\mathfrak{r}$ das Kristallgitter erzeugt.

Die Menge der Vektoren $\mathfrak{r}$ bildet eine Gruppe $T_{\mathfrak{r}}$, die *Translationsgruppe* genannt wird. Gruppenoperation ist die vektorielle Addition, Einselement ist der Nullvektor, und die zueinander inversen Gruppenelemente sind Vektoren gleichen Betrages und entgegengesetzter Richtung. Das assoziative Gesetz ist erfüllt.

Im Hinblick auf die Symmetrie der Kristallgitter interessiert uns die Symmetrie der Translationsgruppe bzw. die Symmetrie des *Translationsgitters*, dessen Gitterpunkte sich durch Abtragen der Vektoren der Translationsgruppe von einem festen Punkt ergeben. Dabei verstehen wir unter der Symmetrie der Translationsgruppe $\mathsf{T}_\mathfrak{r}$ die Menge der Symmetrieoperationen, die sämtliche Vektoren von $\mathsf{T}_\mathfrak{r}$ wieder in Vektoren von $\mathsf{T}_\mathfrak{r}$ überführen bzw. *Deckoperationen* für das Translationsgitter zu $\mathsf{T}_\mathfrak{r}$ sind. Diese Operationen sind *Drehungen*, *Drehspiegelungen* und *Drehinversionen*. Symmetrieoperationen jeder Translationsgruppe sind die Drehung um 360° und das *Inversionszentrum*, das jedem Vektor $\mathfrak{r}$ den Vektor $-\mathfrak{r}$ zuordnet. Die Drehspiegelung, die sich aus einer Drehung und Spiegelung an einer zur Drehachse senkrechten Ebene zusammensetzt, kann auch durch eine Drehinversion beschrieben werden, d. h. durch eine Drehung gekoppelt mit Inversion. So entspricht eine zweizählige Drehspiegelachse einem Inversionszentrum (Abb. 3). Wir werden die Symmetrie der Translationsgruppe durch Drehachsen und Drehinversionsachsen charakterisieren.

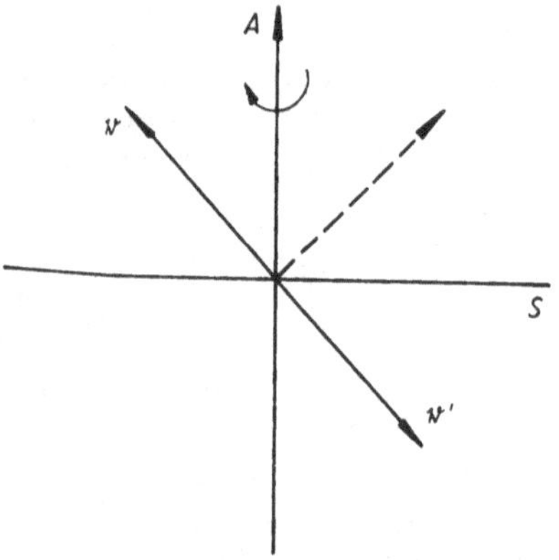

Abb. 3. Überführung von $\mathfrak{r}$ in $\mathfrak{r}'$ durch eine zwei-zählige Drehspiegelachse. Drehung um 180° um A und Spiegelung an S. Diese Operation entspricht einer Inversion

Mit dem Begriff der Translationsgruppe (des Translationsgitters) sind nur 1-, 2-, 3-, 4- und 6-zählige Achsen vereinbar, d. h. Drehungen und Inversionsdrehungen um 360°, 180°, 120°, 90° und 60°. Der Beweis schließt sich an.

Die Symmetriegruppe der Translationsgruppe $\mathsf{T}_\mathfrak{r}$ enthalte eine n-zählige Drehachse $\mathscr{C}_n$, d. h., eine Drehung um ein ganzzahliges Vielfaches von $2\pi/n$ ist Symmetrieoperation. Dann liegen senkrecht zu dieser Drehachse Vektoren aus $\mathsf{T}_\mathfrak{r}$, denn ist $\mathfrak{a}$ ein nicht zu $\mathscr{C}_n$ paralleler Vektor aus $\mathsf{T}_\mathfrak{r}$, so ist der Vektor $\mathscr{C}_n\mathfrak{a} - \mathfrak{a}$ aus $\mathsf{T}_\mathfrak{r}$ und senkrecht zu $\mathscr{C}_n$. Ein kürzester Vektor senkrecht zu $\mathscr{C}_n$ sei $\mathfrak{c}$. Der Vektor $\mathfrak{b} = \mathscr{C}_n\mathfrak{c} + \mathscr{C}_n^{-1}\mathfrak{c}$ ist dann parallel zu $\mathfrak{c}$, und für seinen Betrag gilt $|\mathfrak{b}| \leqq |2\mathfrak{c}|$ (Abb. 4). Da die Länge von $\mathfrak{b}$ nur ein ganzzahliges Vielfaches der Länge von $\mathfrak{c}$ sein kann, gilt

$$\mathscr{C}_n\mathfrak{c} + \mathscr{C}_n^{-1}\mathfrak{c} = m\mathfrak{c} \quad \text{mit} \quad m = 0, \pm 1, \pm 2.$$

Andererseits findet man aus Abb. 4

$$\mathscr{C}_n\mathfrak{c} + \mathscr{C}_n^{-1}\mathfrak{c} = 2\cos\frac{2\pi}{n}\,\mathfrak{c},$$

und der Vergleich beider Beziehungen liefert

$$2\cos\frac{2\pi}{n} = m \quad \text{mit} \quad m = 0, \pm 1, \pm 2.$$

Aus den Werten von m ergibt sich für die Zähligkeit n der Drehachsen $\mathscr{C}_n$:

m	-2	-1	0	1	2
n	2	3	4	6	1

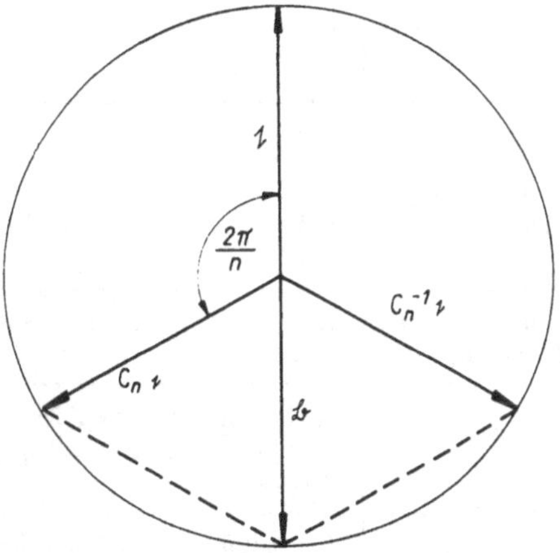

Abb. 4. $\mathfrak{b} = \mathscr{C}_n \mathfrak{c} + \mathscr{C}_n^{-1} \mathfrak{c}$

Da jede Translationsgruppe das Inversionszentrum als Symmetrieoperation besitzt, tritt zusammen mit der n-zähligen Drehachse auch die n-zählige Drehinversionsachse auf, womit der Beweis erbracht wäre.

Die Hintereinanderausführung von Symmetrieoperationen einer Translationsgruppe ergibt stets wieder eine Symmetrieoperation der Translationsgruppe. Offensichtlich bildet die Gesamtheit der Symmetrieoperationen einer Translationsgruppe eine Gruppe, die *Symmetriegruppe der Translationsgruppe*. Es wäre nun zu untersuchen, welche räumlichen Kombinationen der 10 ausgezeichneten Symmetrieachsen auf Symmetriegruppen führen. Das Ergebnis solch einer Betrachtung ist die Existenz von genau 7 verschiedenen Symmetriegruppen, die die 7 *Kristallsysteme* der Kristallographie charakterisieren[1]). Zu diesen 7 Symmetriegruppen gehören insgesamt 14 verschiedene Typen von Translationsgruppen, deren Translationsgitter unter der Bezeichnung BRAVAIS-*Gitter* bekannt sind. In Tab. 1 sind die Symmetriegruppen der 7 Kristallsysteme und die 14 zugehörigen BRAVAIS-Gitter angegeben. 1, 2, 3, 4, 6 kennzeichnen Drehachsen und ihre Zähligkeit; $\bar{1}, \bar{2}, \bar{3}, \bar{4}, \bar{6}$ kennzeichnen Drehinversionensachsen und ihre Zähligkeit. $2_\perp$ und $\bar{2}_\perp$ charakterisieren 2-zählige Achsen, die senkrecht zu 3- bzw. 6-zähligen Achsen liegen. Die Lage der Symmetrieachsen zueinander wird durch Bezugnahme auf *kartesische Rechtssysteme* x_1, x_2, x_3 angegeben. Im kubischen System sind die 4-zähligen und zugehörigen 2-zähligen Achsen parallel zu den Würfelkanten. Die übrigen 2-zähligen Achsen sind den Flächendiagonalen parallel, und die 3-zähligen Achsen gehen durch die Raumdiagonalen.

---

[1]) Zur gruppentheoretischen Ableitung dieser Ergebnisse s. z. B. LJUBARSKI, G. J., Anwendungen der Gruppentheorie in der Physik (Übersetzung aus dem Russischen), Berlin 1962.

Tabelle 1. Kristallsysteme und BRAVAIS-Gitter (Translationsgitter)

Kristallsystem	Symmetrieelemente	Beziehungen zwischen den Vektoren der BRAVAIS-Gitter	Zahl der Symmetrie-elemente
triklin	$1, \bar{1}$		2
monoklin	$1, \bar{1}, 2x_3, \bar{2}x_3$	$\alpha_1 = \alpha_2 = 90^0$ $\alpha_3 \neq 90^0$	4
rhombisch	$1, \bar{1}, 2x_1, 2x_2, 2x_3, \bar{2}x_1, \bar{2}x_2, \bar{2}x_3$	$\alpha_1 = \alpha_2 = \alpha_3 = 90^0$ $a_1 \neq a_2 \neq a_3 \neq a_1$	8
rhomboedrisch (trigonal)	$1, \bar{1}, 3(2\perp), 3(\bar{2}\perp), \pm 3x_3, \pm\bar{3}x_3$	$\alpha_1 = \alpha_2 = \alpha_3 \neq 90^0$ $a_1 = a_2 = a_3$	12
tetragonal	$1, \bar{1}, 2x_1, 2x_2, 2x_3, 2x_1x_2, 2\text{-}x_1x_2, \bar{2}x_1, \bar{2}x_2, \bar{2}x_3, \bar{2}x_1x_2, \bar{2}\text{-}x_1x_2, \pm 4x_3, \pm\bar{4}x_3$	$\alpha_1 = \alpha_2 = \alpha_3 = 90^0$ $a_1 = a_2 \neq a_3$	16
hexagonal	$1, \bar{1}, 6(2\perp), 2x_3, 6(\bar{2}\perp), \bar{2}x_3, \pm 3x_3, \pm\bar{3}x_3, \pm 6x_3, \pm\bar{6}x_3$	$\alpha_1 = \alpha_2 = 90^0$ $\alpha_3 = 120^0$ $a_1 = a_2$	24
kubisch	$1, \bar{1}, 9(2), 9(\bar{2}), 4(\pm 3), 4(\pm\bar{3}), 3(\pm 4), 3(\pm\bar{4})$	$\alpha_1 = \alpha_2 = \alpha_3 = 90^0$ $a_1 = a_2 = a_3$	48

Bravais-Gitter

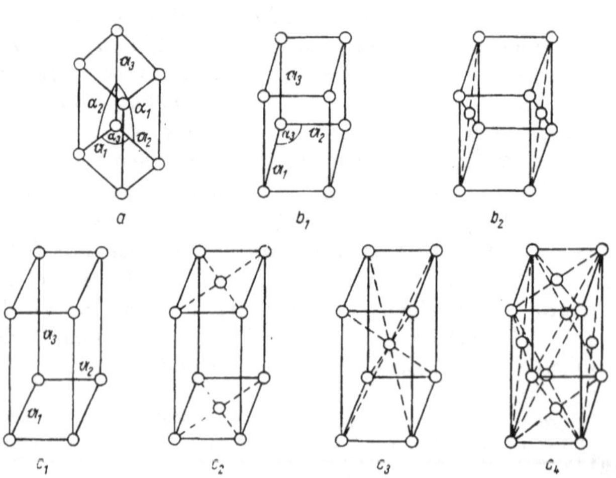

Tabelle 1 (Fortsetzung)

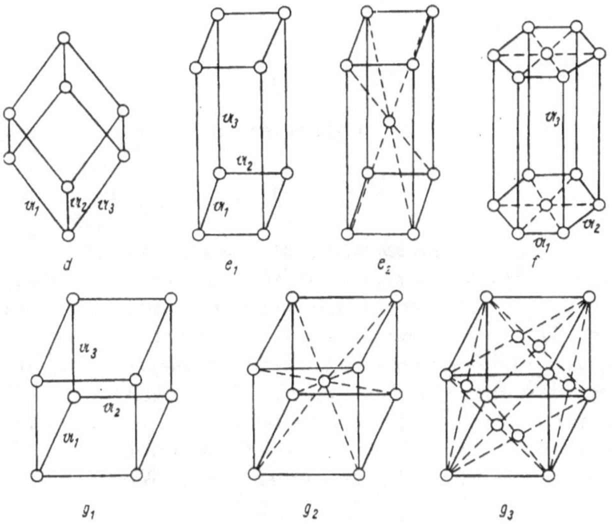

a) triklines Gitter; b_1) primitives monoklines Gitter; b_2) flächenzentriertes monoklines Gitter; c_1) primitives rhombisches Gitter; c_2) basisflächenzentriertes rhombisches Gitter; c_3) innenzentriertes rhombisches Gitter; c_4) allseitig flächenzentriertes rhombisches Gitter; d) rhomboedrisches Gitter; e_1) primitives tetragonales Gitter; e_2) innenzentriertes tetragonales Gitter; f) hexagonales Gitter; g_1) primitives kubisches Gitter; g_2) innenzentriertes kubisches Gitter; g_3) flächenzentriertes kubisches Gitter.

Die Existenz verschiedener Bravais-Gitter in einem Kristallsystem bedeutet, daß die Symmetriegruppe verschiedene Typen von Translationsgruppen zuläßt.

Nur im Falle eines *primitiven* Gitters entsprechen die $\mathfrak{a}_i$ der Bravais-Gitter in Tab. 1 den Basisvektoren der zugehörigen Translationsgruppe. Beispielsweise sind die Basisvektoren des flächenzentrierten monoklinen Bravais-Gitters

$$\mathfrak{b}_1 = \mathfrak{a}_1; \quad \mathfrak{b}_2 = \mathfrak{a}_2; \quad \mathfrak{b}_3 = (\mathfrak{a}_3 + \mathfrak{a}_1)/2$$

Ähnliches gilt für die anderen nicht primitiven Bravais-Gitter.

2. Kristallklassen

Auf Grund der Translationsperiodizität kann jedes Kristallgitter nur aus parallel ineinandergestellten kongruenten BRAVAIS-*Gittern bestehen*, wobei jede im Kristall vertretene Art von Gitterbausteinen mindestens ein BRAVAIS-Gitter besetzt. Dementsprechend ist zwischen den Symmetrieoperationen des Kristallgitters und der zugehörigen Translationsgruppe zu unterscheiden. Beachtet man, daß eine Überführung des Kristallgitters eine Überführung der Vektoren der Translationsgruppe miteinschließt, so kann sich eine *Gittersymmetrieoperation* nur aus einer Symmetrieoperation $\mathscr{S}$ der Translationsgruppe und einer Translation $\mathfrak{t}$ zusammensetzen. Wir schreiben sie in der Form

$$\mathfrak{r}' = \mathscr{S}\mathfrak{r} + \mathfrak{t} = \mathscr{S}/\mathfrak{t}\mathfrak{r},$$

wobei $\mathfrak{r}$ ein Ortsvektor im Kristall ist.

Wird die Anordnung der Gitterbausteine durch die *Massendichte* $\varrho(\mathfrak{r})$ beschrieben, so bezeichnen wir $S/\mathfrak{t}$ als Gittersymmetrieoperation, wenn

$$\varrho(\mathscr{S}/\mathfrak{t}\mathfrak{r}) = \varrho(\mathfrak{r})$$

ist. Die Gesamtheit dieser Operationen $\mathscr{S}/\mathfrak{t}$ bildet die *Raumgruppe* des Kristalls mit der Massendichte $\varrho(\mathfrak{r})$. Die Gittersymmetrieoperationen $\mathscr{S}/\mathfrak{t}$ mit $\mathfrak{t} \neq 0$ sind *Schraubenachsen* und *Gleitspiegelebenen*. Sie beschreiben die Kombination einer Drehung mit einer Translation $\mathfrak{t}$ parallel zur Drehachse bzw. eine Spiegelung mit einer Translation $\mathfrak{t}$ parallel zur Spiegelebene. Dabei ist $\mathfrak{t}$ ein ganzzahliger Bruchteil eines Basisvektors oder der Summe mehrerer Basisvektoren der Elementarzelle[1]).

Im Zusammenhang mit dem Einfluß der Kristallsymmetrie auf die *makroskopischen physikalischen Eigenschaften* interessiert uns die *Richtungs-* oder *Punktgruppensymmetrie*, die die Anordnung *äquivalenter Richtungen* im Kristallgitter beschreibt und sich im allgemeinen in der *Morphologie* des

---

[1]) SCHÖNFLIESS und FEDOROW zeigten unabhängig voneinander, daß gerade 230 von der Symmetrie her unterscheidbare Raumgitter existieren (die 230 Raumgruppen).

Kristalls offenbart. Richtungen werden durch Vektoren charakterisiert, so daß eine n-zählige Schraubenachse und n-zählige Drehachse sowie Gleitspiegelebene und Spiegelebene die gleiche Richtungssymmetrie angeben. Die Punktgruppensymmetrie kann daher durch Dreh- und Drehinversionsachsen dargestellt werden. Wir erhalten aus der Raumgruppe die zugehörige *Punktgruppe*, wenn wir die Operationen $\mathcal{S}/\mathfrak{t}$ durch $\mathcal{S}$ ersetzen.

Die Punktgruppen lassen sich folgendermaßen aus den Symmetriegruppen der Translationsgruppen ableiten. Jedes Element der Punktgruppe ist notwendig auch Symmetrieoperation der Translationsgruppe des Kristalls. Sind Kristallgitter und BRAVAIS-Gitter nicht identisch, so brauchen nicht alle Symmetrieoperationen der Translationsgruppe in der Punktgruppe vertreten zu sein. *Sämtliche Untergruppen der 7 Symmetriegruppen können also als Punktgruppen auftreten. Und das sind gerade 32.*[1])

Kristalle mit derselben Punktgruppe werden in einer *Kristallklasse* zusammengefaßt. Die Kristallklasse wird gemäß ihrer Punktgruppe dem Kristallsystem zugeordnet, in welchem die Punktgruppe als Untergruppe der Symmetriegruppe erscheint. Tritt die Punktgruppe als Untergruppe verschiedener Symmetriegruppen auf (z. B. sind 1 und $\bar{1}$, 1 Untergruppen aller Symmetriegruppen), so wird sie dem Kristallsystem mit der niedrigsten Symmetrie zugeordnet.

In Tab. 2 sind die 32 Kristallklassen aufgeführt. Spalte 4 enthält sämtliche Symmetrieelemente der Punktgruppe. Zur Kennzeichnung der Punktgruppe genügt jedoch der in Spalte 2 angegebene Satz *erzeugender Symmetrieelemente*, deren Kombination alle weiteren Symmetrieelemente der Punktgruppe liefert. m charakterisiert eine Spiegelebene und entspricht einer 2-zähligen Drehinversionsachse. n/m charakterisiert eine n-zählige Drehachse mit zu ihr senkrechter Spiegelebene. Die Symmetrieelemente in Spalte 2 sind ihrer Reihenfolge nach folgenden Richtungen in einem kartesischen Rechtssystem zugeordnet[2]):

monoklin	x_3
rhombisch	x_1, x_2, x_3
tetragonal	x_3 (Hauptachse), x_1 (Nebenachse), Winkelhalbierende zwischen x_1 und x_2 (Zwischenachse)
trigonal und *hexagonal*	x_3 (Hauptachse), x_1 (Nebenachse), $\perp x_3$ und 30° zu x_1 (Zwischenachse)
kubisch	x_1 bzw. x_2 bzw. x_3 = Würfelkante, Raumdiagonale, Flächendiagonale

[1]) Eine Gruppe wird als triviale Untergruppe von sich selbst mit zu ihren Untergruppen gezählt.

[2]) Diese Koordinatensysteme werden als Bezugssysteme für die Eigenschaftstensoren in den Tabellen von Teil II benutzt.

Tabelle 2. Die 32 Kristallklassen

1	2	3	4	5	6
Kristall-system	Klassensymbol inter-national	Klassensymbol SCHÖN-FLIESS	Symmetrieelemente	Zahl der Sym-metrie-elemente	erzeu-gende Matrizen
triklin	1	C_1	1	1	A_0
	$\bar{1}$	C_i	$1, \bar{1}$	2	A_1
monoklin	2	C_2	$1, 2x_3$	2	A_3
	m	C_s	$1, \bar{2}x_3$	2	A_5
	$2/m$	C_{2h}	$1, \bar{1}, 2x_3, \bar{2}x_3$	4	A_1, A_3
rhombisch	222	D_2	$1, 2x_1, 2x_2, 2x_3$	4	A_2, A_3
	$mm2$	C_{2v}	$1, \bar{2}x_1, \bar{2}x_2, 2x_3$	4	A_3, A_4
	mmm	D_{2h}	$1, \bar{1}, 2x_1, 2x_2, 2x_3, \bar{2}x_1, \bar{2}x_2, \bar{2}x_3$	8	A_1, A_2, A_3
trigonal	3	C_3	$1, \pm 3x_2$	3	A_6
	$\bar{3}$	C_{3i}	$1, \bar{1}, \pm 3x_2, \pm \bar{3}x_3$	6	A_1, A_6
	32	D_3	$1, 3(2\perp), \pm 3x_3$	6	A_2, A_6
	$3m$	C_{3v}	$1, 3(\bar{2}\perp), \pm 3x_3$	6	A_4, A_6
	$\bar{3}m$	D_{3d}	$1, \bar{1}, 3(2\perp), 3(\bar{2}\perp). \pm 3x_3, \pm \bar{3}x_3$	12	A_1, A_2, A_6
tetragonal	4	C_4	$1, 2x_3, \pm 4x_3$	4	A_7
	$\bar{4}$	S_4	$1, 2x_3, \pm \bar{4}x_3$	4	A_8
	$4/m$	C_{4h}	$1, \bar{1}, 2x_3, \bar{2}x_3, \pm 4x_3, \pm \bar{4}x_3$	8	A_1, A_7
	422	D_4	$1, 2x_1, 2x_2, 2x_3, 2x_1x_2. 2-x_1x_2, \pm 4x_2$	8	A_2, A_7
	$4mm$	C_{4v}	$1, 2x_3, \bar{2}x_1, \bar{2}x_2, \bar{2}x_1x_2, \bar{2}-x_1x_2, \pm 4x_3$	8	A_4, A_7
	$\bar{4}2m$	D_{2d}	$1, 2x_1, 2x_2, 2x_3, \bar{2}x_1x_2, \bar{2}-x_1,x_2, \pm \bar{4}x_3$	8	A_2, A_8
	$4/mmm$	D_{4h}	$1, \bar{1}, 2x_1, 2x_2, 2x_3, 2x_1x_2, 2-x_1x_2, \bar{2}x_1, \bar{2}x_2, \bar{2}x_3, \bar{2}x_1x_2, \bar{2}-x_1x_2, \pm 4x_3, \pm \bar{4}x_3$	16	A_1, A_2, A_7

Tabelle 2 (Fortsetzung)

1	2	3	4	5	6
Kristall-system	Klassensymbol inter-national	Klassensymbol SCHÖN-FLIESS	Symmetrieelemente	Zahl der Sym-metrie-elemente	erzeu-gende Matrizen
hexagonal	6	C_6	$1, 2x_3, \pm 3x_3, \pm 6x_3$	6	A_3, A_6
	$\bar{6}$	C_{3h}	$1, \bar{2}x_3, \pm 3x_3, \pm \bar{6}x_3$	6	A_5, A_6
	$6/m$	C_{6h}	$1, \bar{1}, 2x_3, \bar{2}x_3, \pm 3x_3, \pm \bar{3}x_3, \pm 6x_3, \pm \bar{6}x_3$	12	A_1, A_3, A_6
	622	D_6	$1, 6(2\perp), 2x_3, \pm 3x_3, \pm 6x_3$	12	A_2, A_3, A_6
	$6mm$	C_{6v}	$1, 2x_3, 6(\bar{2}\perp), \pm 3x_3, \pm 6x_3$	12	A_3, A_4, A_6
	$\bar{6}m2$	D_{3h}	$1, 3(2\perp)\ 3(\bar{2}\perp)\ \bar{2}x_3, \pm 3x_3, \pm \bar{6}x_3$	12	A_2, A_5, A_6
	$6/mmm$	D_{6h}	$1, \bar{1}, 6(2\perp), 2x_3, 6(\bar{2}\perp), \bar{2}x_3, \pm 3x_3, \pm 3x_2, \pm \bar{3}x_3, \pm 6x_3, \pm \bar{6}x_3$	24	A_1, A_2, A_3, A_6
kubisch	23	T	$1, 3(2), 4(\pm 3)$	12	A_3, A_9
	$m3$	T_h	$1, \bar{1}, 3(2), 3(\bar{2}), 4(\pm 3), 4(\pm \bar{3})$	24	A_1, A_3, A_9
	432	O	$1, 9(2), 4(\pm 3), 3(\pm 4)$	24	A_7, A_9
	$\bar{4}3m$	T_d	$1, 3(2), 6(\bar{2}), 4(\pm 3), 3(\pm \bar{4})$	24	A_8, A_9
	$m3m$	O_h	$1, \bar{1}, 9(2), 9(\bar{2}), 4(\pm 3), 4(\pm \bar{3}), 3(\pm 4), 3(\pm \bar{4})$	48	A_1, A_7, A_9

Spalte 6 der Tabelle 2 enthält einen Satz von *erzeugenden Matrizen* (s. Abschnitt 4).

Der Gruppencharakter der Punktgruppe soll an der Kristallklasse $4/m$ kurz erläutert werden. Dazu stellen wir die Verknüpfung der Symmetrieelemente in einer Multiplikationstabelle dar, bei der das Produkt von Zeilenelement × Spaltenelement im Schnittpunkt von Zeile und Spalte erscheint. (Das Produkt der Punktgruppenelemente entspricht einer Hintereinanderausführung der Symmetrieoperationen.)

	1	$\bar{1}$	$2x_3$	$\bar{2}x_3$	$+4x_3$	$-4x_3$	$+\bar{4}x_3$	$-\bar{4}x_3$
1	1	$\bar{1}$	$2x_3$	$\bar{2}x_3$	$+4x_3$	$-4x_3$	$+\bar{4}x_3$	$-\bar{4}x_3$
$\bar{1}$	$\bar{1}$	1	$\bar{2}x_3$	$2x_3$	$+\bar{4}x_3$	$-\bar{4}x_3$	$+4x_3$	$-4x_3$
$2x_3$	$2x_3$	$\bar{2}x_3$	1	$\bar{1}$	$-4x_3$	$+4x_3$	$-\bar{4}x_3$	$+\bar{4}x_3$
$\bar{2}x_3$	$\bar{2}x_3$	$2x_3$	$\bar{1}$	1	$-\bar{4}x_3$	$+\bar{4}x_3$	$-4x_3$	$+4x_3$
$+4x_3$	$4x_3$	$\bar{4}x_3$	$-4x_3$	$-\bar{4}x_3$	$2x_3$	1	$\bar{2}x_3$	$\bar{1}$
$-4x_3$	$-4x_3$	$-\bar{4}x_3$	$+4x_3$	$+\bar{4}x_3$	1	$2x_3$	$\bar{1}$	$\bar{2}x_3$
$+\bar{4}x_3$	$\bar{4}x_3$	$4x_3$	$-\bar{4}x_3$	$-4x_3$	$\bar{2}x_3$	$\bar{1}$	$2x_3$	1
$-\bar{4}x_3$	$-\bar{4}x_3$	$-4x_3$	$+\bar{4}x_3$	$+4x_3$	$\bar{1}$	$\bar{2}x_3$	1	$2x_3$

Die Multiplikation der Symmetrieelemente führt nicht aus der Gruppe. Einselement ist die einzählige Achse 1. Da die 1 in jeder Zeile und Spalte genau einmal auftritt, existiert zu jedem Symmetrieelement genau ein inverses. Mit der Gültigkeit des assoziativen Gesetzes ist auch die letzte Gruppenbedingung erfüllt.

3. Magnetische Kristallklassen

Die Raumgruppe eines Kristalls beschreibt die Symmetrie in der Anordnung seiner Atome oder Ionen. Dabei sind weitere Merkmale der Gitterbausteine unberücksichtigt geblieben, wie die (magnetischen) *Spinmomente* der Elektronen. *Ferro-, ferri- und antiferromagnetische Kristalle* besitzen *geordnete Spinmomente,* deren Verteilung eine andere Symmetrie als das Raumgitter zeigen kann. Zur Erweiterung der bisherigen Symmetriebetrachtungen haben wir demnach solche Symmetrieoperationen zu suchen, die die Gitterbausteine mit ihren magnetischen Momenten zur Deckung bringen. Dazu charakterisieren wir die *Spinverteilung durch die Spindichte* $\mathfrak{j}(\mathfrak{r})$ und definieren einen zu der Gittersymmetrieoperation $\mathcal{S}/\mathfrak{t}$ gehörigen Operator $\mathcal{J}$ für die Spindichte durch

$$\mathcal{J}\mathfrak{j}(\mathfrak{r}) = \mathcal{D}\mathfrak{j}(\mathcal{S}/\mathfrak{t}\,\mathfrak{r}).$$

Dabei kennzeichnet $\mathcal{D}$ eine Drehung der Spinmomente, die nach Ausführung von $\mathcal{S}/\mathfrak{t}$ zusätzlich auf die Spinmomente ausgeübt wird. Alle Operatoren $\mathcal{J}$ mit

$$\mathcal{J}\mathfrak{j}(\mathfrak{r}) = \mathfrak{j}(\mathfrak{r})$$

nennen wir Symmetrieoperatoren. Ihre Gesamtheit bildet die *Symmetriegruppe der Spindichte* $\mathfrak{j}(\mathfrak{r})$. Der so definierte Operator $\mathcal{J}$ ist zur Beschreibung linearer, gewinkelter und schraubenförmiger Spinanordnungen geeignet[1]).

Erscheinen als Elemente der Symmetriegruppe nur Operatoren $\mathcal{J}$, deren $\mathcal{D}$ die Richtung der Spins beläßt,

$$\mathfrak{j}(\mathcal{S}/\mathfrak{t}\,\mathfrak{r}) = \mathfrak{j}(\mathfrak{r})$$

oder umgekehrt

$$-\mathfrak{j}(\mathcal{S}/\mathfrak{t}\,\mathfrak{r}) = \mathfrak{j}(\mathfrak{r}),$$

so sprechen wir von einer linearen Spinanordnung. Die Symmetriegruppen der linearen Spinanordnungen sind unter der Bezeichnung *magnetische Raumgruppen* oder SCHUBNIKOW-*Gruppen* bekannt[2]). Wir bezeichnen die Operatoren

---

1) Siehe dazu KITZ, A., Phys. stat. sol. **10** (1965) 455.

2) Die Zahl der magnetischen Raumgruppen beträgt 1421 (SCHUBNIKOW-Gruppen).

$\mathscr{I}$ zu der ersten Beziehung mit $\mathscr{S}/\mathrm{t}$ und zu der zweiten Beziehung durch $\mathscr{R}\mathscr{S}/\mathrm{t} = \underline{\mathscr{S}}/\mathrm{t}$, wobei $\mathscr{R}$ die Spinumkehr charakterisiert und *Umkehroperator* genannt wird.

Im Zusammenhang mit dem Einfluß der Kristallsymmetrie auf die *makroskopischen physikalischen Eigenschaften* sind die *magnetischen Punktgruppen* von Bedeutung. Zwischen den magnetischen Raumgruppen und magnetischen Punktgruppen besteht die gleiche Beziehung wie zwischen den Raumgruppen und Punktgruppen. Entsprechend enthalten die magnetischen Punktgruppen Elemente $\mathscr{S}_i$ und $\mathscr{R}\mathscr{S}_k = \underline{\mathscr{S}}_k$. Zerlegen wir die magnetische Punktgruppe M in eine Menge M_1 von $\mathscr{S}_i$-Elementen und eine Menge M_2 von $\mathscr{R}\mathscr{S}_k = \underline{\mathscr{S}}_k$-Elementen, so finden wir unter Berücksichtigung von $\mathscr{R}\mathscr{S} = \mathscr{S}\mathscr{R}$ und $\mathscr{R}\mathscr{R} = 1$ folgende Verknüpfungsbeziehungen:

$$\mathscr{S}_j\mathscr{S}_j \in \mathsf{M}_1; \quad \underline{\mathscr{S}}_k\underline{\mathscr{S}}_l \in \mathsf{M}_1; \quad \mathscr{S}_i\underline{\mathscr{S}}_k \in \mathsf{M}_2; \quad \underline{\mathscr{S}}_l\mathscr{S}_j \in \mathsf{M}_2.$$

Sind die $\mathscr{S}_i \in \mathsf{M}_1$ mit den $\mathscr{S}_k$ in $\mathscr{R}\mathscr{S}_k = \underline{\mathscr{S}}_k \in \mathsf{M}_2$ identisch, so ist der Umkehroperator $\mathscr{R}$ selbst Symmetrieelement von M. Diese Symmetriegruppen beschreiben die Symmetrie von *dia-*, *para-* und verschiedenen *antiferromagnetischen Kristallen* und werden im weiteren als *nichtmagnetische Punktgruppen* bezeichnet.

Ist die Menge M_2 leer, so ist die magnetische Punktgruppe M Untergruppe der Punktgruppe P des Kristalls.

Der Fall, daß die Menge M_1 leer ist, kann wegen $\mathscr{R}1\,\mathscr{R}1 = 1$ nicht auftreten.

Unterscheiden sich die $\mathscr{S}_i \in \mathsf{M}_1$ von den $\mathscr{S}_k$ in $\mathscr{R}\mathscr{S}_k = \underline{\mathscr{S}}_k \in \mathsf{M}_2$, so bildet M_1 eine Gruppe und M_1 zusammen mit den Elementen $\mathscr{S}_j$ in $\mathscr{R}\mathscr{S}_j = \underline{\mathscr{S}}_j \in \mathsf{M}_2$ eine weitere Gruppe M_3, wie aus dem Gruppencharakter von M und den Verknüpfungsbeziehungen hervorgeht. M_1 ist dann eine Untergruppe von M_3, und M_3 ist mit einer Untergruppe der Punktgruppe P des magnetischen Kristalls identisch. Diese Zusammenhänge können als notwendige Bedingungen zur Ableitung der magnetischen Punktgruppen aus den Punktgruppen benutzt werden[1]). Das Ergebnis sind 58 *magnetische Punktgruppen, die $\mathscr{R}\mathscr{S}$-Elemente enthalten.* In Tab. 3 sind die erzeugenden Elemente und erzeugenden Matrizen (s. Abschnitt 4) der insgesamt 90 magnetischen Kristallklassen aufgeführt. Für die Lage der Symmetrieachsen zueinander gilt die Konvention von Seite 17.

Man beachte, daß die physikalische Richtungsäquivalenz in dem bisher verwandten Sinne nur durch die Gruppe M_1 der $\mathscr{S}$-Elemente wiedergegeben wird. Wir werden aber in Teil II, Abschnitt 1.2. sehen, daß $\mathscr{R}$ als *Zeitumkehroperator* interpretiert werden kann und in einem Raum-Zeit-System die physikalische Richtungsäquivalenz durch die magnetischen und nichtmagnetischen Punktgruppen charakterisiert wird.

---

[1]) Zur gruppentheoretischen Ableitung dieser Beziehungen s. z. B. BIRSS, R. R., Symmetry and Magnetism, Amsterdam 1964.

Tabelle 3. Die 90 magnetischen Kristallklassen

triklin	rhombisch	trigonal	tetragonal		hexagonal		kubisch
1 A_0	$2\,2\,2$ A_2, A_3	3 A_6	4 A_7	$\underline{4}m\underline{m}$ $A_3, A_4, \underline{A_7}$	6 A_3, A_6	$\underline{6}m\underline{m}$ $A_4, A_6, \underline{A_3}$	$2\,3$ A_3, A_9
$\bar{1}$ $\bar{1}$ A_1	$\underline{2}\,\underline{2}\,2$ $A_3, \underline{A_2}$	$\bar{1}$ $\bar{3}$ A_1, A_6	$\underline{4}$ $A_3, \underline{A_7}$	$4\underline{mm}$ $A_7, \underline{A_4}$	$\underline{6}$ $A_6, \underline{A_3}$	$6\underline{mm}$ $A_3, A_6, \underline{A_4}$	$\bar{1}$ $m3$ A_1, A_3, A_9
$\underline{\bar{1}}$ $\underline{\bar{1}}$ $A_0, \underline{A_1}$	$mm2$ A_3, A_4	$\underline{\bar{1}}$ $\underline{\bar{3}}$ $A_6, \underline{A_1}$	$\bar{4}$ A_8	$\bar{4}2m$ A_2, A_8	$\bar{6}$ A_5, A_6	$\bar{6}m2$ A_2, A_5, A_6	$\underline{\bar{1}}$ $\underline{m}3$ $A_3, A_9, \underline{A_1}$
mono- klin	$\underline{mm}2$ $A_3, \underline{A_4}$	32 A_2, A_6	$\underline{\bar{4}}$ $A_3, \underline{A_8}$	$\underline{\bar{4}}2\underline{m}$ $A_2, A_3, \underline{A_8}$	$\underline{\bar{6}}$ $A_6, \underline{A_5}$	$\underline{\bar{6}m}2$ $A_2, A_6, \underline{A_5}$	$4\,3\,2$ A_7, A_9
2 A_3	$\underline{2m}m$ $A_5, \underline{A_2}$	$3\underline{2}$ $A_6, \underline{A_2}$	$\bar{1}$ $4/m$ A_1, A_7	$\underline{\bar{4}}m\underline{2}$ $A_3, A_4, \underline{A_8}$	$\bar{1}$ $6/m$ A_1, A_3, A_6	$\underline{\bar{6}}m\underline{2}$ $A_4, A_6, \underline{A_2}$	$\underline{4}3\underline{2}$ $A_3, A_9, \underline{A_7}$
$\underline{2}$ $A_0, \underline{A_3}$	$\bar{1}$ mmm A_1, A_2, A_3	$3m$ A_4, A_6	$\bar{1}$ $\underline{4}/m$ $A_3, A_1, \underline{A_7}$	$\bar{4}\underline{2m}$ $A_8, \underline{A_2}$	$\bar{1}$ $\underline{6/m}$ $A_1, A_6, \underline{A_3}$	$\bar{6}\underline{m2}$ $A_5, A_6, \underline{A_2}$	$\bar{4}3m$ A_8, A_9
m A_5	$\bar{1}$ $\underline{mm}m$ $A_1, A_3, \underline{A_2}$	$3\underline{m}$ $A_6, \underline{A_4}$	$\underline{\bar{1}}$ $4/\underline{m}$ $A_7, \underline{A_1}$	$\bar{1}$ $4/mmm$ A_1, A_2, A_7	$\underline{\bar{1}}$ $6/\underline{m}$ $A_3, A_6, \underline{A_1}$	$\bar{1}$ $6/mmm$ $A_1, A_2,$ A_3, A_6	$\underline{\bar{4}}3\underline{m}$ $A_3, A_9, \underline{A_8}$
$\underline{m}$ $A_0, \underline{A_5}$	$\underline{\bar{1}}$ $\underline{mmm}$ $A_2, A_3, \underline{A_1}$	$\bar{1}$ $\bar{3}m$ A_1, A_2, A_6	$\underline{\bar{1}}$ $\underline{4/m}$ $A_8, \underline{A_1}$	$\bar{1}$ $\underline{4}/mm\underline{m}$ $A_1, A_2,$ $A_3, \underline{A_7}$	$\underline{\bar{1}}$ $\underline{6}/m$ $A_5, A_6, \underline{A_1}$	$\bar{1}$ $\underline{6/m}m\underline{m}$ $A_1, A_2,$ $A_6, \underline{A_3}$	$\bar{1}$ $m3m$ A_1, A_7, A_9
$\bar{1}$ $2/m$ A_1, A_3	$\underline{\bar{1}}$ $mm\underline{m}$ $A_3, A_4, \underline{A_1}$	$\bar{1}$ $\bar{3}\underline{m}$ $A_1, A_6, \underline{A_2}$	$4\,2\,2$ A_2, A_7	$\bar{1}$ $4/m\underline{mm}$ $A_1, A_7, \underline{A_2}$	$6\,2\,2$ A_2, A_3, A_6	$\bar{1}$ $6/m\underline{mm}$ $A_1, A_3,$ $A_6, \underline{A_2}$	$\bar{1}$ $m3\underline{m}$ $A_1, A_3,$ $A_9, \underline{A_7}$

Tabelle 3 (Fortsetzung)

monoklin	rhombisch	trigonal	tetragonal		hexagonal		kubisch
$\bar{1}$ $\underline{2}/\underline{m}$ $A_1, \underline{A_3}$		$\underline{\bar{1}}$ $\underline{\bar{3}m}$ $A_2, A_6, \underline{A_1}$	$\underline{4}2\underline{2}$ $A_2, A_3, \underline{A_7}$	$\underline{\bar{1}}$ $4/\underline{mmm}$ A_2, A_7, A_1	$\underline{6}2\underline{2}$ $A_2, A_6, \underline{A_3}$	$\underline{\bar{1}}$ $6/\underline{mmm}$ $A_2, A_3,$ $A_6, \underline{A_1}$	$\underline{\bar{1}}$ $\underline{m}3\underline{m}$ $A_7, A_9, \underline{A_1}$
$\underline{\bar{1}}$ $2/\underline{m}$ $A_3, \underline{A_1}$		$\underline{\bar{1}}$ $\underline{\bar{3}}m$ $A_4, A_6, \underline{A_1}$	$4\underline{22}$ $A_7, \underline{A_2}$	$\underline{\bar{1}}$ $4/\underline{m}mm$ $A_4, A_7, \underline{A_1}$	$6\underline{22}$ $A_3, A_6, \underline{A_2}$	$\underline{\bar{1}}$ $6/\underline{m}mm$ $A_3, A_4,$ $A_6, \underline{A_1}$	$\underline{\bar{1}}$ $\underline{m}3m$ $A_8, A_9, \underline{A_1}$
$\underline{\bar{1}}$ $\underline{2}/m$ $A_5, \underline{A_1}$			$4mm$ A_4, A_7	$\underline{\bar{1}}$ $\underline{4/mm}m$ $A_2, A_8, \underline{A_1}$	$6mm$ A_3, A_4, A_6	$\underline{\bar{1}}$ $\underline{6}/mm\underline{m}$ $A_2, A_5,$ $A_6, \underline{A_1}$	

Als instruktives Beispiel für den Unterschied zwischen einer nichtmagnetischen und magnetischen Struktur soll eine innenzentrierte kubische Kristallstruktur mit einer statistischen Spinverteilung sowie einer Spinorientierung parallel und antiparallel zu einer kubischen Kante dienen (Abb. 5). Die Gittersymmetrie dieser Struktur wird durch die Punktgruppe $m3m$ beschrieben:

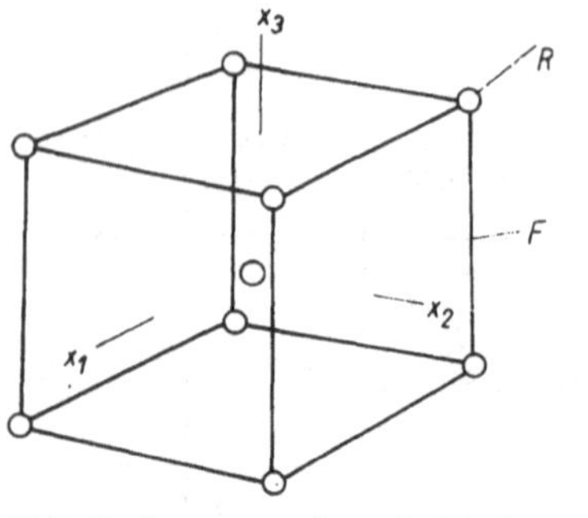

Abb. 5. Innenzentrierte kubische Kristallstruktur

$$1,\quad 9(2),\quad 4(\pm 3),\quad 3(\pm 4)$$

$$\bar{1},\quad 9(\bar{2}),\quad 4(\pm \bar{3}),\quad 3(\pm \bar{4}).$$

Die drei vierzähligen Achsen liegen parallel zu x_1, x_2 und x_3. Diese Achsen sind außerdem zweizählig. Die anderen sechs zweizähligen Achsen gehen durch die Mitten gegenüberliegender Würfelkanten (OF). Die vier dreizähligen Achsen decken sich mit den Raumdiagonalen des Würfels (OR). Sämtliche Achsen sind gleichzeitig Dreh- und Drehinversionsachsen.

Besitzen die Gitterbausteine ein magnetisches Moment und sind die magnetischen Momente statistisch über alle Richtungen verteilt, so erscheint der Umkehroperator $\mathscr{R}$ als weiteres Symmetrieelement und damit auch in Verbindung mit sämtlichen Gittersymmetrieelementen.

Bei der Bestimmung der Symmetrieelemente für eine Spinorientierung parallel x_3 ist zu berücksichtigen, daß das magnetische Moment ein ***axialer Vektor*** ist (s. Teil II, Abschnitt 1.3.1.). Ein axialer Vektor erleidet bei Spiegelung parallel zu seiner Achse eine Vorzeichenumkehr, während Spiegelung senkrecht zu seiner Achse und Inversion keinen Vorzeichenwechsel bewirken[1]). Für eine Spinorientierung parallel x_3 erscheinen somit folgende Symmetrieelemente:

$$\left.\begin{array}{llll} 1, & 2x_3, & \pm 4x_3 & \\ \bar{1}, & \bar{2}x_3, & \pm \bar{4}x_3 & \end{array}\right\} M_1$$

$$\left.\begin{array}{llll} \underline{2}x_1, & \underline{2}x_2, & \underline{2}x_1x_2, & \underline{2}-x_1x_2 \\ \underline{\bar{2}}x_1, & \underline{\bar{2}}x_2, & \underline{\bar{2}}x_1x_2, & \underline{\bar{2}}-x_1x_2 \end{array}\right\} M_2$$

Die Menge M_1 besitzt die Symmetrieelemente der tetragonalen Kristallklasse $4/m$ (Tab. 2). M_1 bildet zusammen mit den Elementen $\mathcal{S}_k$ aus $\mathcal{R}\mathcal{S}_k = \underline{\mathcal{S}}_k \in M_2$ eine Menge M_3, die die Symmetrieelemente der Kristallklasse $4/mmm$ enthält und Untergruppe von $m3m$ ist.

Die Multiplikationstabelle liefert für die Produkte von Elementen aus den Mengen M_1 und M_2

	M_1	M_2
M_1	M_1	M_2
M_2	M_2	M_1

Im vorliegenden Beispiel enthält $M = M_1 + M_2$ die Elemente der magnetischen Kristallklasse $4/m\underline{m}\underline{m}$ (Tab. 3).

Ist die Spinorientierung in 0 antiparallel zu der Spinorientierung der Ecksteine, so ist das innenzentrierte Gitter aus zwei primitiven Gittern mit antiparalleler Spinorientierung zusammengesetzt. Da die beiden primitiven Gitter in dem innenzentrierten eine gleichberechtigte Lage einnehmen, führt eine Spinumkehr auf die gleiche Spinverteilung. $\mathcal{R}$ ist also ein Symmetrieoperator, und diese antiferromagnetische Struktur zeigt die Symmetrie der nichtmagnetischen Kristallklasse $4/mmm$.

---

[1]) Das magnetische Moment des Atoms resultiert im wesentlichen aus der Rotations- und Bahnbewegung der Elektronen (Spin- und Bahnmoment). Der Drehsinn legt die Richtung des magnetischen Momentes fest. Zur Erklärung des axialen Transformationscharakters betrachte man die Überführung der Rotations- bzw. Bahnbewegung durch die oben angeführten Symmetrieelemente.

4. Erzeugende Matrizen

Für detaillierte Untersuchungen des Einflusses der Kristallsymmetrie auf die Kristalleigenschaften benötigen wir eine geeignete Darstellung für die Symmetrieelemente der nichtmagnetischen und magnetischen Kristallklassen.

Bisher charakterisierten wir die Symmetrieoperationen als abbildende Operationen (Deckoperationen, Überführungsoperationen). Eine andere Interpretation ist die Beschreibung als *Symmetrietransformationen*, wobei wir unter diesem Begriff eine *der Symmetrieoperation entsprechende Koordinatentransformation* verstehen. Betrachten wir dazu den Fall, daß der Kristall eine dreizählige Drehachse als Symmetrieelement besitzt. Wird dem Kristall ein Koordinatensystem mit dem Nullpunkt auf der Drehachse einbeschrieben, so erscheint nach einer Drehung des Kristalls um 120° genau die gleiche Anordnung von Gitterbausteinen in dem Koordinatensystem. Dasselbe Ergebnis erhalten wir, wenn wir das Koordinatensystem gegenüber dem Kristall um 120° in der entgegengesetzten Richtung drehen. Eine Drehinversion des Kristalls ist keine physikalisch durchführbare Operation, wohl aber die entsprechende Drehinversion des Koordinatensystems. Ist die Drehinversion Symmetrieoperation für die Massendichte $\varrho(\mathfrak{r})$ und die Spindichte $\mathfrak{j}(\mathfrak{r})$, so werden ϱ und $\mathfrak{j}$ bei einem Wechsel ihres Bezugssystems gemäß der Symmetrieoperation durch genau dieselben Funktionen in dem neuen Koordinatensystem beschrieben. Die Charakterisierung der Kristallsymmetrie durch Symmetrietransformationen ist also von physikalisch grundlegender Bedeutung. Dementsprechend werden wir die Symmetrieoperationen durch Koordinatentransformationen darstellen.

Die Beziehung zwischen zwei Koordinatensystemen KS mit den Achsen x_1, x_2, x_3 und KS' mit den Achsen x_1', x_2', x_3' kann durch eine Koeffizientenmatrix $\mathsf{A} = (a_{ij})$ dargestellt werden, wobei a_{ij} den Kosinus des Winkels zwischen der x_i'-Achse und x_j-Achse angibt (s. Abb. 8):

$$\mathsf{A} = (a_{ij}) = \begin{pmatrix} a_{11} & a_{12} & a_{13} \\ a_{21} & a_{22} & a_{23} \\ a_{31} & a_{32} & a_{33} \end{pmatrix}.$$

Bei unseren Betrachtungen sind KS und KS' kartesische Koordinatensysteme. Entsprechend finden wir für ein Inversionszentrum $\bar{1}$ und eine zweizählige Achse parallel x_3 die Transformationsmatrizen

$$\bar{1} = \begin{pmatrix} -1 & 0 & 0 \\ 0 & -1 & 0 \\ 0 & 0 & -1 \end{pmatrix} \quad \text{und} \quad 2x_3 = \begin{pmatrix} -1 & 0 & 0 \\ 0 & -1 & 0 \\ 0 & 0 & 1 \end{pmatrix}.$$

Die Hintereinanderausführung zweier Symmetrieoperationen wird durch das Produkt der zugehörigen Matrizen dargestellt.

$\bar{2}x_3 = 2x_3\,\bar{1}$ ist dann

$$\begin{pmatrix} -1 & 0 & 0 \\ 0 & -1 & 0 \\ 0 & 0 & 1 \end{pmatrix} \begin{pmatrix} -1 & 0 & 0 \\ 0 & -1 & 0 \\ 0 & 0 & -1 \end{pmatrix} = \begin{pmatrix} 1 & 0 & 0 \\ 0 & 1 & 0 \\ 0 & 0 & -1 \end{pmatrix}.$$

Zur eindeutigen Kennzeichnung der Punktgruppensymmetrie genügt *ein Satz erzeugender Symmetrieelemente.* Ebenso ist auch *ein Satz erzeugender Matrizen* ausreichend, der dann vorliegt, wenn die Matrix zu jedem Symmetrieelement der Punktgruppe aus den erzeugenden Matrizen durch Multiplikation erhalten werden kann. Die erzeugenden Symmetrieelemente und Matrizen sind durch die Kristallklasse nicht eindeutig festgelegt. Ein geeignetes Ensemble, aus dem die erzeugenden Matrizen für jede Kristallklasse zusammengestellt werden können, ist das folgende:

$$\mathsf{A}_0 = (1) = \begin{pmatrix} 1 & 0 & 0 \\ 0 & 1 & 0 \\ 0 & 0 & 1 \end{pmatrix}, \quad \mathsf{A}_1 = (\bar{1}) = \begin{pmatrix} -1 & 0 & 0 \\ 0 & -1 & 0 \\ 0 & 0 & -1 \end{pmatrix}$$

$$\mathsf{A}_2 = (2x_1) = \begin{pmatrix} 1 & 0 & 0 \\ 0 & -1 & 0 \\ 0 & 0 & -1 \end{pmatrix}, \quad \mathsf{A}_3 = (2x_3) = \begin{pmatrix} -1 & 0 & 0 \\ 0 & -1 & 0 \\ 0 & 0 & 1 \end{pmatrix}$$

$$\mathsf{A}_4 = (\bar{2}x_1) = \begin{pmatrix} -1 & 0 & 0 \\ 0 & 1 & 0 \\ 0 & 0 & 1 \end{pmatrix}, \quad \mathsf{A}_5 = (\bar{2}x_3) = \begin{pmatrix} 1 & 0 & 0 \\ 0 & 1 & 0 \\ 0 & 0 & -1 \end{pmatrix}$$

$$\mathsf{A}_6 = (3x_3) = \begin{pmatrix} -1/2 & 1/2\sqrt{3} & 0 \\ -1/2\sqrt{3} & -1/2 & 0 \\ 0 & 0 & 1 \end{pmatrix}, \quad \mathsf{A}_7 = (4x_3) = \begin{pmatrix} 0 & 1 & 0 \\ -1 & 0 & 0 \\ 0 & 0 & 1 \end{pmatrix}$$

$$\mathsf{A}_8 = (\bar{4}x_3) = \begin{pmatrix} 0 & -1 & 0 \\ 1 & 0 & 0 \\ 0 & 0 & -1 \end{pmatrix}, \quad \mathsf{A}_9 = (3) = \begin{pmatrix} 0 & 1 & 0 \\ 0 & 0 & 1 \\ 1 & 0 & 0 \end{pmatrix}.$$

A_9 stellt eine dreizählige Achse parallel zu einer kubischen Raumdiagonalen dar.

Die erzeugenden Matrizen zu den 32 (nichtmagnetischen) Kristallklassen sind in Spalte 6 von Tabelle 2 angegeben. In den 58 magnetischen Kristallklassen, die $\mathcal{RS}$-Operationen enthalten, kann ein Satz von erzeugenden Matrizen aus den erzeugenden Matrizen zu der Gruppe M_1 der Elemente $\mathcal{S}$ und einer Matrix $\underline{A}$ zu einem Element $\underline{\mathcal{S}}$ der Menge M_2 zusammengestellt werden. Dabei bedeutet $\underline{A}$, daß die Anwendung der Matrix A mit einer Zeitumkehr zu verbinden ist (s. Teil II, Abschnitt 1.2.). Die erzeugenden Matrizen zu den magnetischen Kristallklassen stehen unter dem Klassensymbol in Tabelle 3.

II. Phänomenologische Darstellung der Kristalleigenschaften

Von W. SCHOENBORN

1. Einführung

1.1. Die physikalische Eigenschaft: Beziehung zwischen Einwirkung und Effekt

Das Verhalten eines Materials gegenüber physikalischen Einwirkungen wird durch seine physkalischen Eigenschaften charakterisiert. Die physikalische Eigenschaft liefert eine Beziehung zwischen zwei physikalischen Größen, die wir als *Einwirkung* und *Effekt* bezeichnen wollen. Einwirkung und Effekt werden in einem dreidimensionalen Körper durch Felder dargestellt. Bei der Beschreibung der Kristalleigenschaften betrachten wir den *Einfluß homogener Felder auf Kristalle unbegrenzter Ausdehnung.* Diese Idealisierung entspricht vollkommen der Frage nach den Besonderheiten im Verhalten anisotroper Körper.

Kristalle und isotrope Körper unterscheiden sich wesentlich in ihren physikalischen Eigenschaften. So zeigen bestimmte Kristalle bei einer (homogenen) Temperaturänderung neben der für alle Materialien charakteristischen thermischen Ausdehnung noch eine elektrische und magnetische Polarisation. Letztere Erscheinungen werden als *Pyroelektrizität* und *Pyromagnetismus* bezeichnet und sind *spezifische Kristalleigenschaften.*

Die Beziehung zwischen einer Einwirkung $\mathcal{Q}$ und einem Effekt $\mathcal{P}$ können wir bei hinreichend stetigem Zusammenhang durch eine Potenzreihe darstellen:

$$\mathcal{P} - \mathcal{P}_0 = \mathcal{T}_1\mathcal{Q} + \mathcal{T}_2\mathcal{Q}^2 + \mathcal{T}_3\mathcal{Q}^3 + \cdots. \tag{1}$$

Dabei beschreibt $\mathcal{P}_0$ den durch andere Einwirkungen bereits bestehenden Effekt $\mathcal{P}$, und die Größen $\mathcal{T}_i$ sind *Materialkonstanten*, die die Eigenschaft des Materials charakterisieren. Wie aus den späteren Ausführungen hervorgeht, werden sämtliche Größen in (1) durch *Tensoren* dargestellt.

Der *lineare Ansatz*

$$\mathcal{P} - \mathcal{P}_0 = \mathcal{T}_1\mathcal{Q} \tag{1a}$$

erfaßt den Effekt in 1. Ordnung und liefert für kleine $\mathcal{Q}$ im allgemeinen eine genügend genaue Beschreibung der physikalischen Erscheinung. Sprechen wir von einem Effekt ohne Angabe seiner Ordnung, so ist hier stets der *lineare Effekt* gemeint, auf den wir unsere Betrachtungen konzentrieren wollen.

Das Ohm*sche Gesetz*, das einen linearen Zusammenhang zwischen dem elektrischen Feld $\mathfrak{E}$ und der Stromdichte $\mathfrak{j}$ angibt, entspricht der Beziehung

(1a). Stellen wir die Vektoren $\mathfrak{E}$ und $\mathfrak{j}$ durch ihre Komponenten dar,

$$\mathfrak{E} = [E_1, E_2, E_3] \quad \text{und} \quad \mathfrak{j} = [j_1, j_2, j_3],$$

so finden wir als lineare Beziehung

$$\begin{aligned} j_1 &= \sigma_{11} E_1 + \sigma_{12} E_2 + \sigma_{13} E_3, \\ j_2 &= \sigma_{21} E_1 + \sigma_{22} E_2 + \sigma_{23} E_3, \\ j_3 &= \sigma_{31} E_1 + \sigma_{32} E_2 + \sigma_{33} E_3. \end{aligned} \tag{2}$$

Dabei sind die σ_{ij} konstante Koeffizienten, die von der Lage des kartesischen Bezugssystems zu den kristallographischen Achsen des Kristalls abhängen. Man überzeuge sich von der Linearität dieses Ansatzes durch Multiplikation von $\mathfrak{E}$ mit einem Skalar ζ: $\zeta\mathfrak{E}$ führt auf $\zeta\mathfrak{j}$.

Für ein *isotropes Material* ist $\mathfrak{j}$ *parallel* zu $\mathfrak{E}$ und (2) vereinfacht sich auf

$$\begin{aligned} j_1 &= \sigma E_1 \\ j_2 &= \sigma E_2 \qquad \text{bzw.} \qquad \mathfrak{j} = \sigma \mathfrak{E}. \\ j_3 &= \sigma E_3 \end{aligned}$$

σ wird als elektrische Leitfähigkeit bezeichnet.

Im *Kristall* sind auf Grund der Anisotropie des Gitterbaus die physikalischen Eigenschaften im allgemeinen richtungsabhängig. $\mathfrak{j}$ und $\mathfrak{E}$ brauchen nicht mehr parallel zu sein, und der allgemeine Ansatz (2) ist zur Darstellung der elektrischen Leitfähigkeit erforderlich. Zur Diskussion der σ_{ij} betrachten wir ein elektrisches Feld $\mathfrak{E} = [E_1, 0, 0]$, das nach (2) eine Stromdichte $\mathfrak{j}$ mit folgenden Komponenten erzeugt:

$$\begin{aligned} j_1 &= \sigma_{11} E_1, \\ j_2 &= \sigma_{21} E_1, \\ j_3 &= \sigma_{31} E_1. \end{aligned}$$

Wie Abb. 6 veranschaulicht, beschreibt σ_{11} den longitudinalen Effekt, während σ_{21} und σ_{31} transversale Effekte charakterisieren. Prinzipiell können σ_{11}, σ_{21} und σ_{31} durch Messung von $\mathfrak{j}$ in Richtung x_1, x_2 und x_3 unter Einwirkung eines Feldes $\mathfrak{E} = [E_1, 0, 0]$ bestimmt werden. Analog lassen sich die Werte der anderen Koeffizienten ermitteln.

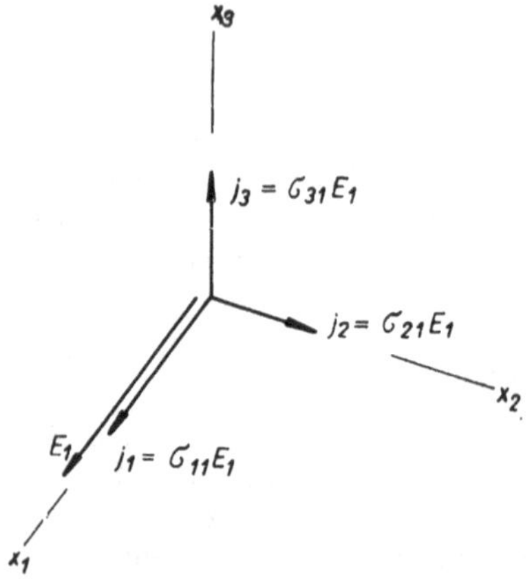

Abb. 6. Komponenten der Stromdichte $\mathfrak{j}$ für ein elektrisches Feld $\mathfrak{E} = [E_1, 0, 0]$

Das Koeffizientenschema σ_{ij} ist auf Grund physikalischer Argumente *symmetrisch* (s. Abschn. 2.2.2.1.), d. h., es gilt

$$\sigma_{ij} = \sigma_{ji} \quad (\sigma_{12} = \sigma_{21}; \quad \sigma_{23} = \sigma_{32}; \quad \sigma_{31} = \sigma_{13}).$$

Dadurch verringert sich die Zahl der unabhängigen Koeffizienten von 9 auf 6. Weitere Vereinfachungen ergeben sich durch die Kristallsymmetrie. Während im ***triklinen*** System die 6 unabhängigen Koeffizienten zur Beschreibung der elektrischen Leitfähigkeit benötigt werden, hat das Koeffizientenschema σ_{ij} im ***kubischen*** System die gleiche Form wie für ein isotropes Material. Entsprechend vereinfacht sich die experimentelle Bestimmung der Materialkonstanten, da die Zahl der erforderlichen Messungen mit der Zahl der unabhängigen Koeffizienten übereinstimmt.

Es folgen noch einige Bemerkungen zur Schreibweise. Unter Benutzung der EINSTEIN-*Konvention* kann die Beziehung (2) in folgender Form wiedergegeben werden:

$$j_i = \sigma_{ij} E_j, \quad i, j = 1, 2, 3. \tag{2a}$$

Dabei bedeutet das Auftreten gleicher Indizes auf einer Seite der Gleichung Summation:

$$j_i = \sigma_{i1} E_1 + \sigma_{i2} E_2 + \sigma_{i3} E_3.$$

Mit $i = 1, 2, 3$ erhalten wir (2). Wir treffen noch die Verabredung, daß wir für $i, j = 1, 2, 3$ die Bemerkung zu den Indizes fortlassen. So erscheint schließlich für (2)

$$j_i = \sigma_{ij} E_j.$$

Diese abgekürzte Schreibweise ist für die späteren Entwicklungen unbedingt erforderlich.

Daneben wird von der Schreibweise mit Matrizen Gebrauch gemacht. Unter Benutzung des Matrizenproduktes ergibt sich als Darstellung von (2)

$$\begin{pmatrix} j_1 \\ j_2 \\ j_3 \end{pmatrix} = \begin{pmatrix} \sigma_{11} & \sigma_{12} & \sigma_{13} \\ \sigma_{21} & \sigma_{22} & \sigma_{23} \\ \sigma_{31} & \sigma_{32} & \sigma_{33} \end{pmatrix} \begin{pmatrix} E_1 \\ E_2 \\ E_3 \end{pmatrix}.$$

1.2. Symmetrieprinzip

Die Zahl und Anordnung der unabhängigen Koeffizienten, die zur Darstellung einer physikalischen Eigenschaft notwendig sind, hängt — neben physikalischen Argumenten — von der Kristallsymmetrie ab. So zeigt ein Kristall in allen ***physikalisch äquivalenten Richtungen*** notwendig ***physikalisch*** *dasselbe Verhalten.* Das muß sich in dem Koeffizientenschema der betreffenden Eigenschaft widerspiegeln.

Die erste Formulierung der Beziehung zwischen der Kristallsymmetrie und der Symmetrie in den physikalischen Eigenschaften geht auf FRANZ NEUMANN zurück. Lange vor detaillierten Kenntnissen über die innere Struktur der Kristalle kam er zu dem fundamentalen Prinzip, die Symmetrie in der Kristallform zur Erschließung der Symmetrie in den physikalischen Eigenschaften heranzuziehen[1]). *Gemäß diesem Prinzip muß die Symmetrie irgendeiner physikalischen Eigenschaft die Symmetrie der Punktgruppe des Kristalls miteinschließen.*

Diese Überlegungen von F. NEUMANN sind auf nichtmagnetische Kristalle beschränkt, da bei magnetischen Kristallen die physikalische Richtungsäquivalenz im allgemeinen von der Punktgruppensymmetrie verschieden ist, wie aus der Diskussion der Kristallsymmetrie in Teil I hervorgeht.

Eine Formulierung des Symmetrieprinzips unter Betonung der Asymmetrie wurde von P. CURIE gegeben. „*C'est la dissymétrie, qui crée le phénomène*"[2]) (Es ist die Asymmetrie, die die Effekte erzeugt). Mit der Betonung der Asymmetrie wird zum Ausdruck gebracht, daß keine Asymmetrie in einem Effekt erscheinen kann, die nicht bereits im Kristall oder der Einwirkung existiert, bzw. in der Kombination von beiden[3]).

Das NEUMANNsche Prinzip beinhaltet, daß die Beziehung

$$\mathcal{P} - \mathcal{P}_0 = \mathcal{T}_1 \mathcal{Q} + \mathcal{T}_2 \mathcal{Q}^2 + \mathcal{T}_3 \mathcal{Q}^3 + \cdots \qquad (1)$$

dieselben Materialkonstanten in jenen Koordinatensystemen enthält, die durch Symmetrieoperationen der Punktgruppe des Kristalls ineinander übergeführt werden.

Betrachten wir dazu den Einfluß der dreizähligen Achsen des kubischen Kristallsystems auf das Koeffizientenschema σ_{ij}. (Die dreizähligen Achsen sind die charakteristischen Symmetrieelemente des kubischen Systems. Sie treten in allen kubischen Kristallklassen auf.) Mit $KS^{(1)}$, $KS^{(2)}$ und $KS^{(3)}$ bezeichnen wir drei Koordinatensysteme, die durch dreizählige Achsen in-

---

[1]) Siehe dazu VOIGT, W., Lehrbuch der Kristallphysik, S. 3 u. 103, Leipzig 1910.

[2]) CURIE, P., Œuvres, S. 127, Paris 1908.

[3]) Die Asymmetrie der physikalischen Einwirkung äußert sich beispielsweise in der Anisotropie verschiedener optischer Effekte isotroper Materialien, wie der Doppelbrechung unter Einwirkung eines elektrischen Feldes (KERR-Effekt) oder der Drehung der Polarisationsebene im Magnetfeld (FARADAY-Effekt). Diese Effekte beruhen darauf, daß eine gerichtete physikalische Einwirkung eine ihrer Asymmetrie entsprechende Anisotropie in dem isotropen Material erzeugt. Dementsprechend sind diese Effekte von höherer als erster Ordnung. Wir werden darauf noch eingehen.

einander übergeführt werden. Ihre Koordinatenachsen stehen in folgender Beziehung zueinander:

KS$^{(1)}$		KS$^{(2)}$		KS$^{(3)}$
$x_1^{(1)}$	$=$	$x_2^{(2)}$	$=$	$-x_3^{(3)}$,
$x_2^{(1)}$	$=$	$x_3^{(2)}$	$=$	$x_1^{(3)}$,
$x_3^{(1)}$	$=$	$x_1^{(2)}$	$=$	$-x_2^{(3)}$.

Sind die drei Koordinatensysteme in bezug auf die physikalische Richtungssymmetrie des Kristalls äquivalent, so enthält σ_{ij} dieselben Koeffizienten in allen drei Bezugssystemen. Für ein elektrisches Feld $\mathfrak{E}$ parallel zu $x_1^{(1)} = x_2^{(2)} = -x_3^{(3)}$ erscheint gemäß der Beziehung $j_i = \sigma_{ij} E_j$ in KS$^{(1)}$, KS$^{(2)}$ und KS$^{(3)}$:

$$\begin{aligned} j_1^{(1)} &= \sigma_{11} E_1^{(1)}, & j_2^{(2)} &= \sigma_{22} E_2^{(2)}, & -j_3^{(3)} &= -\sigma_{33} E_3^{(3)}, \\ j_2^{(1)} &= \sigma_{21} E_1^{(1)}, & j_3^{(2)} &= \sigma_{32} E_2^{(2)}, & j_1^{(3)} &= +\sigma_{13} E_3^{(3)}, \\ j_3^{(1)} &= \sigma_{31} E_1^{(1)}, & j_1^{(2)} &= \sigma_{12} E_2^{(2)}, & -j_2^{(3)} &= -\sigma_{23} E_3^{(3)}. \end{aligned}$$

Da die Beziehungen in einer Zeile dieselben physikalischen Größen beschreiben, ergeben sich folgende Relationen zwischen den σ_{ij}:

$$\sigma_{11} = \sigma_{22} = \sigma_{33}; \quad \sigma_{21} = \sigma_{32} = -\sigma_{13}; \quad \sigma_{31} = \sigma_{12} = \sigma_{23}.$$

Unter Beachtung der Symmetrierelation $\sigma_{ij} = \sigma_{ji}$ folgt daraus

$$(\sigma_{ij}) = \begin{pmatrix} \sigma & 0 & 0 \\ 0 & \sigma & 0 \\ 0 & 0 & \sigma \end{pmatrix}.$$

Nichtmagnetische Kristalle des kubischen Kristallsystems verhalten sich in bezug auf die elektrische Leitfähigkeit isotrop!

Die Einbeziehung magnetischer Strukturen erfordert eine umfassendere Formulierung des Symmetrieprinzips.

In Teil I wurde zur Beschreibung der Symmetrie magnetischer Kristalle der Symmetriebegriff erweitert. Ein Umkehroperator $\mathscr{R}$ wurde eingeführt, was eine Unterscheidung 32 nichtmagnetischer und 90 magnetischer Kristallklassen zur Folge hatte. Der charakteristische Unterschied zwischen den nichtmagnetischen und magnetischen Kristallklassen besteht darin, daß in den nichtmagnetischen Punktgruppen der Umkehroperator allein und in Verbindung mit allen Punktgruppensymmetrieoperationen $\mathscr{S}$ erscheint, während $\mathscr{R}$ in den magnetischen Punktgruppen nur in Verbindung mit Symmetrieoperationen $\mathscr{S}$ auftritt.

Durch Einführung eines *Raum—Zeit-Systems* erhalten wir eine für die weiteren physikalischen Betrachtungen äußerst bedeutsame Interpretation der nichtmagnetischen und magnetischen Punktgruppensymmetrie. In diesem System bekommt der Umkehroperator $\mathcal{R}$ die Funktion eines *Zeitumkehroperators*. Ebenso wie die Rauminversion ist die Zeitinversion physikalisch nicht durchführbar. Beide Operationen bedeuten lediglich die Beschreibung eines Objektes von verschiedenen Bezugssystemen aus (räumlich „wie im Spiegel“ und zeitlich „wie im rückwärts ablaufenden Film“[1])) und dienen hier zur Beschreibung charakteristischer Merkmale des Kristalls.

Betrachten wir dazu in einem Gedankenexperiment den Einfluß einer Zeitumkehr auf einen Kristall, der sich im thermodynamischen Gleichgewicht befindet. Die Anordnung der Gitterbausteine wird durch Zeitumkehr nicht berührt, da das zeitliche Mittel ihrer thermischen Bewegung bei der Transformation der Zeit t in $-t$ ebenfalls Null bleibt. Demgegenüber charakterisiert der Drehimpuls des Elektrons eine Bewegung, die im zeitlichen Mittel nicht verschwindet. Zeitinversion kehrt die Rotations- und Bahnbewegung des Elektrons um und damit auch die Richtung des magnetischen Momentes. *Das magnetische Moment transformiert sich Zeit-antisymmetrisch*[2]).

Dia- und paramagnetische Kristalle zeigen keine geordnete Verteilung magnetischer Momente und sind daher *Zeit-symmetrisch*. $\mathcal{R}$ stellt für sie eine zusätzliche Symmetrieoperation dar. Dagegen kann die Zeitinversion in Kristallen, die spontane Magnetisierung zeigen, nur in Verbindung mit Gittersymmetrieelementen auftreten.

Die Charakterisierung der Kristallsymmetrie unter Hinzuziehung der Zeit erscheint zunächst formal. In den nächsten Abschnitten wird jedoch gezeigt, daß sich auch physikalische Größen in ihrem Transformationscharakter bezüglich der Zeit unterscheiden und die Raum—Zeit-Symmetrie von Kristall, Einwirkung und Effekt die Beziehungen zwischen den Komponenten des Eigenschaftstensors bestimmt.

In dem Raum—Zeit-System wird die physikalische Richtungssymmetrie durch die Klasse der Raum—Zeit-Symmetrie beschrieben, und das NEUMANNsche Prinzip ist sinngemäß zu erweitern: *Die Symmetrie irgendeiner physikalischen Eigenschaft des Kristalls schließt die Symmetrieelemente der Klasse der Raum—Zeit-Symmetrie des Kristalls mit ein.*

Im CURIEschen Sinne ist die Beschreibung der physikalischen Situation in einem Raum—Zeit-System im wesentlichen Ausdruck der Isotropie von Raum und Zeit. Mit anderen Worten, es gibt keine ausgezeichneten Richtungen in Raum und Zeit außer denen, die durch Kristall und Einwirkung eingeführt werden.

---

[1]) Eine Diskussion des Asymmetriebegriffes findet man bei ZOCHER, H., und TÖRÖK, C., Z. Phys. **139** (1954) 147.

[2]) Eine Diskussion unter Einbeziehung quantenmechanischer Betrachtungen gibt BIRSS, R. R., Symmetry and Magnetism, Amsterdam 1964.

Die Raum—Zeit-Formulierung des Symmetrieprinzips gilt nur für statische Kristalleigenschaften, d. h. für physikalische Eigenschaften, die sich auf *thermodynamische Gleichgewichtszustände* des Kristalls beziehen. *Dynamische Eigenschaften*, wie die elektrische und thermische Leitfähigkeit, sind als *irreversible Prozesse* durch ein ständiges Anwachsen der Entropie ausgezeichnet. Die Transformation $t \to -t$ führt bei irreversiblen Prozessen zur Beschreibung eines Vorgangs, der physikalisch nicht möglich ist; denn nur diejenige Zeitrichtung entspricht den Forderungen der Thermodynamik, die mit keiner Abnahme der Entropie verbunden ist. *Die Symmetrie in den Transporteigenschaften wird also allein durch die Richtungssymmetrie im dreidimensionalen Raum bestimmt, d. h. in nichtmagnetischen Kristallen durch die Punktgruppe und in magnetischen Strukturen durch die Gruppe* M_1 *der* $\mathcal{S}$*-Operationen.*

1.3. Transformationsverhalten physikalischer Größen (Tensoren)

1.3.1. Polare und axiale Vektoren

Physikalische Größen, wie die Kraft $\mathfrak{F}$, die elektrische Stromdichte $\mathfrak{j}$ und das elektrische Feld $\mathfrak{E}$, verlangen die Angabe von *Betrag* und *Richtung*. Sie werden als *polare Vektoren* bezeichnet. Ihre Darstellung ist an ein Koordinatensystem gebunden. Mit der Angabe von drei Zahlenwerten, die den Projektionen des Vektors auf die Koordinatenachsen entsprechen, sind diese Größen vollständig charakterisiert.

Neben den polaren Vektoren gibt es weitere physikalische Größen, die ebenfalls durch Betrag und Richtung gekennzeichnet werden und *axiale Vektoren* heißen. Ein axialer Vektor ist z. B. das mechanische Drehmoment $\mathfrak{M}$ (Abb. 7). Ist $\mathfrak{r}$ der Ortsvektor zum Angriffspunkt der Kraft $\mathfrak{F}$, so kann das Drehmoment $\mathfrak{M}$ durch das *Vektorprodukt* $[\mathfrak{r} \times \mathfrak{F}]$ dargestellt werden. Die Richtung von $\mathfrak{M}$ gibt die Drehachse und den Drehsinn an, der Betrag von $\mathfrak{M}$ den Betrag des Drehmomentes.

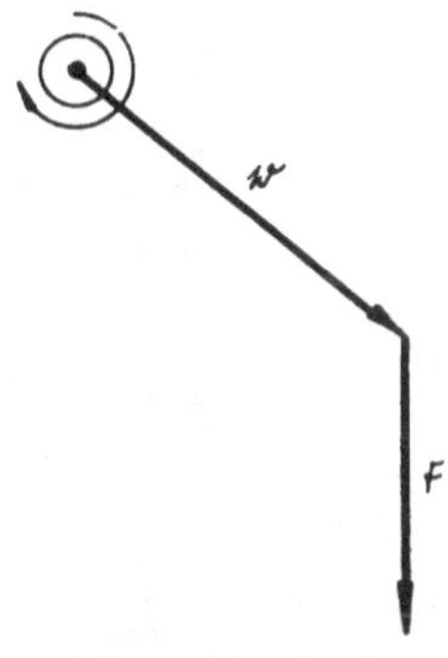

Abb. 7. Das Drehmoment $\mathfrak{M} = [\mathfrak{r} \times \mathfrak{F}]$ ist ein axialer Vektor

Benutzen wir zur Darstellung des Vektorproduktes $\mathfrak{z} = [\mathfrak{x} \times \mathfrak{y}]$ den Ausdruck

$$\mathfrak{z} = (x_2 y_3 - x_3 y_2,\ x_3 y_1 - x_1 y_3,\ x_1 y_2 - x_2 y_1), \qquad (3)$$

so ist zur Eindeutigkeit dieser Darstellung der Drehsinn des axialen Vektors $\mathfrak{z}$ mit dem Drehsinn des Koordinatensystems zu verbinden. Betrachten wir dazu das Vektorprodukt $\mathfrak{z} = [\mathfrak{x} \times \mathfrak{y}]$ in einem Rechtssystem und dem Linkssystem, das durch Inversion der Koordinatenrichtungen des Rechtssystems entsteht. Die Komponenten von $\mathfrak{x}$ und $\mathfrak{y}$ unterscheiden sich in den beiden Koordinatensystemen lediglich im Vorzeichen. Nach Beziehung (3) haben die Komponenten des Vektors $\mathfrak{z}$ dann dieselben Vorzeichen im Linkssystem wie im Rechtssystem, d. h., die Richtung von $\mathfrak{z}$ ist vom Drehsinn des Koordinatensystems abhängig. Da die Pfeilrichtung von $\mathfrak{z}$ einen Drehsinn kennzeichnet, ist dem *axialen Vektor* im *Rechtssystem* eine *Rechtsschraube* und im *Linkssystem* eine *Linksschraube* zur Invarianz dieser Darstellung zuzuordnen. Die Richtungsumkehr bei Wechsel des Drehsinns des Koordinatensystems kann andererseits als Kriterium zur Unterscheidung polarer und axialer Vektoren herangezogen werden. So zeigt das Transformationsverhalten der MAXWELL*schen Gleichungen* in der LORENTZ-invarianten Formulierung, daß $\mathfrak{H}$ ein axialer und $\mathfrak{E}$ ein polarer Vektor ist.

1.3.2. Orthogonale Transformation von Vektoren

Zur Darstellung physikalischer Größen ist ein Koordinatensystem erforderlich. Mit der Darstellung in einem beliebigen Koordinatensystem ist die physikalische Größe eindeutig bestimmt. Für einen Wechsel des Bezugssystems wollen wir die entsprechenden Transformationsbeziehungen jetzt ermitteln. Dabei beschränken wir unsere Betrachtungen auf kartesische Koordinatensysteme mit demselben Nullpunkt (*orthogonale Transformationen*).

Wir wollen zunächst das Transformationsverhalten des Ortsvektors $\mathfrak{x}$ bei dem Übergang von KS zu KS' bestimmen (Abb. 8). Mit $\mathfrak{e}_j$ und $\mathfrak{e}'_i$ bezeichnen wir die Einheitsvektoren in Richtung der Koordinatenachsen x_j und x'_i. Die Beziehung zwischen KS und KS' kennzeichnen wir durch das Koeffizientenschema a_{ij}, wobei

$$a_{ij} = \mathfrak{e}'_i \mathfrak{e}_j = \cos \alpha_{ij}$$

den Kosinus des Winkels zwischen den Koordinatenachsen x'_i und x_j angibt (Abb. 8). Kennen wir die Komponenten des Ortsvektors $\mathfrak{x} = (x_1, x_2, x_3)$ bezüglich KS, so können wir die Komponenten des gleichen Vektors $\mathfrak{x}' = (x'_1, x'_2, x'_3)$ bezüglich KS' durch Projektion von $\mathfrak{x}$ auf die Achsen von KS' ermitteln:

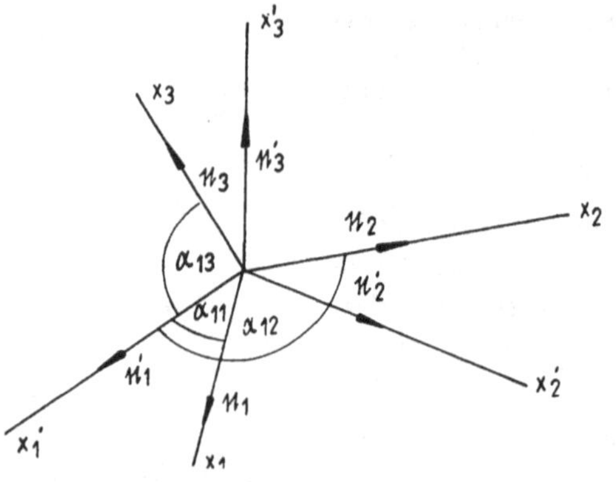

Abb. 8. Orthogonale Koordinatentransformation

$$x'_i = \mathfrak{e}'_i \mathfrak{x} = \mathfrak{e}'_i(x_1 \mathfrak{e}_1 + x_2 \mathfrak{e}_2 + x_3 \mathfrak{e}_3).$$

Und mit

$$\mathfrak{e}_i' \mathfrak{e}_j = a_{ij}$$

folgt

$$x_i' = a_{i1}x_1 + a_{i2}x_2 + a_{i3}x_3.$$

Für den Übergang von KS zu KS′ gilt also

$$x_i' = a_{ij}x_j.$$

Umgekehrt erhält man für den Übergang von KS′ zu KS

$$x_j = \mathfrak{x}' \mathfrak{e}_j = (x_i' \mathfrak{e}_i') \mathfrak{e}_j = a_{ij}x_i'.$$

Das Koeffizientenschema a_{ij} wird als *Transformationsmatrix* $\mathsf{A} = (a_{ij})$ bezeichnet.

Orthogonale Transformationen sind dadurch ausgezeichnet, daß ihre Determinante $|\mathsf{A}| = +1$ ist, wenn die Koordinatensysteme KS und KS′ denselben Drehsinn besitzen, und ihre Determinante $|\mathsf{A}| = -1$ ist, wenn mit der Transformation A ein Wechsel des Drehsinns verbunden ist[1]). Unter Hinzuziehung dieser Eigenschaft orthogonaler Transformationen können wir aus dem Transformationsverhalten des Ortsvektors $\mathfrak{x}$ die Transformationsbeziehungen für polare und axiale Vektoren aufstellen.

Polare Vektoren zeigen das Transformationsverhalten des Ortsvektors $\mathfrak{x}$:

KS → KS′	KS′ → KS
$p_i' = a_{ij}p_j$	$p_j = a_{ij}p_i'$

Axiale Vektoren wechseln demgegenüber bei Drehsinnänderung des Koordinatensystems das Vorzeichen, was durch Einbeziehung der Determinante $|\mathsf{A}|$ berücksichtigt werden kann:

KS → KS′	KS′ → KS
$p_i' = \lvert\mathsf{A}\rvert\, a_{ij}p_j$	$p_j = \lvert\mathsf{A}\rvert\, a_{ij}p_i'$.

Man beachte, daß bei dem Übergang von KS zu KS′ der Spaltenindex der Transformationsmatrix (a_{ij}) Summationsindex ist, bei dem Übergang von KS′ zu KS dagegen der Zeilenindex Summationsindex ist.

---

[1]) Zu den Eigenschaften orthogonaler Koordinatentransformationen s. z. B. KÄSTNER, S., Vektoren, Tensoren, Spinoren, Berlin 1960.

1.3.3. Transformation der Materialkonstanten t_{kl}

Die Kenntnis des Transformationsverhaltens der Vektoren gestattet uns, das Koeffizientenschema t_{kl}, das den physikalischen Zusammenhang zwischen der Einwirkung $\mathfrak{q}$ und dem Effekt $\mathfrak{p}$ in dem kartesischen Bezugssystem KS beschreibt,

$$p_k = t_{kl} q_l ,$$

auf ein beliebiges kartesisches Bezugssystem KS′ umzurechnen. In KS′ charakterisieren wir diese Beziehung durch gestrichene Größen:

$$p'_i = t'_{ij} q'_j .$$

Nehmen wir zunächst an, daß $\mathfrak{p}$ und $\mathfrak{q}$ polare Vektoren darstellen. Sind KS und KS′ durch die Transformationsmatrix (a_{ij}) verbunden, so liefern die Transformationsbeziehungen für $\mathfrak{p}'$ und $\mathfrak{q}$

$$p'_i = a_{ik} p_k \qquad \text{und} \qquad q_l = a_{jl} q'_j .$$

Damit ergibt sich aus

$$p_k = t_{kl} q_l$$

durch die Überführung

$$\mathfrak{p}' \to \mathfrak{p} \to \mathfrak{q} \to \mathfrak{q}'$$

$$p'_i = a_{ik} p_k = a_{ik} t_{kl} q_l = a_{ik} t_{kl} a_{jl} q'_j = a_{ik} a_{jl} t_{kl} q'_j .$$

Der Vergleich mit

$$p'_i = t'_{ij} q'_j$$

liefert dann

$$t'_{ij} = a_{ik} a_{jl} t_{kl} .$$

Da i, j, k und l unabhängig voneinander die Werte 1, 2, 3 durchlaufen, entsprechen dieser Beziehung 9 Gleichungen mit jeweils 9 Termen auf der rechten Seite. Beispielsweise ist

$$\begin{aligned} t'_{13} = {} & a_{11} a_{31} t_{11} + a_{11} a_{32} t_{12} + a_{11} a_{33} t_{13} \\ & + a_{12} a_{31} t_{21} + a_{12} a_{32} t_{22} + a_{12} a_{33} t_{23} \\ & + a_{13} a_{31} t_{31} + a_{13} a_{32} t_{32} + a_{13} a_{33} t_{33} . \end{aligned}$$

Analog ergibt sich für den Übergang von KS′ zu KS

$$t_{kl} = a_{ik} a_{jl} t'_{ij} .$$

Für den Fall, daß einer der beiden Vektoren $\mathfrak{p}$ oder $\mathfrak{q}$ polar und der andere axial ist, erscheint in der Transformationsbeziehung für den axialen Vektor die Determinante $|\mathsf{A}|$, und die Transformationsbeziehung für t_{kl} lautet

KS → KS′	KS′ → KS
$t'_{ij} = \|\mathsf{A}\|\, a_{ik} a_{jl} t_{kl}$	$t_{kl} = \|\mathsf{A}\|\, a_{ik} a_{jl} t'_{ij}.$

Man spricht in diesem Falle von einem *axialen Transformationscharakter* der t_{kl}.

Wenn $\mathfrak{p}$ und $\mathfrak{q}$ beide axiale Vektoren sind, so ergibt sich durch das zweimalige Auftreten von $|\mathsf{A}|$ dieselbe Transformationsbeziehung für t_{kl} wie bei zwei polaren Vektoren.

Man beachte, daß genau wie bei der Transformation eines Vektors bei dem Übergang von KS zu KS′ der Spaltenindex von a_{ij} Summationsindex ist, dagegen bei dem Übergang von KS′ zu KS der Zeilenindex Summationsindex ist.

1.3.4. Definition des Tensors

Die Transformationsbeziehungen für physikalische Felder und Eigenschaften erhalten durch Einführung des Tensorbegriffes eine einheitliche Beschreibung. Betrachten wir dazu die bisher ermittelten Transformationsbeziehungen für einen Skalar ζ, einen Vektor $\mathfrak{p}$ und die Materialkonstanten t_{kl}:

	KS → KS′	KS′ → KS
Skalar	$\zeta' = \zeta$	$\zeta = \zeta'$
polarer Vektor	$p'_i = a_{ik} p_k$	$p_k = a_{ik} p'_i$
axialer Vektor	$p'_i = \|\mathsf{A}\|\, a_{ik} p_k$	$p_k = \|\mathsf{A}\|\, a_{ik} p'_i$
t_{kl} *polar*	$t'_{ij} = a_{ik} a_{jl} t_{kl}$	$t_{kl} = a_{ik} a_{jl} t'_{ij}$
t_{kl} *axial*	$t'_{ij} = \|\mathsf{A}\|\, a_{ik} a_{jl} t_{kl}$	$t_{kl} = \|\mathsf{A}\|\, a_{ik} a_{jl} t'_{ij}.$

Eine einheitliche Darstellung ergibt sich, wenn jede physikalische Größe entsprechend ihrem Transformationsverhalten und der Anzahl n der Indizes, die zur Kennzeichnung ihrer Komponenten notwendig sind, als *polarer* oder *axialer Tensor n*-ter *Stufe* bezeichnet wird, und das *Transformationsverhalten* eines Tensors n-ter Stufe

bei *polarem* Charakter durch

$$t'_{ij\ldots n} = a_{ik} a_{jl} \ldots a_{nm} t_{kl\ldots m} \tag{4}$$

und bei *axialem* Charakter durch

$$t'_{ij\ldots n} = |\mathsf{A}|\, a_{ik} a_{jl} \ldots a_{nm} t_{kl\ldots m} \tag{4a}$$

definiert wird[1]). (Der Ausdruck auf der rechten Seite jeder dieser Gleichungen enthält 3^n Summanden!)

Nach dieser Bezeichnungsweise ist ein Skalar mit $\zeta' = \zeta$ ein polarer Tensor 0-ter Stufe. Polare und axiale Vektoren sind polare und axiale Tensoren erster Stufe, die Materialkonstanten t_{kl} bilden einen Tensor 2-ter Stufe, usw.

Der Transformationscharakter des Eigenschaftstensors $\mathcal{T}$ läßt sich aus dem Transformationscharakter der Feldtensoren $\mathcal{Q}$ und $\mathcal{P}$ entnehmen. Die *Invarianz* des physikalischen Gesetzes

$$\mathcal{P} = \mathcal{T}\mathcal{Q}$$

gegenüber Koordinatentransformation ist gewährleistet, wenn $\mathcal{Q}$, $\mathcal{P}$ und $\mathcal{T}$ folgender Art in Beziehung treten:

$$\begin{array}{ccccccccc}
\mathcal{P} & = & \mathcal{T} & \times & \mathcal{Q} & = & \mathcal{T} & \times & \mathcal{Q} \\[6pt]
\text{polar} & = & \text{polar} & \times & \text{polar} & = & \text{axial} & \times & \text{axial} \\
(+) & = & (+) & & (+) & = & (-) & & (-) \\[6pt]
\text{axial} & = & \text{polar} & \times & \text{axial} & = & \text{axial} & \times & \text{polar} \\
(-) & = & (+) & & (-) & = & (-) & & (+)
\end{array} \tag{5}$$

Die Stufe des Eigenschaftstensors $\mathcal{T}$ geht aus der Stufe der Tensoren $\mathcal{P}$ und $\mathcal{Q}$ hervor. Ist $\mathcal{P}$ ein Tensor p-ter Stufe und $\mathcal{Q}$ ein Tensor q-ter Stufe, so ist $\mathcal{T}$ ein Tensor $(p + q)$-ter Stufe:

$$p_{ij\ldots p} = t_{ij\ldots pkl\ldots q}\, q_{kl\ldots q}.$$

Wir zeigten, daß sich $\mathcal{T}$ wie ein Tensor 2-ter Stufe transformiert, wenn $\mathcal{P}$ und $\mathcal{Q}$ Tensoren erster Stufe sind. DerBeweis dafür, daß $\mathcal{T}$ das Transformationsverhalten eines Tensors $(p + q)$-ter Stufe zeigt, wenn $\mathcal{P}$ und $\mathcal{Q}$ Tensoren p-ter und q-ter Stufe sind, ist vollkommen analog.

Tensoren n-ter Stufe charakterisieren wir im weiteren durch $[t_{ij\ldots n}]$, ausgenommen sind Tensoren 0-ter Stufe (Skalare) und Tensoren erster Stufe (Vektoren). Für Vektoren benutzen wir sowohl $[t_i]$ als auch $\mathfrak{t}$.

1.3.5. Verhalten bei Zeitinversion

Elektrische und magnetische Feldgrößen unterscheiden sich nicht nur in ihrem Transformationscharakter bei Koordinatentransformation, sondern zeigen auch ein unterschiedliches Verhalten gegenüber Zeitinversion. Um zu

---

[1]) Eine Definition des Tensors, die schiefwinklige Koordinatensysteme miteinschließt, findet man u. a. bei KÄSTNER, S., Vektoren, Tensoren, Spinoren, Berlin 1960.

entscheiden, ob die Feldvektoren 𝔈 und 𝔥 Zeit-symmetrische oder Zeit-antisymmetrische Größen sind, betrachten wir den Einfluß der Zeitinversion auf ein physikalisches System, das diesen Größen äquivalent ist.

Ein homogenes elektrisches Feld 𝔈 kann durch ein (unendlich ausgedehntes) paralleles Plattenpaar mit entgegengesetzt gleicher Ladungsdichte erzeugt werden (Abb. 9a). Dieses System besitzt eine ∞-zählige Symmetrie-

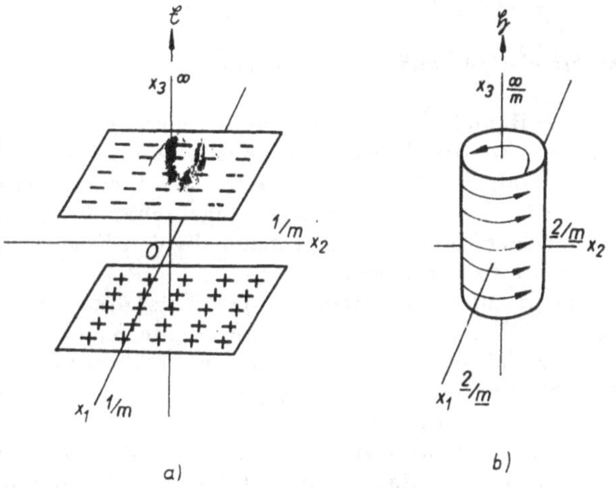

Abb. 9 a) Ein geladener Plattenkondensator erzeugt ein homogenes elektrisches Feld 𝔈
b) Ein stromdurchflossener Zylinder erzeugt ein homogenes magnetisches Feld 𝔥

achse und unendlich viele Spiegelebenen parallel zur Feldrichtung (polarer Vektor). Das internationale Symbol für dieses System ist. $(\infty, 1/m, 1/m)$ $(x_3, x_1, x_2$-Achse). Dieses Symbol charakterisiert gleichzeitig die Raum-Zeit-Symmetrie, da die Ladung gegen Zeitinversion invariant ist.

Ein homogenes magnetisches Feld 𝔥 kann durch einen Kreisstrom in einem (unendlich ausgedehnten) Zylindermantel erzeugt werden (Abb. 9b). Die Raumsymmetrie dieses Systems wird durch ∞/m charakterisiert, d. h. eine ∞-zählige Symmetrieachse parallel zur Feldrichtung und eine dazu senkrechte Spiegelebene (axialer Vektor). Bei Zeitinversion kehrt sich die Stromrichtung um, und 𝔥 wechselt das Vorzeichen. Entsprechend sind alle Richtungen senkrecht zur Feldrichtung Symmetrieachsen vom Typ $\underline{2}/\underline{m}$. $(\infty/m, \underline{2}/\underline{m}, \underline{2}/\underline{m})$ charakterisiert die Raum-Zeit-Symmetrie.

Bezeichnen wir *Zeit-symmetrische Tensoren* als *i-Tensoren* und *Zeit-antisymmetrische Tensoren* als *c-Tensoren*, so ist 𝔈 ein polarer *i*-Vektor und 𝔥 ein axialer *c*-Vektor (Tensor erster Stufe). Ebenso ist die elektrische Polarisation ein polarer *i*-Vektor und die magnetische Polarisation ein axialer *c*-Vektor.

Analog der Unterscheidung polarer und axialer Eigenschaftstensoren aus dem Transformationscharakter von Einwirkung und Effekt (5) kann die weitere Unterteilung in i- und c-Tensoren erfolgen. Die Invarianz des physikalischen Gesetzes $\mathscr{P} = \mathscr{T}\mathscr{Q}$ gegen Zeitinversion führt auf:

$$\begin{array}{llll} (i) = (i)\,(i) & (i) = (c)\,(c) & (c) = (i)\,(c) & (c) = (c)\,(i) \\ (+) = (+)\,(+) & (+) = (-)\,(-) & (-) = (+)\,(-) & (-) = (-)\,(+). \end{array} \tag{6}$$

1.4. *Reduktionsbeziehungen und ihre Anwendung*

Die Kenntnis des Raum—Zeit-Transformationsverhaltens der Eigenschaftstensoren gestattet uns, den Einfluß der Krista symmetrie auf die Eigenschaftstensoren in einfacher Form darzustellen. Nach dem Symmetrieprinzip ist der Eigenschaftstensor einer statischen Eigenschaft invariant gegenüber jenen Transformationen seines Bezugssystems, die den Elementen der Raum-Zeit-Klasse des Kristalls entsprechen.

Symmetrieelement aller nichtmagnetischen Kristallklassen ist der Zeitumkehroperator $\mathscr{R}$. Bei Zeitinversion erfahren die Komponenten eines c-Tensors einen Vorzeichenwechsel, das bedeutet, *c-Tensoren sind für nichtmagnetische Kristalle identisch Null.* Demgegenüber sind i-Tensoren sowohl mit nichtmagnetischen als auch magnetischen Strukturen vereinbar.

Die Symmetrietransformationen zu den $\mathscr{S}$- und $\mathscr{R}\mathscr{S} = \underline{\mathscr{S}}$-Elementen beschreiben die zugehörigen Matrizen A und $\underline{\mathsf{A}}$ (s. Teil I, Abschn. 4).

Für eine Symmetrietransformation $\mathsf{A} = (a_{ij})$ gilt für i- und c-Tensoren

$$t_{ij\ldots n} = t'_{ij\ldots n} = a_{ik} a_{jl} \ldots a_{nm} t_{kl\ldots m} \qquad \text{polar} \tag{7}$$

$$t_{ij\ldots n} = t'_{ij\ldots n} = |\mathsf{A}|\, a_{ik} a_{jl} \ldots a_{nm} t_{kl\ldots m} \qquad \text{axial} \tag{7a}$$

Die Symmetrietransformation $\underline{\mathsf{A}}$ liefert für i-Tensoren

$$t_{ij\ldots n} = t'_{ij\ldots n} = a_{ik} a_{jl} \ldots a_{nm} t_{kl\ldots m} \qquad \text{polar} \tag{8}$$

$$t_{ij\ldots n} = t'_{ij\ldots n} = |\mathsf{A}|\, a_{ik} a_{jl} \ldots a_{nm} t_{kl\ldots m} \qquad \text{axial} \tag{8a}$$

und für c-Tensoren

$$t_{ij\ldots n} = t'_{ij\ldots n} = (-1)\, a_{ik} a_{jl} \ldots a_{nm} t_{kl\ldots m} \qquad \text{polar} \tag{9}$$

$$t_{ij\ldots n} = t'_{ij\ldots n} = (-1)\, |\mathsf{A}|\, a_{ik} a_{jl} \ldots a_{nm} t_{kl\ldots m} \qquad \text{axial} \tag{9a}$$

Bei i-Tensoren erscheint die gleiche Beziehung für A und $\underline{\mathsf{A}}$, da i-Tensoren gegenüber Zeitinversion invariant sind. Die (-1) bei den c-Tensoren ist durch den Vorzeichenwechsel der Tensorkomponenten bei Zeitinversion bedingt.

Die Anwendung der Matrix A bzw. $\underline{A}$ zu den Symmetrieelementen $\mathcal{S}$ bzw. $\underline{\mathcal{S}}$ liefert also für einen Tensor n-ter Stufe 3^n Relationen zwischen den 3^n Tensorkomponenten $t_{ij\ldots n}$. Der Einfluß des betrachteten Symmetrieelementes auf die Zahl und Anordnung der unabhängigen Tensorkomponenten ist in diesen Beziehungen enthalten. Für die *vollständige Reduktion* der Tensorkomponenten durch die Kristallsymmetrie genügt es, die erzeugenden Matrizen der Klasse der Raum—Zeit-Symmetrie heranzuziehen. Alle anderen Matrizen, die Symmetrieelementen zugeordnet sind, lassen sich durch Multiplikation dieser erzeugenden Matrizen erhalten und liefern daher keine neuen Reduktionsbeziehungen. In den Tabellen 2 und 3 auf den Seiten 18 und 23 sind die erzeugenden Matrizen zu den nichtmagnetischen und magnetischen Kristallklassen angegeben.

Aus den Reduktionsbeziehungen (7) bis (9a) ist sofort zu entnehmen, daß

a) bei Vorhandensein eines Symmetriezentrums $\bar{1}$ alle polaren i- und c-Tensoren ungerader Stufe und alle axialen i- und c-Tensoren gerader Stufe verschwinden,

b) bei Vorhandensein des Symmetrieelementes $\mathcal{R}\bar{1} = \underline{\bar{1}}$ alle polaren i-Tensoren ungerader Stufe und axialen i-Tensoren gerader Stufe, sowie alle polaren c-Tensoren gerader Stufe und axialen c-Tensoren ungerader Stufe verschwinden.

Zur Ableitung dieser Beziehungen beschreiben wir die Elemente der Matrix

$$(\bar{1}) = \begin{pmatrix} -1 & 0 & 0 \\ 0 & -1 & 0 \\ 0 & 0 & -1 \end{pmatrix}$$

durch das KRONECKER-Symbol δ_{ij}:

$$a_{ij} = -\,\delta_{ij} \qquad \text{mit} \qquad \delta_{ij} = \begin{cases} +1 & \text{für } i = j \\ 0 & \text{für } i \neq j. \end{cases}$$

Damit erhalten wir gemäß den Transformationsbeziehungen (7) bis (9a)

$$t_{ij\ldots n} = C(-1)^n \, \delta_{ik}\delta_{jl} \ldots \delta_{nm} t_{kl\ldots m},$$

wobei C die in (7) bis (9a) auftretenden Koeffizienten vor den a_{ij} berücksichtigt. (Der Wert der Determinante von $\bar{1}$ ist -1.) Entsprechend $\delta_{ij} = 0$ für $i \neq j$ brauchen wir nur über die δ_{ij} mit $i = j$ zu summieren, wozu wir den zweiten Index von δ_{ij} durch den ersten ersetzen:

$$\begin{aligned} t_{ij\ldots n} &= C(-1)^n \, \delta_{ii}\delta_{jj} \ldots \delta_{nn} t_{ij\ldots n} \\ &= C(-1)^n \, t_{ij\ldots n}. \end{aligned}$$

Je nachdem, ob $C = +1$ oder $C = -1$ für den Raum-Zeit-Transformationscharakter des Tensors ist, ergibt sich für gerades oder ungerades n

$$t_{ij\ldots n} = -\, t_{ij\ldots n},$$

was $t_{ij..n} \equiv 0$ beinhaltet und auf die in a) und b) angegebenen Beziehungen führt.

In einem weiteren Beispiel wollen wir die Form des polaren i-Tensors t_{kl} für einen Kristall mit der nichtmagnetischen oder magnetischen Kristallklasse 23 über die Reduktionsbeziehung (7) bestimmen. Dazu setzen wir die erzeugenden Matrizen der Klasse 23 (s. Teil I, Tab. 2 und 3, sowie Abschnitt 4)

$$\mathsf{A}_2 = \begin{pmatrix} -1 & 0 & 0 \\ 0 & -1 & 0 \\ 0 & 0 & 1 \end{pmatrix} \quad \text{und} \quad \mathsf{A}_9 = \begin{pmatrix} 0 & 1 & 0 \\ 0 & 0 & 1 \\ 1 & 0 & 0 \end{pmatrix}$$

in die Reduktionsbeziehung $t_{ij} = a_{ik} a_{jl} t_{kl}$ ein. A_2 führt auf die Relationen

$$\begin{array}{lll} t_{11} = a_{11} a_{11} t_{11} = t_{11} & t_{12} = a_{11} a_{22} t_{12} = t_{12} & t_{13} = a_{11} a_{33} t_{13} = -t_{13} \\ t_{21} = a_{22} a_{11} t_{21} = t_{21} & t_{22} = a_{22} a_{22} t_{22} = t_{22} & t_{23} = a_{22} a_{33} t_{23} = -t_{23} \\ t_{31} = a_{33} a_{11} t_{31} = -t_{31} & t_{32} = a_{33} a_{22} t_{32} = -t_{32} & t_{33} = a_{33} a_{33} t_{33} = t_{33}. \end{array}$$

Daraus ergibt sich

$$t_{13} = t_{23} = t_{31} = t_{32} = 0.$$

A_9 liefert die Relationen

$$\begin{array}{lll} t_{11} = a_{12} a_{12} t_{22} = t_{22} & t_{12} = a_{12} a_{23} t_{23} = t_{23} & t_{33} = a_{31} a_{31} t_{11} = t_{11} \\ t_{21} = a_{23} a_{12} t_{32} = t_{32} & t_{22} = a_{23} a_{23} t_{33} = t_{33}. & \end{array}$$

Daraus folgt unter Berücksichtigung von $t_{13} = t_{23} = t_{31} = t_{32} = 0$ für den polaren i-Tensor $[t_{kl}]$ in der Klasse 23

$$[t_{kl}] = \begin{bmatrix} t_{11} & 0 & 0 \\ 0 & t_{11} & 0 \\ 0 & 0 & t_{11} \end{bmatrix}.$$

Angewandt auf den Leitfähigkeitstensor $[\sigma_{ij}]$ erhalten wir das aus Abschnitt 1.2. bereits bekannte Ergebnis.

Für Tensoren höherer Stufe führen die Reduktionsbeziehungen (7) bis (9a) auf sehr umfangreiche Ausdrücke. Beachtet man jedoch, daß — außer den drei- und sechszähligen Achsen des trigonalen und hexagonalen Systems — alle Symmetrieelemente die Koordinatenachsen der zugeordneten kartesischen Bezugssysteme ineinander überführen, so läßt sich das *gleichartige*

Transformationsverhalten von Tensorkomponenten und Koordinatenprodukt zur Aufstellung der Reduktionsbeziehungen heranziehen.

Als Transformationsgesetz für den Ortsvektor $\mathfrak{x} = (x_1, x_2, x_3)$ fanden wir $x'_i = a_{ij} x_j$. Daraus ergibt sich als Transformationsbeziehung für das Koordinatenprodukt

$$x'_i x'_j \dots x'_n = a_{ik} a_{jl} \dots a_{nm} x_k x_l \dots x_m.$$

Die Transformationsanalogie zeigt der Vergleich mit der Transformationsbeziehung für einen polaren i-Tensor n-ter Stufe:

$$t'_{ij\dots n} = a_{ik} a_{jl} \dots a_{nm} t_{kl\dots m}.$$

Für ein Symmetrieelement, das die Überführung von Koordinatenachsen ineinander bewirkt, läßt sich der Übergang der $x_k x_l \dots x_m$ in die $x'_i x'_j \dots x'_n$ sofort angeben. Aus der Übertragung der Indizes ergibt sich die Zuordnung von $t'_{ij\dots n}$ zu $t_{kl\dots m}$.

Betrachten wir dazu den Einfluß einer vierzähligen Drehachse parallel x_3 auf einen polaren Tensor 2-ter Stufe. Die Drehung um 90° bewirkt die Überführung

$$\begin{array}{lll} x_1 \to x_2 & x_2 \to -x_1 & x_3 \to x_3 \\ x'_1 = x_2 & x'_2 = -x_1 & x'_3 = x_3, \end{array}$$

und für das Koordinatenprodukt erscheint

$$\begin{array}{lll} x'_1 x'_1 = x_2 x_2 & x'_1 x'_2 = -x_2 x_1 & x'_1 x'_3 = x_2 x_3 \\ x'_2 x'_1 = -x_1 x_2 & x'_2 x'_2 = x_1 x_1 & x'_2 x'_3 = -x_1 x_3 \\ x'_3 x'_1 = x_3 x_2 & x'_3 x'_2 = -x_3 x_1 & x'_3 x'_3 = x_3 x_3. \end{array}$$

Die Übertragung der Indizes und Vorzeichen auf die Tensorkomponenten führt auf

$$\begin{array}{lll} t'_{11} = t_{22} & t'_{12} = -t_{21} & t'_{13} = t_{23} \\ t'_{21} = -t_{12} & t'_{22} = t_{11} & t'_{23} = -t_{13} \\ t'_{31} = t_{32} & t'_{32} = -t_{31} & t'_{33} = t_{33}. \end{array}$$

Für eine Symmetrieoperation gilt $t'_{ij} = t_{ij}$, und t_{ij} reduziert sich auf die Form

$$[t_{ij}] = \begin{bmatrix} t_{11} & t_{12} & 0 \\ -t_{12} & t_{11} & 0 \\ 0 & 0 & t_{33} \end{bmatrix}.$$

Drehungen um 180°, 270° und 360° entsprechen wiederholten Drehungen um 90°, und die gegen Drehungen um 90° invariante Form des Tensors liegt bereits vor (Drehung um 90° ist erzeugende Symmetrieoperation).

Bei der Benutzung des Koordinatenproduktes ist zu beachten, daß die Zuordnung

$$x'_i \rightarrow x_k \qquad x'_j \rightarrow x_l \qquad x'_n \rightarrow x_m$$

eingehalten wird, da die Invarianz des Koordinatenproduktes gegen Indexvertauschungen nicht für die Tensorkomponenten gilt.

Das Koordinatenprodukt zeigt das Transformationsverhalten eines polaren Tensors. Für die Anwendung auf axiale Tensoren ist die Determinante $|A|$ nach (7a), (8a) und (9a) in die Relationen zwischen den Tensorkomponenten miteinzubeziehen. Entsprechend erscheint der Faktor (-1) bei der Anwendung von Drehinversionsachsen auf axiale Tensoren.[1]

---

[1]) Die Anwendung des Koordinatenproduktes zur Reduktion polarer und axialer Tensoren bis zur 6-ten Stufe wird von FIESCHI, R., und FUMI, F. G., Nuovo Cim. **10** (1953) 865 beschrieben.

2. Darstellung der Kristalleigenschaften durch Tensoren

2.1. Eigenschaftstensoren und Kristallsymmetrie

In diesem Abschnitt sollen verschiedene Kristalleigenschaften in Tensorschreibweise formuliert und der Einfluß der Kristallsymmetrie auf die Zahl und Anordnung der unabhängigen Tensorkomponenten untersucht werden. Dabei wird der Zeitcharakter des Eigenschaftstensors nur dann angegeben, wenn ein c-Tensor vorliegt, d. h. die Eigenschaft sich auf magnetische Kristalle beschränkt.

Ist die Spinorientierung eines magnetischen Kristalls ohne (meßbaren) Einfluß auf die betrachtete physikalische Eigenschaft, so kann zur Reduktion des Eigenschaftstensors anstelle der magnetischen Punktgruppe die Punktgruppe herangezogen werden. Wann der Einfluß der Spinverteilung auf die betrachtete physikalische Eigenschaft zu vernachlässigen ist, kann nur durch das Experiment oder atomistische Theorien entschieden werden, d. h. durch rein physikalische Betrachtungen.

Die numerischen Beispiele zu den Kristalleffekten sollen Größe und Anisotropie der Effekte charakterisieren, so daß auf den Quellennachweis und die Angabe der unterschiedlichen Werte verschiedener Autoren verzichtet wird. Das internationale Maßsystem wird benutzt.

2.1.1. Eigenschaftstensoren erster Stufe

Physikalische Eigenschaften, die zwei skalare Größen in Beziehung setzen, zeigen keinen Unterschied in dem Verhalten kristallinen und isotropen Materials. Die einfachsten spezifisch kristallphysikalischen Eigenschaften verbinden einen Vektor und einen Skalar und werden durch Tensoren erster Stufe dargestellt. Eine lineare Beziehung zwischen dem Skalar ζ und dem Vektor $\mathfrak{p}$ kann folgender Art sein:

$$p_i = t_i \zeta \qquad \text{bzw.} \qquad \mathfrak{p} = \mathfrak{t} \zeta$$

und

$$\zeta = t_i p_i \qquad \text{bzw.} \qquad \zeta = \mathfrak{t}\,\mathfrak{p}.$$

Der Eigenschaftstensor $[t_i]$ ist in beiden Fällen ein Vektor.

Der pyroelektrische und der pyromagnetische Effekt, die eine elektrische bzw. magnetische Polarisation bei einer homogenen Temperaturänderung beschreiben, werden durch die erste Beziehung wiedergegeben. Temperatur- und Entropieänderungen durch Einwirkung elektrischer oder magnetischer Felder werden durch die zweite Beziehung charakterisiert.

2.1.1.1. Pyroelektrizität

Den *pyroelektrischen Effekt* zeigt ein Kristall, dessen Elementarzelle ein von Null verschiedenes elektrisches Dipolmoment besitzt. Das Feld dieser Dipolmomente äußert sich in einer *permanenten elektrischen Polarisation*, die gleichbedeutend mit dem Auftreten von Oberflächenladungen ist. Eine unvollständige Isolation der Kristalloberfläche führt jedoch zur Neutralisation dieser Oberflächenladungen und verbirgt den pyroelektrischen Charakter des Kristalls. In diesem Falle tritt nur die Änderung der elektrischen Polarisation mit der Temperatur in Erscheinung.

Wird die Änderung der Polarisation mit der Temperatur bei konstant gehaltener Form und Größe des Kristalls bestimmt, so wird die beobachtete Erscheinung als *primäre Pyroelektrizität* bezeichnet. Ohne Beschränkung der Deformation kommt ein *sekundärer Effekt* hinzu, der in einer piezoelektrischen Polarisation infolge thermischer Deformation besteht. Primärer und zusammengesetzter linearer pyroelektrischer Effekt werden durch folgenden Ansatz dargestellt:

$$\Delta P_i = p_i \, \Delta T .$$

Dabei ist $\Delta \mathfrak{P}$ die Änderung der elektrischen Polarisation bei einer Temperaturänderung ΔT. Gemäß dem Symmetrieprinzip ist für die Existenz des pyroelektrischen Effektes das Vorhandensein einer *einzigartigen Richtung* im Kristall Voraussetzung, da der Eigenschaftstensor $\mathfrak{p}$ ein polarer Vektor ist.

Ein Symmetriezentrum läßt keine einzigartige Richtung zu. Bei Vorhandensein einer Drehachse kann $\mathfrak{p}$ nur in Richtung der Drehachse liegen, während eine Drehinversionsachse $\neq \bar{2}$ auf $\mathfrak{p} = 0$ führt. Eine Spiegelebene legt die Ebene fest, in der $\mathfrak{p}$ auftreten kann. Aus diesen Einschränkungen ergeben sich 10 pyroelektrische Klassen, die auch als *polare Klassen* bezeichnet werden. Die Form der pyroelektrischen Tensoren in den 10 polaren Kristallklassen ist in Tabelle 4 angegeben.

Zur Illustration der Größenordnung des pyroelektrischen Effektes soll für Turmalin die elektrische Polarisation durch Temperaturänderung der Polarisation unter Einwirkung eines elektrischen Feldes gegenübergestellt werden. Turmalin gehört zur Klasse $3m$ und $\mathfrak{p}$ ist parallel zur dreizähligen Achse (Tab. 4). Für den zusammengesetzten Effekt hat $\mathfrak{p}$ bei Zimmertemperatur den Wert

$$p_3 = 3{,}8 \cdot 10^{-6} \,\mathrm{As\,m^{-2}\,{}^{\circ}C^{-1}} .$$

Tabelle 4

<table>
<tr><th>Kristallsystem</th><th>Kristallklasse</th><th>Form des $[p_i]$-Tensors</th><th>Zahl der unabhängigen Komponenten</th></tr>
<tr><td>triklin</td><td>1</td><td>$[p_1, p_2, p_3]$</td><td>3</td></tr>
<tr><td rowspan="2">monoklin</td><td>m</td><td>$[p_1, p_2, 0]$</td><td>2</td></tr>
<tr><td>2</td><td rowspan="5">$[0, 0, p_3]$</td><td rowspan="5">1</td></tr>
<tr><td>rhombisch</td><td>$mm2$</td></tr>
<tr><td>trigonal</td><td>$3, 3m$</td></tr>
<tr><td>tetragonal</td><td>$4, 4mm$</td></tr>
<tr><td>hexagonal</td><td>$6, 6mm$</td></tr>
</table>

Zur Lage des Bezugssystems zu den Symmetrieachsen s. S. 17

Für ein elektrisches Feld parallel zur dreizähligen Achse wird die elektrische Polarisation für die Klasse $3m$ durch $P_3 = \varepsilon_0 \chi_{33} E_3$ beschrieben (s. Abschnitt 2.1.3.3.), wobei ε_0 die Dielektrizitätskonstante des Vakuums und χ_{33} die dielektrische Suszeptibilität ist. Für Turmalin ist $\chi_{33} = 6{,}1$, und das elektrische Feld, das die gleiche Polarisation wie eine Temperaturänderung um 1°C hervorruft, ist

$$E_3 = \frac{P_3}{\varepsilon_0 \chi_{33}} = \frac{3{,}8 \cdot 10^{-6}}{8{,}85 \cdot 10^{-12} \cdot 6{,}1} \approx 7 \cdot 10^4 \text{ Vm}^{-1}.$$

Eine spezielle Gruppe pyroelektrischer Kristalle sind die *Ferroelektrika* (Bariumtitanat, Seignettesalz, KDP usw.). In dem Temperaturbereich, wo sie spontane Polarisation zeigen, gehören ihre Domänen einer polaren Klasse an. Sie unterscheiden sich von den normalen Pyroelektrika dadurch, daß ihre spontane Polarisation durch ein elektrisches Feld umkehrbar ist.

2.1.1.2. Pyromagnetismus

Der *pyromagnetische Effekt* wird durch die Beziehung

$$\Delta I_i = m_i \Delta T$$

beschrieben, wobei ΔJ die Änderung der magnetischen Polarisation mit einer Temperaturänderung ΔT bedeutet und die m_i die Komponenten des pyromagnetischen Tensors sind. Da $\mathfrak{m} = [m_1, m_2, m_3]$ einen polaren *i*-Tensor 0-ter Stufe mit einem axialen *c*-Tensor erster Stufe verbindet, ist der pyromagnetische Tensor ein axialer *c*-Tensor erster Stufe. Nichtmagnetische Kristalle können daher keinen pyromagnetischen Effekt zeigen (auch nicht als Effekt höherer Ordnung, wie man aus dem Symmetrieprinzip entnehmen kann).

Wie bei dem pyroelektrischen Effekt, kann aus der Raum-Zeit-Symmetrie des axialen *c*-Vektors $\mathfrak{m}$ seine mögliche Lage zu den Symmetrieelementen angegeben werden. Als axialer *c*-Tensor erster Stufe ist $\mathfrak{m}$ mit der Existenz eines Symmetriezentrums $\bar{1}$ vereinbar, jedoch nicht mit dem $\mathcal{RS}$-Element $\mathcal{R}\bar{1} = \underline{\bar{1}}$ (s. Abschnitt 1.4.). Die Fortsetzung dieser Diskussion bzw. die Anwendung der Reduktionsbeziehungen (7a) und (9a) führt auf die in Tab. 5 angegebenen 31 *pyromagnetischen Klassen.*

Tabelle 5

Kristallsystem	Magnetische Kristallklasse	Form des $[m_i]$-Tensors	Zahl der unabhängigen Komponenten
triklin	$1, \bar{1}$	$[m_1, m_2, m_3]$	3
monoklin	$\underline{2}, \underline{m}, \underline{2}/\underline{m}$	$[m_1, m_2, 0]$	2
	$2, m, 2/m$	$[0, 0, m_3]$	1
rhombisch	$\underline{2}\underline{2}2, \underline{m}\underline{m}2, \underline{2}\underline{m}m, \underline{m}\underline{m}m$		
trigonal	$3, \bar{3}, 3\underline{2}, 3\underline{m}, \bar{3}\underline{m}$		
tetragonal	$4, \bar{4}, 4/m, 4\underline{2}\underline{2}, 4\underline{m}\underline{m}, \bar{4}\underline{2}\underline{m}, 4/m\underline{m}\underline{m}$		
hexagonal	$6, \bar{6}, 6/m, 6\underline{2}\underline{2}, 6\underline{m}\underline{m}, \bar{6}\underline{m}\underline{2}, 6/m\underline{m}\underline{m}$		

Zur Lage des Bezugssystems zu den Symmetrieachsen s. S. 17

In *antiferromagnetischen Kristallen* äußert sich der pyromagnetische Effekt in einer schwachen, temperaturabhängigen Magnetisierung, die auf eine temperaturabhängige Richtungsänderung der antiparallel angeordneten Spinmomente zurückzuführen ist. Dabei ist die Verkippung der Spinmomente gegeneinander und gegenüber dem Kristallgitter solcher Art, daß sie die Raum-Zeit-Symmetrie des Kristalls nicht beeinflußt.

Ferro- und Ferrimagnetika zeigen spontane Magnetisierung. Ihre Domänen werden durch pyromagnetische Kristallklassen charakterisiert.

2.1.2. *Eigenschaftstensoren 2-ter Stufe*

Eigenschaftstensoren 2-ter Stufe verbinden entweder 2 Vektoren:

$$p_i = t_{ij} q_j,$$

oder einen Skalar mit einem Tensor 2-ter Stufe:

$$p_{ij} = t_{ij} \zeta$$

bzw.

$$\zeta = t_{ij} q_{ij}.$$

Die erste Beziehung dient u. a. zur Darstellung des OHMschen Gesetzes. Für die thermische Ausdehnung erscheint die zweite Beziehung. Die Entropieänderung bei einer Deformation wird durch die dritte Beziehung beschrieben.

2.1.2.1. *Die Tensorfläche*

Ein großer Teil der Eigenschaftstensoren 2-ter Stufe ist *polar* und *symmetrisch*[1]). Zur Diskussion dieser Eigenschaften wollen wir eine geometrische Veranschaulichung des polaren symmetrischen Tensors 2-ter Stufe heranziehen. Dazu bilden wir mit den genau 6 unabhängigen Tensorkomponenten $t_{kl} = t_{lk}$ die *quadratische Form*

$$t_{11} x_1^2 + t_{22} x_2^2 + t_{33} x_3^2 + 2 t_{12} x_1 x_2 + 2 t_{23} x_2 x_3 + 2 t_{31} x_3 x_1 = C, \qquad (10)$$

wobei C eine reelle Zahl ist. (10) können wir auch durch

$$t_{kl} x_k x_l = C \quad \text{mit} \quad t_{kl} = t_{lk}$$

wiedergeben. Die quadratische Form beschreibt eine *Fläche 2-ten Grades* mit dem Zentrum im Koordinatenursprung. Wir werden die dem Tensor zugeordnete Fläche im folgenden als *Tensorfläche* bezeichnen. Neben dem *Ellipsoid* treten auch das *einschalige* und *zweischalige Hyperboloid* als reelle Repräsentationsflächen von (10) auf.

Bei dem Übergang von dem Bezugssystem KS zu dem System KS′ sind die x_k und x_l in der quadratischen Form durch $x_k = a_{ik} x'_i$ und $x_l = a_{jl} x'_j$ zu ersetzen. In dem System KS′ lautet dann die Beziehung für dieselbe Fläche

$$t_{kl} a_{ik} a_{jl} x'_i x'_j = C$$

bzw.

$$t'_{ij} x'_i x'_j = C \qquad \text{mit} \qquad t'_{ij} = a_{ik} a_{jl} t_{kl}.$$

---

[1]) Die Symmetrie des Tensors ist invariant gegenüber Koordinatentransformation: Aus $t_{kl} = t_{lk}$ folgt $t'_{ij} = a_{ik} a_{jl} t_{kl} = a_{ik} a_{jl} t_{lk} = a_{jl} a_{ik} t_{lk} = t'_{ji}$.

Als Koeffizienten der quadratischen Form zeigen die t_{kl} also dasselbe Transformationsverhalten wie als Komponenten eines polaren Tensors 2-ter Stufe. Zwischen der Kristalleigenschaft und der Tensorfläche besteht demgemäß eine eindeutige Zuordnung.

Gehen die Koordinatenachsen des Bezugssystems durch die Hauptachsen der Tensorfläche, so reduziert sich die Beziehung (10) auf

$$t_{11}x_1^2 + t_{22}x_2^2 + t_{33}x_3^2 = C, \tag{10a}$$

und der polare symmetrische Tensor $[t_{ij}]$ hat für dieses Bezugssystem (*Hauptachsensystem*)[1] die einfache Form

$$\begin{bmatrix} t_{11} & 0 & 0 \\ 0 & t_{22} & 0 \\ 0 & 0 & t_{33} \end{bmatrix}.$$

Der Vergleich von (10a) mit der üblichen Beschreibung einer Fläche 2-ten Grades im Hauptachsensystem

$$x_1^2/a_1^2 + x_2^2/a_2^2 + x_3^2/a_3^2 = 1$$

liefert folgende Beziehungen zwischen den Tensorkomponenten und den Halbachsen a_1, a_2, a_3 der Tensorfläche:

$$t_{11} = C/a_1^2 \qquad t_{22} = C/a_2^2 \qquad t_{33} = C/a_3^2.$$

Für ein Ellipsoid ist in Abb. 10 die Beziehung zwischen den Halbachsen und Tensorkomponenten angegeben.

Auf Grund der eindeutigen Zuordnung zwischen Eigenschaft und Tensorfläche muß die Tensorfläche die Symmetrie der physikalischen Eigenschaft zeigen. Die innere Symmetrie der Tensorfläche besteht aus einem Inversionszentrum, drei zweizähligen Drehachsen und drei Spiegelebenen. Diese Symmetrieelemente entsprechen der Symmetrie der Eigenschaft ohne Berücksichtigung der Kristallsymmetrie. Die Punktgruppensymmetrie fixiert die Lage der Tensorfläche zu den Symmetrieelementen des Kristalls. Dabei sind infolge der Zentrosymmetrie Dreh- und Drehinversionsachsen von gleichem Einfluß. Achsen von höherer Zähligkeit als zwei bewirken Rotationssymmetrie.

Im *triklinen* Kristallsystem existiert keine ausgezeichnete Richtung. Es kann daher keine Aussage über die Lage des Hauptachsensystems gemacht werden. Sechs Koeffizienten sind zur Bestimmung der Tensorfläche erforderlich.

---

[1]) Die Lage des Hauptachsensystems läßt sich durch Hauptachsentransformation ermitteln, s. z. B. KÄSTNER, S., Vektoren, Tensoren, Spinoren, Berlin 1960.

Im *Monoklinen* ist die x_3-Achse als zweizählige Achse ausgezeichnet. Nur dann, wenn eine Hauptachse mit der x_3-Achse übereinstimmt, entspricht die Symmetrie der Tensorfläche der Drehachse und Spiegelebene des monoklinen Systems. Die beiden anderen Hauptachsen liegen in der Ebene senkrecht zu x_3. Ist noch ein Winkel zwischen einer dieser Hauptachsen und einer der kristallographischen Achsen in der Ebene senkrecht zu x_3 bekannt, so ist

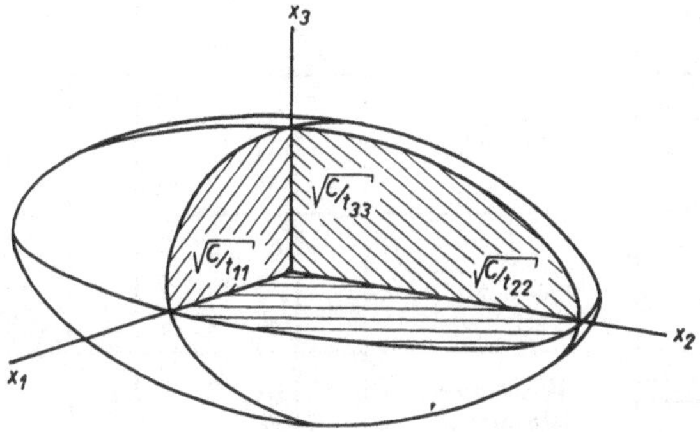

Abb. 10. Beziehung zwischen den Halbachsen der Tensorfläche und den Tensorkomponenten des Hauptachsensystems für ein Ellipsoid

das Hauptachsensystem fixiert. Die Zahl der Freiheitsgrade ist also vier, einen für die Lage des Hauptachsensystems und drei für die Längen der Halbachsen. Dementsprechend besitzt die quadratische Form vier unabhängige Koeffizienten.

Im *Rhombischen* sind drei senkrecht zueinander liegende Richtungen durch Symmetrieelemente ausgezeichnet. Sie legen die Hauptachsen der Tensorfläche fest. Die Längen der drei Halbachsen bleiben als Freiheitsgrade.

Im *trigonalen*, *tetragonalen* und *hexagonalen* Kristallsystem ist die Tensorfläche rotationssymmetrisch um die 3-,4- bzw. 6-zählige Achse. Diejenigen kartesischen Koordinatensysteme sind Hauptachsensysteme, die eine Koordinatenachse parallel zur Rotationsachse besitzen. Die Längen der beiden unterschiedlichen Halbachsen bleiben als Freiheitsgrade.

Im *Kubischen* sind die vier dreizähligen Achsen die charakteristischen Symmetrieelemente. Die Tensorfläche ist eine Kugelfläche. Der Radius der Kugel charakterisiert die Tensorfläche vollständig.

In Tabelle 6 sind diese Ergebnisse zusammengestellt. Die Zahl und Anordnung der unabhängigen Tensorkomponenten ergibt sich aus den Koeffizienten der entsprechenden Tensorfläche.

Der Einfluß der Kristallsymmetrie auf einen polaren symmetrischen Tensor 2-ter Stufe kann selbstverständlich auch über die Reduktionsbeziehung (7)

Tabelle 6

Kristallsystem	Tensorfläche	Form des Tensors $[t_{ij}] = [t_{ji}]$	Zahl der unabhängigen Komponenten
triklin		$\begin{bmatrix} t_{11} & t_{12} & t_{13} \\ t_{12} & t_{22} & t_{23} \\ t_{13} & t_{23} & t_{33} \end{bmatrix}$	6
monoklin	1 Achse $\parallel x_3$	$\begin{bmatrix} t_{11} & t_{12} & 0 \\ t_{12} & t_{22} & 0 \\ 0 & 0 & t_{33} \end{bmatrix}$	4
rhombisch	Achsen $\parallel x_1, x_2, x_3$	$\begin{bmatrix} t_{11} & 0 & 0 \\ 0 & t_{22} & 0 \\ 0 & 0 & t_{33} \end{bmatrix}$	3
trigonal tetragonal hexagonal	Rotations-symmetrie um x_3	$\begin{bmatrix} t_{11} & 0 & 0 \\ 0 & t_{11} & 0 \\ 0 & 0 & t_{33} \end{bmatrix}$	2
kubisch	Kugelfläche	$\begin{bmatrix} t_{11} & 0 & 0 \\ 0 & t_{11} & 0 \\ 0 & 0 & t_{11} \end{bmatrix}$	1

Zur Lage des Bezugssystems zu den Symmetrieachsen s. S. 17

mittels der erzeugenden Matrizen der jeweiligen Kristallklasse bestimmt werden. Dieser Art war die in Abschnitt 1.4. durchgeführte Bestimmung der unabhängigen Tensorkomponenten des Leitfähigkeitstensors $[\sigma_{ij}]$ für die Klasse 23.

Die Tensorfläche erlaubt in Verbindung mit dem *Größenellipsoid* den Effekt $\mathfrak{p}$ zu der Einwirkung $\mathfrak{q}$ geometrisch zu ermitteln. Das Größenellipsoid wird im Hauptachsensystem durch

$$x_1^2/t_{11}^2 + x_2^2/t_{22}^2 + x_3^2/t_{33}^2 = 1$$

beschrieben und ist stets ein Ellipsoid. Abb. 11 zeigt, wie zu der Einwirkung $\mathfrak{q}_0$ von Stärke einer Einheit der Effekt $\mathfrak{p}_0$ zu bestimmen ist: Im Schnittpunkt von $\mathfrak{q}_0$ mit der Tensorfläche wird der Flächennormalenvektor $\mathfrak{n}$ errichtet. Der Vektor parallel zu $\mathfrak{n}$ von 0 zum Größenellipsoid liefert $\mathfrak{p}_0$ zu $\mathfrak{q}_0$. Für ein $\mathfrak{q}$ von ζ Einheitsstärken ergibt sich $\mathfrak{p} = \zeta \mathfrak{p}_0$.

Zunächst soll bewiesen werden, daß der Effekt $\mathfrak{p}(\mathfrak{q})$ und die Flächennormale $\mathfrak{n}(\mathfrak{q})$ parallel sind. Dazu beschreiben wir die Richtung von $\mathfrak{q}$ durch den Einheitsvektor $\mathfrak{l}(\mathfrak{q})$ mit den Komponenten $l_i = q_i/q$. Im Hauptachsensystem erhalten wir mit $q_i = l_i q$:

$$p_1 = t_{11} q_1 = t_{11} l_1 q,$$
$$p_2 = t_{22} q_2 = t_{22} l_2 q,$$
$$p_3 = t_{33} q_3 = t_{33} l_3 q.$$

Die Richtung von $\mathfrak{p}$ ist durch das Verhältnis der Komponenten von $\mathfrak{p}$ bestimmt:

$$p_1 : p_2 : p_3 = t_{11} l_1 : t_{22} l_2 : t_{33} l_3.$$

Die Flächennormale $\mathfrak{n}$ an die Tensorfläche

$$t_{11} x_1^2 + t_{22} x_2^2 + t_{33} x_3^2 = C$$

liefert der Gradient:

$$\mathfrak{n} = \operatorname{grad}\,(t_{11} x_1^2 + t_{22} x_2^2 + t_{33} x_3^2) = 2\,[t_{11} x_1, t_{22} x_2, t_{33} x_3].$$

Ersetzen wir die x_i durch $r l_i$, wobei $\mathfrak{r} = [r l_1, r l_2, r l_3]$ der Ortsvektor zu dem Schnittpunkt von $\mathfrak{q}$ mit der Tensorfläche ist, so folgt für die Richtung von $\mathfrak{n}$:

$$n_1 : n_2 : n_3 = t_{11} l_1 : t_{22} l_2 : t_{33} l_3.$$

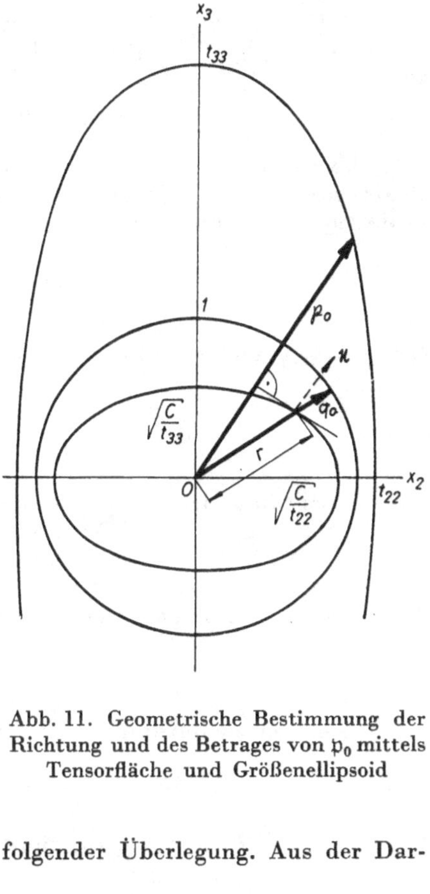

Abb. 11. Geometrische Bestimmung der Richtung und des Betrages von $\mathfrak{p}_0$ mittels Tensorfläche und Größenellipsoid

$\mathfrak{p}(\mathfrak{q})$ und $\mathfrak{n}(\mathfrak{q})$ sind also parallel.

Der Betrag von $\mathfrak{p}_0$ ergibt sich aus folgender Überlegung. Aus der Darstellung von $\mathfrak{p}$ im Hauptachsensystem

$$\mathfrak{p} = [p_1, p_2, p_3] = [t_{11} q_1, t_{22} q_2, t_{33} q_3]$$

erhalten wir für $|\mathfrak{q}| = 1$ die Beziehung

$$p_1^2/t_{11}^2 + p_2^2/t_{22}^2 + p_3^2/t_{33}^2 = q_1^2 + q_2^2 + q_3^2 = 1.$$

Beschreibt $\mathfrak{q}_0$ die Kugelfläche

$$x_1^2 + x_2^2 + x_3^2 = 1,$$

so beschreibt $\mathfrak{p}_0$ das Größenellipsoid

$$x_1^2/t_{11}^2 + x_2^2/t_{22}^2 + x_3^2/t_{33}^2 = 1.$$

Das Größenellipsoid liefert also zu der Richtung von $\mathfrak{p}_0$ den Betrag von $\mathfrak{p}_0$.

Weiterhin läßt sich zeigen, daß für die Komponente $\mathfrak{p}_\parallel$ von $\mathfrak{p}$ in Richtung von $\mathfrak{q}$

$$p_\parallel/q = C/r^2$$

gilt, wobei r der Betrag des Ortsvektors zur Tensorfläche ist (Abb. 11). Zum Beweis stellen wir $p_\parallel/q$ in Abhängigkeit von der Richtung $l(q)$ dar. $\mathfrak{p}_\parallel$ ist die Projektion von $\mathfrak{p}$ auf die Richtung von $\mathfrak{q}$:

$$p_\parallel = \frac{\mathfrak{p}\mathfrak{q}}{q} = \frac{p_i q_i}{q}.$$

Mit $p_i = t_{ij} q_j$ und $q_i = l_i q$ ergibt sich

$$\frac{p_\parallel}{q} = \frac{p_i q_i}{q^2} = \frac{t_{ij} q_j q_i}{q^2} = t_{ij} l_i l_j.$$

Beschreiben wir andererseits in der quadratischen Form

$$t_{ij} x_i x_j = C \qquad \text{mit} \qquad t_{ij} = t_{ji}$$

die x_i und x_j als Komponenten des Ortsvektors $\mathfrak{r}$ parallel zu $\mathfrak{q}$,

$$x_i = r l_i,$$

so erscheint für die quadratische Form der Ausdruck

$$t_{ij} r^2 l_i l_j = C \qquad \text{bzw.} \qquad t_{ij} l_i l_j = C/r^2.$$

Der Vergleich mit $p_\parallel/q = t_{ij} l_i l_j$ führt auf

$$p_\parallel/q = C/r^2.$$

Abb. 11 bezieht sich auf den Fall, daß die Repräsentationsfläche ein Ellipsoid ist. Ein Ellipsoid ergibt sich, wenn die Hauptachsendarstellung drei positive t_{ij} besitzt und C positiv gewählt wird, bzw. für drei negative t_{ij} und negatives C. Haben die drei t_{ij} unterschiedliche Vorzeichen, so erhält man aus den reellen Werten von $t_{ij} x_i x_j = \pm C$ ein einschaliges und das dazugehörige zweischalige Hyperboloid. Die Bestimmung der Komponente $p_\parallel$ und $\mathfrak{p}_0$ zu $\mathfrak{q}_0$ geht wie in Abb. 11 vor sich.

2.1.2.2. Elektrische und thermische Leitfähigkeit

Unter Einwirkung eines elektrischen Feldes fließt durch ein leitendes Material ein elektrischer Strom. Der Zusammenhang zwischen dem elektrischen Feld $\mathfrak{E}$ und der Stromdichte $\mathfrak{j}$ wird durch die elektrische Leitfähigkeit gegeben. Die Annahme eines linearen Zusammenhanges zwischen $\mathfrak{E}$ und $\mathfrak{j}$ führt auf die Beziehung

$$j_i = \sigma_{ij} E_j$$

bzw.

$$j_i = -\sigma_{ij} \frac{\partial \varphi}{\partial x_j},$$

wenn $\mathfrak{E}$ durch den Gradienten des elektrischen Potentials φ (x_1, x_2, x_3) dargestellt wird:

$$\mathfrak{E} = -\operatorname{grad} \varphi = \left(-\frac{\partial \varphi}{\partial x_1}, -\frac{\partial \varphi}{\partial x_2}, -\frac{\partial \varphi}{\partial x_3}\right).$$

Der polare *Leitfähigkeitstensor* $[\sigma_{ij}]$ ist *symmetrisch*, wie sich durch Anwendung der ONSAGER-Relationen zeigen läßt (s. Abschnitt 2.2.2.1.).

Stellen wir $\mathfrak{E}$ in Abhängigkeit von $\mathfrak{j}$ dar, so ergibt sich

$$E_i = \varrho_{ij} j_j.$$

$[\varrho_{ij}]$ wird als *Widerstandstensor* bezeichnet und kann durch Auflösung des Gleichungssystems $j_i = \sigma_{ij} E_j$ nach E_j bestimmt werden. Unter Anwendung der Theorie der linearen Gleichungssysteme ergibt sich

$$\varrho_{ij} = \frac{(-1)^{i+j} \Delta_{ji}^{\sigma}}{|\sigma_{ij}|}, \tag{11}$$

wobei Δ_{ji}^{σ} die Unterdeterminante ist, die durch Streichen der j-ten Zeile und i-ten Spalte der Determinante $|\sigma_{ij}|$ entsteht. Beispielsweise ist

$$\varrho_{23} = \frac{(-1)^{2+3} \begin{vmatrix} \sigma_{11} & \sigma_{13} \\ \sigma_{12} & \sigma_{23} \end{vmatrix}}{\begin{vmatrix} \sigma_{11} & \sigma_{12} & \sigma_{13} \\ \sigma_{21} & \sigma_{22} & \sigma_{23} \\ \sigma_{31} & \sigma_{32} & \sigma_{33} \end{vmatrix}}.$$

Aus der Symmetrie von $[\sigma_{ij}]$ folgt die Symmetrie von $[\varrho_{ij}]$, wie aus (11) zu entnehmen ist; denn auf Grund der Symmetrie von $[\sigma_{ij}]$ ergibt sich dieselbe Unterdeterminante durch Streichen der j-ten Zeile und i-ten Spalte wie durch Streichen der i-ten Zeile und j-ten Spalte. Ebenso kann $[\sigma_{ij}]$ aus $[\varrho_{ij}]$ bestimmt werden. $[\sigma_{ij}]$ und $[\varrho_{ij}]$ sind zueinander *reziprok*.

Allgemein charakterisieren wir den zu $[t_{ij}]$ reziproken Tensor durch $[t_{ij}]^{-1}$ und seine Komponenten durch t_{ij}^{-1}, wobei t_{ij}^{-1} entsprechend Beziehung (11) aus $[t_{ij}]$ zu bestimmen ist. Mit $t_{ij} = t_{ji}$ gilt auch $t_{ij}^{-1} = t_{ji}^{-1}$, und im Hauptachsensystem (nur im Hauptachsensystem!) besteht zwischen $[t_{ij}]^{-1}$ und $[t_{ij}]$ die einfache Beziehung

$$\begin{bmatrix} t_{11} & 0 & 0 \\ 0 & t_{22} & 0 \\ 0 & 0 & t_{33} \end{bmatrix}^{-1} = \begin{bmatrix} 1/t_{11} & 0 & 0 \\ 0 & 1/t_{22} & 0 \\ 0 & 0 & 1/t_{33} \end{bmatrix}.$$

Die *Wärmeleitung* wird durch eine dem Ohmschen Gesetz analoge Beziehung beschrieben. An die Stelle des elektrischen Feldes tritt grad T, der *Gradient des Temperaturfeldes* $T(x_1, x_2, x_3)$, und für die elektrische Stromdichte erscheint die *Wärmestromdichte* $\mathfrak{q}$. Die Vektoren $\mathfrak{q}$ und grad T sind durch den *thermischen Leitfähigkeitstensor* $[\lambda_{ij}]$ verbunden:

$$q_i = -\lambda_{ij} \frac{\partial T}{\partial x_j} \quad \text{mit} \quad \lambda_{ij} = \lambda_{ji}.$$

Die *Symmetrie* des polaren Tensors $[\lambda_{ij}]$ folgt ebenfalls aus den Onsager-Relationen. In Analogie zu (11) läßt sich der Tensor des thermischen Widerstandes ermitteln.

Die elektrischen und thermischen Leitungsvorgänge sind dynamische Eigenschaften, und bei der Reduktion der Eigenschaftstensoren durch die Kristallsymmetrie sind die Ausführungen von S. 37 für magnetische Kristalle zu beachten. Die Beziehung zwischen Kristallsymmetrie, Eigenschaftstensor und Tensorfläche kann Tabelle 6 entnommen werden.

Zur Veranschaulichung der Anisotropie der Leitungsvorgänge bestimmen wir die Form der Isothermen für den Wärmefluß von einer Punktquelle im Kristall. (Das elektrische Analogon: Äquipotentialflächen zum Elektrizitätsfluß von einer Punktquelle.) Die Beziehung zwischen der pro Zeiteinheit von der Quelle abgegebenen Wärmemenge dQ/dt und dem Wärmefluß $\mathfrak{q}$ ist

$$\operatorname{div} \mathfrak{q} = dQ/dt \quad \text{bzw.} \quad \frac{\partial q_1}{\partial x_1} + \frac{\partial q_2}{\partial x_2} + \frac{\partial q_3}{\partial x_3} = dQ/dt.$$

Diese Beziehung besagt, daß der Wärmefluß aus dem Volumenelement gleich der pro Zeiteinheit im Volumenelement erzeugten Wärmemenge ist. Für ein quellenfreies Volumenelement gilt im stationären Zustand

$$\operatorname{div} \mathfrak{q} = 0.$$

Mit $q_i = -\lambda_{ij}\,\partial T/\partial x_j$ erscheint im Hauptachsensystem

$$\lambda_{11}\frac{\partial^2 T}{\partial x_1^2} + \lambda_{22}\frac{\partial^2 T}{\partial x_2^2} + \lambda_{33}\frac{\partial^2 T}{\partial x_3^2} = 0.$$

Für *isotrope Körper* gilt

$$\lambda\left(\frac{\partial^2 T}{\partial x_1^2} + \frac{\partial^2 T}{\partial x_2^2} + \frac{\partial^2 T}{\partial x_3^2}\right) = 0,$$

und wir erwarten als Isothermen Kugelflächen. Entsprechend wählen wir als Lösungsansatz

$$T - T_\infty = C/r \quad \text{bzw.} \quad x_1^2 + x_2^2 + x_3^2 = \left(\frac{C}{T - T_\infty}\right)^2,$$

wobei T die Temperatur im Abstand $r = \sqrt{x_1^2 + x_2^2 + x_3^2}$ von der Punktquelle, T_∞ die Temperatur in großer Entfernung von der Punktquelle und C eine von dQ/dT abhängige Konstante ist. Dieser Ansatz befriedigt die Differentialgleichung mit $\lambda = \lambda_{11} = \lambda_{22} = \lambda_{33}$.

Die Differentialgleichung für den *anisotropen Körper* können wir durch die Variablentransformation

$$x_1 = \sqrt{\lambda_{11}}\,y_1; \quad x_2 = \sqrt{\lambda_{22}}\,y_2; \quad x_3 = \sqrt{\lambda_{33}}\,y_3$$

auf die gleiche Form bringen:

$$\frac{\partial^2 T}{\partial y_1^2} + \frac{\partial^2 T}{\partial y_2^2} + \frac{\partial^2 T}{\partial y_3^2} = 0.$$

Aus der Lösung

$$T - T_\infty = C/r_y \quad \text{bzw.} \quad y_1^2 + y_2^2 + y_3^2 = \left(\frac{C}{T - T_\infty}\right)^2$$

erhalten wir nach Rücktransformation

$$\frac{x_1^2}{\lambda_{11}} + \frac{x_2^2}{\lambda_{22}} + \frac{x_3^2}{\lambda_{33}} = \left(\frac{C}{T - T_\infty}\right)^2.$$

Die Isothermen (T = const) *haben die Form der Tensorfläche zu dem Wärmewiderstandstensor.*

Graphit (trigonal) zeigt eine starke Anisotropie in der thermischen Leitfähigkeit. Im Hauptachsensystem gilt für das Verhältnis der Komponenten

$$\frac{\lambda_{33}}{\lambda_{11}} = \frac{\lambda_{33}}{\lambda_{22}} = \frac{1}{4} \quad \text{(bei 30 °C).}$$

Die Hauptachsen des rotationssymmetrischen Wärmewiderstandsellipsoides stehen also im Verhältnis 1 : 2.

2.1.2.3. Elektrische und magnetische Polarisation

Unter Einwirkung eines elektrischen (magnetischen) Feldes wird Materie polarisiert. Die elektrische Polarisation wird durch die Verschiebung elektrischer Ladungen erzeugt, während die magnetische Polarisation auf der Ausrichtung magnetischer Momente beruht. Beide Erscheinungen werden durch analoge Beziehnungen beschrieben:

isotrope Körper	anisotrope Körper
$\mathfrak{P} = \varepsilon_0 \chi \mathfrak{E}$	$P_i = \varepsilon_0 \chi_{ij} E_j$
$\mathfrak{J} = \mu_0 \psi \mathfrak{H}$	$I_i = \mu_0 \psi_{ij} H_j$

$\mathfrak{P}$ = elektrische Polarisation, elektrisches Moment/Volumeneinheit

$\mathfrak{J}$ = magnetische Polarisation, magnetisches Moment/Volumeneinheit

χ = *dielektrische Suszeptibilität*

ψ = *magnetische Suszeptibilität*

ε_0 = Dielektrizitätskonstante des Vakuums ($8{,}859 \cdot 10^{-12}$ $\mathrm{AsV^{-1}m^{-1}}$)

μ_0 = Permeabilität des Vakuums ($1{,}256 \cdot 10^{-6}$ $\mathrm{VsA^{-1}m^{-1}}$).

Diese linearen Beziehungen genügen zur Beschreibung der elektrischen Polarisation normaler Dielektrika und magnetischen Polarisation dia-, para- und antiferromagnetischer Substanzen[1]).

Die Tensoren $[\chi_{ij}]$ und $[\psi_{ij}]$ sind polar und symmetrisch. Ihre Symmetrie kann aus dem totalen Differential

$$dW = E\,dP + H\,dI$$

abgeleitet werden, das die Änderung der Energiedichte W eines Materials durch elektrische und magnetische Polarisation angibt[2]). Zur Herleitung von $\chi_{ij} = \chi_{ji}$ betrachten wir den elektrischen Anteil $dW = E_i dP_i$ und

---

[1]) Die Effekte werden auf das im Körper wirksame Feld bezogen. Da mit der Polarisation ein Depolarisationsfeld verbunden ist, setzt sich das wirksame Feld aus dem angelegten und induzierten Feld zusammen. Das induzierte elektrische Feld ist im allgemeinen von der gleichen Größenordnung wie das angelegte Feld. Es ist außerdem in starkem Maße von der Form des polarisierten Körpers abhängig. Das induzierte Magnetfeld ist gegenüber dem angelegten in dia-, para- und antiferromagnetischen Materialien zu vernachlässigen.

[2]) $dW = \mathfrak{E}\,d\mathfrak{P} + \mathfrak{H}\,d\mathfrak{J}$ ist die Änderung der freien Energiedichte des Körpers bei einer isothermen und reversiblen Polarisation. Zur Begründung des Ausdruckes für die elektrische Polarisationsenergie s. z. B. Joos, G., Lehrbuch der Theoretischen Physik, S. 260, Leipzig 1954.

ersetzen dP_i durch $dP_i = \varepsilon_0\, \chi_{ij}\, dE_j$:

$$\begin{aligned} dW = &\ \varepsilon_0(\chi_{11}E_1 + \chi_{21}E_2 + \chi_{31}E_3)\, dE_1 \\ &+ \varepsilon_0(\chi_{12}E_1 + \chi_{22}E_2 + \chi_{32}E_3)\, dE_2 \\ &+ \varepsilon_0(\chi_{13}E_1 + \chi_{23}E_2 + \chi_{33}E_3)\, dE_3. \end{aligned}$$

Da

$$dW = \frac{\partial W}{\partial E_1} dE_1 + \frac{\partial W}{\partial E_2} dE_2 + \frac{\partial W}{\partial E_3} dE_3$$

ein totales Differential ist, gelten die Differentialbeziehungen

$$\frac{\partial}{\partial E_i}\left(\frac{\partial W}{\partial E_j}\right) = \frac{\partial}{\partial E_j}\left(\frac{\partial W}{\partial E_i}\right).$$

Aus $\frac{\partial}{\partial E_1}\left(\frac{\partial W}{\partial E_2}\right) = \frac{\partial}{\partial E_2}\left(\frac{\partial W}{\partial E_1}\right)$ folgt $\chi_{12} = \chi_{21}$, usw.

Vollkommen analog ist die Ableitung von $\psi_{ij} = \psi_{ji}$.

Zwischen der elektrischen Polarisation $\mathfrak{P}$ und der elektrischen Verschiebung $\mathfrak{D}$ bzw. der magnetischen Polarisation $\mathfrak{J}$ und der magnetischen Induktion $\mathfrak{B}$ bestehen für *isotrope Körper* die Beziehungen

$$\mathfrak{D} = \varepsilon_0\, \mathfrak{E} + \mathfrak{P} \qquad \text{bzw.} \qquad \mathfrak{B} = \mu_0\, \mathfrak{H} + \mathfrak{J}.$$

Nach Ersetzen von $\mathfrak{P}$ und $\mathfrak{J}$ durch $\mathfrak{P} = \varepsilon_0\, \chi \mathfrak{E}$ und $\mathfrak{J} = \mu_0 \psi \mathfrak{H}$ ergibt sich

$$\begin{aligned} \mathfrak{D} &= \varepsilon_0 \mathfrak{E} + \varepsilon_0 \chi \mathfrak{E} & \text{bzw.} \qquad \mathfrak{B} &= \mu_0 \mathfrak{H} + \mu_0 \psi \mathfrak{H} \\ &= \varepsilon_0 (1 + \chi)\, \mathfrak{E} & &= \mu_0 (1 + \psi)\, \mathfrak{H} \\ &= \varepsilon_0 \varepsilon \mathfrak{E} & &= \mu_0 \mu \mathfrak{H}, \end{aligned}$$

wobei ε als dielektrische und μ als magnetische Permeabilität bezeichnet werden. Für den *anisotropen Körper* erhält man unter Verwendung des KRONECKER-Symbols δ_{ij}

$$\begin{aligned} D_i &= \varepsilon_0\, (\delta_{ij} + \chi_{ij})\, E_j & \text{bzw.} \qquad B_i &= \mu_0\, (\delta_{ij} + \psi_{ij})\, H_j \\ &= \varepsilon_0\, \varepsilon_{ij}\, E_j & &= \mu_0\, \mu_{ij}\, H_j. \end{aligned}$$

$[\delta_{ij} + \chi_{ij}]$ und $[\delta_{ij} + \psi_{ij}]$ sind als Summe zweier Tensoren gleicher Stufe ebenfalls Tensoren. $[\varepsilon_{ij}]$ und $[\mu_{ij}]$ werden als DK-*Tensor* und Tensor der magnetischen Permeabilität bezeichnet. χ_{ij}, δ_{ij} und ε_{ij} sind dimensionslose Größen. Mit $[\chi_{ij}]$ ist auch $[\varepsilon_{ij}]$ symmetrisch. Beide besitzen dasselbe Hauptachsensystem. Das gleiche gilt für $[\psi_{ij}]$ und $[\mu_{ij}]$. Die Abhängigkeit von der Kristallsymmetrie entnimmt man Tabelle 6.

2.1.2.4. Doppelbrechung und Indikatrix

Die Ausbreitung elektromagnetischer Wellen wird durch die MAXWELLschen *Gleichungen* beschrieben:

$$\text{rot}\,\mathfrak{H} = \mathfrak{j} + \frac{\partial \mathfrak{D}}{\partial t} \qquad \text{und} \qquad \text{rot}\,\mathfrak{E} = -\frac{\partial \mathfrak{B}}{\partial t}.$$

Die Größen $\mathfrak{j}$, $\mathfrak{D}$ und $\mathfrak{B}$ sind mit $\mathfrak{E}$ und $\mathfrak{H}$ durch die Materialeigenschaften $[\sigma_{ij}]$, $[\varepsilon_{ij}]$ und $[\mu_{ij}]$ verbunden. Durchsichtige Materialien zeigen eine geringe elektrische Leitfähigkeit und geringe magnetische Suszeptibilität. Unter diesen Bedingungen vereinfachen sich die MAXWELLschen Gleichungen auf

$$\text{rot}\,\mathfrak{H} = \frac{\partial \mathfrak{D}}{\partial t} \qquad \text{und} \qquad \text{rot}\,\mathfrak{E} = -\mu_0 \frac{\partial \mathfrak{H}}{\partial t}.$$

Für ein *isotropes Material* gilt $\mathfrak{D} = \varepsilon_0 \varepsilon \mathfrak{E}$, und die MAXWELLschen Gleichungen ergeben für eine monochromatische ebene Welle als Ausbreitungsgeschwindigkeit v und Brechungsindex n

$$v = c/\sqrt{\varepsilon} \qquad \text{und} \qquad n = c/v = \sqrt{\varepsilon},$$

wobei c die Lichtgeschwindigkeit im Vakuum ist. Es ist zu beachten, daß ε frequenzabhängig ist, d. h. der für die Schwingungsfrequenz der Welle zutreffende ε-Wert einzusetzen ist.

In einem *anisotropen Material* erscheint an Stelle von ε der Tensor $[\varepsilon_{ij}]$, und $\mathfrak{D}$ besitzt die Komponenten $D_i = \varepsilon_0 \varepsilon_{ij} E_j$. Mit dieser Beziehung zwischen $\mathfrak{D}$ und $\mathfrak{E}$ ergeben die MAXWELLschen Gleichungen, daß im Kristall zu einer bestimmten Wellennormalen (Ausbreitungsrichtung der Wellenfront) im allgemeinen zwei linear polarisierte Wellen existieren, die sich mit unterschiedlicher Geschwindigkeit ausbreiten und deren Polarisationsebenen senkrecht aufeinander stehen. Die Schwingungsrichtungen der $\mathfrak{D}$-Vektoren und die Wellennormalengeschwindigkeiten der beiden linear polarisierten Wellen lassen sich aus einer Hilfsfläche — der *Indikatrix* — entnehmen (Abb. 12a)[1]).

Die Indikatrix ist die zu dem reziproken DK-Tensor gehörende Tensorfläche. Im Hauptachsensystem wird sie durch folgende Beziehung beschrieben:

$$\frac{x_1^2}{\varepsilon_{11}} + \frac{x_2^2}{\varepsilon_{22}} + \frac{x_3^2}{\varepsilon_{33}} = 1.$$

---

[1]) Zur Ableitung der Indikatrixkonstruktion aus den MAXWELLschen Gleichungen s. z. B. SOMMERFELD, A., Optik, S. 111, Leipzig 1964.

Ersetzen wir ε_{11}, ε_{22} und ε_{33} durch die zugehörigen Brechungsindizes, so wird daraus

$$\frac{x_1^2}{n_1^2} + \frac{x_2^2}{n_2^2} + \frac{x_3^2}{n_3^2} = 1 .$$

Die Achsen x_i werden so bezeichnet, daß $n_1 < n_2 < n_3$ gilt.

Wird senkrecht zu der Wellennormalen $\mathfrak{l}$ eine Ebene durch den Mittelpunkt der Indikatrix gelegt, so ergibt der Schnitt mit der Indikatrix eine Ellipse (Abb. 12a). Die Halbachsen OA und OB der Schnittellipse zeigen in

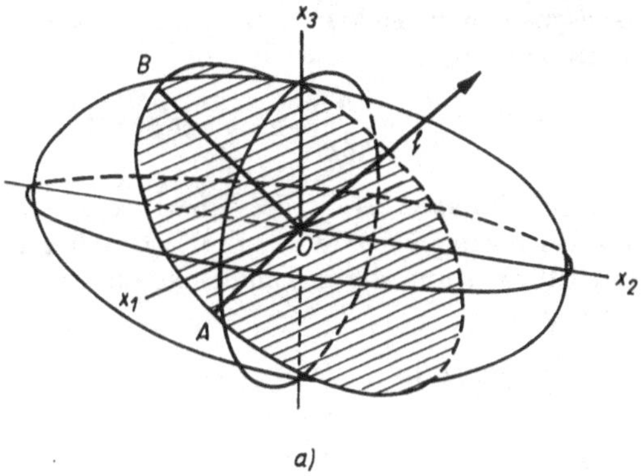

Abb. 12a. Indikatrix mit Schnittellipse zu der Wellennormalen $\mathfrak{l}$. Die Halbachsen OA und OB geben die Brechungsindizes und Schwingungsrichtungen der $\mathfrak{D}$-Vektoren zu den beiden linear polarisierten Wellen an

Schwingungsrichtung der $\mathfrak{D}$-Vektoren, ihre Beträge geben die Brechungsindizes der beiden linear polarisierten Wellen an.

Unter allen möglichen Schnittellipsen eines Ellipsoides allgemeiner Form gibt es zwei Kreise. Eine Wellennormale senkrecht zu einem Kreisschnitt hat keine ausgezeichneten Polarisationsrichtungen. Diese *Richtungen optischer Isotropie* werden als *optische Achsen* bezeichnet. Die optischen Achsen liegen stets in der Ebene durch n_1 und n_3, da die Kreisschnitte aus geometrischen Gründen n_2 enthalten.

Eine senkrecht auf eine doppelbrechende Platte auftreffende linear polarisierte Welle wird die Platte im allgemeinen elliptisch polarisiert verlassen. Die Aufspaltung ihres elektrischen Vektors gemäß der Indikatrixkonstruktion führt auf zwei Komponenten mit den Normalengeschwindigkeiten

$$v_1 = c/n_1 \qquad \text{und} \qquad v_2 = c/n_2 \text{[1]}.$$

[1] n_1 und n_2 sind jetzt die Halbachsen der Schnittellipse. Sie sind nicht mit den Halbachsen n_1, n_2, n_3 der Indikatrix zu verwechseln.

Die entsprechenden Wellenlängen ergeben sich über die Frequenz

$$f = \frac{c}{\lambda_0} = \frac{v_1}{\lambda_1} = \frac{v_2}{\lambda_2}$$

zu

$$\lambda_1 = \lambda_0/n_1 \qquad \text{und} \qquad \lambda_2 = \lambda_0/n_2,$$

wobei λ_0 die Wellenlänge im Vakuum ist. Ein Unterschied in der Normalengeschwindigkeit beinhaltet bei gegebener Frequenz f eine unterschiedliche Zahl von Wellenlängen in der Platte der Dicke d. Daraus resultiert eine Phasendifferenz zwischen den elektrischen (magnetischen) Vektoren der beiden Komponenten von

$$\delta^* = 2\pi\left(\frac{d}{\lambda_1} - \frac{d}{\lambda_2}\right) = \frac{2\pi d}{\lambda_0}(n_1 - n_2).$$

Bei Verlassen der Kristallplatte ergibt die Überlagerung der beiden Komponenten mit der Phasendifferenz δ^* eine elliptisch polarisierte Welle, d. h., $\mathfrak{E}$ und $\mathfrak{H}$ laufen auf Ellipsen um, deren Ebenen senkrecht zur Ausbreitungsrichtung der Welle liegen.

$$\delta = \frac{2\pi}{\lambda_0}(n_1 - n_2)$$

charakterisiert die *spezifische Phasendifferenz.*

Die Beziehung zwischen *Indikatrix* und *Kristallsymmetrie* entspricht der allgemeinen Beziehung zwischen Tensorfläche und Kristallsystem, da die Indikatrix die Tensorfläche zu dem reziproken DK-Tensor ist. Form und Lage der Indikatrix für die 7 Kristallsysteme ist Tabelle 6 zu entnehmen.

2.1.2.5. Optische Aktivität (Gyrationstensor)

Ein Material heißt *optisch aktiv*, wenn hindurchtretendes linear polarisiertes Licht eine *Drehung der Polarisationsebene* erfährt. Dabei ist der Drehwinkel φ der Polarisationsebene um die Wellennormale proportional der Dicke d des durchstrahlten Materials und zeigt denselben Wert bei Umkehr der Ausbreitungsrichtung, d. h., die Welle hat nach Hin- und Rücklauf durch das Material wieder die ursprüngliche Polarisationsebene.

Zur Erklärung der Erscheinung zerlegen wir eine linear polarisierte Welle in zwei zirkular polarisierte Wellen, deren elektrische (magnetische) Vektoren mit gleicher Winkelgeschwindigkeit um die Wellennormale gegeneinander rotieren (Abb. 12b). Nehmen wir an, daß durch den Charakter des Materials die Ausbreitungsgeschwindigkeit der rechtsumlaufenden Welle größer ist, d. h. $\lambda_r > \lambda_l$ ist. Nach der Distanz d haben die $\mathfrak{D}$-Vektoren ($\mathfrak{B}$-Vektoren) dieser Wellen d/λ_r und d/λ_l Umdrehungen um die Wellennormale erfahren, und die linkszirkular polarisierte Welle ist um die Phasenverschiebung

$$\psi = 2\pi\left(\frac{d}{\lambda_l} - \frac{d}{\lambda_r}\right) = \frac{2\pi d}{\lambda_0}(n_l - n_r)$$

der rechtszirkular polarisierten Welle voraus (Abb. 12c). Die Drehung der Polarisationsebene ist dann

$$\varphi = \frac{\psi}{2} = \frac{\pi d}{\lambda_0}(n_l - n_r),$$

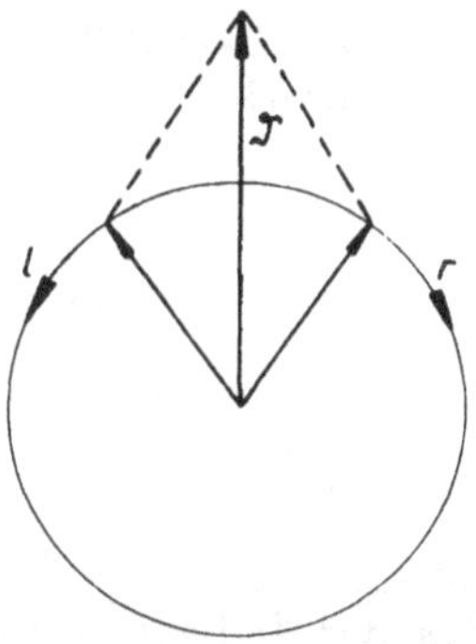

b)

Abb. 12b. Die Superposition zweier entgegengesetzt zirkular polarisierter Wellen gleicher Winkel- und Normalengeschwindigkeit ergibt eine linear polarisierte Welle

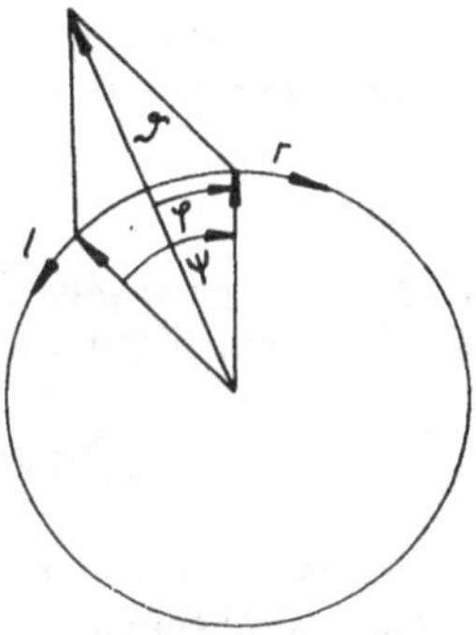

c)

Abb. 12c. Die Superposition zweier entgegengesetzt zirkular polarisierter Wellen gleicher Winkel- und unterschiedlicher Normalengeschwindigkeit ergibt eine Drehung der Polarisationsebene

und für die *spezifische Drehung* gilt

$$\varrho = \frac{\pi}{\lambda_0}(n_l - n_r).$$

φ wird auf die der Wellenausbreitung entgegengesetzte Blickrichtung bezogen. Somit dreht sich die Polarisationsebene im Uhrzeigersinne für $\lambda_r > \lambda_l$ bzw. $n_r < n_l$.

Für rechtsdrehenden α-Quarz ist in Richtung der optischen Achse

$$n_l - n_r = 7{,}1 \cdot 10^{-5} \text{ und } \varrho = 21{,}7°/\text{mm für } \lambda_0 = 5893\,\text{Å}.$$

In einem *optisch aktiven und doppelbrechenden Kristall* überlagern sich beide Effekte, wenn die Wellennormale nicht gerade die Richtung einer optischen Achse hat. Eine linear polarisierte Welle wird gemäß der Indikatrixkonstruktion in zwei Komponenten zerlegt, die bei optischer Aktivität *elliptisch polarisiert* sind. Die beiden D-Vektoren rotieren auf zwei Ellipsen der gleichen Form gegeneinander, deren große Halbachsen auf den Halbachsen des Indikatrixschnittes liegen. In Richtung der optischen Achse sind beide Wellen zirkular polarisiert.

In einer Richtung entfernt von der optischen Achse ist der Effekt der optischen Aktivität sehr klein im Vergleich zur Doppelbrechung. So ist der relative Unterschied im Brechungsindex $\Delta n/n = (n_1 - n_2)/\sqrt{n_1 n_2}$ für Quarz in Richtung maximaler Doppelbrechung $\Delta n/n = 6 \cdot 10^{-3}$, wobei der Anteil der optischen Aktivität nur $\Delta n/n = 5 \cdot 10^{-8}$ ist. In Richtung der optischen Achse ist $\Delta n/n = 5 \cdot 10^{-5}$.

Das Superpositionsprinzip[1]) liefert für die *spezifische Phasendifferenz* Δ der beiden elliptisch polarisierten Komponenten den Ausdruck

$$\Delta^2 = \delta^2 + (2\varrho)^2, .$$

wobei δ und ϱ die spezifische Doppelbrechung und spezifische Drehung sind, und für die Elliptizität k der Schwingungsellipsen

$$k = \operatorname{tg} \beta/2 \qquad \text{mit} \qquad \operatorname{tg} \beta = 2\varrho/\delta.$$

(Die Elliptizität k gibt das Verhältnis von kleiner zu großer Halbachse an.) δ kann bei gegebener Wellennormale aus der Indikatrix bestimmt werden:

$$\delta = \frac{2\pi}{\lambda_0}(n_1 - n_2).$$

ϱ ist ebenfalls von der Richtung der Wellennormalen $\mathfrak{l}$ abhängig. Da ϱ für entgegengesetzte Ausbreitungsrichtungen den gleichen Wert besitzt, haben wir ϱ als quadratische Funktion von $\mathfrak{l}$ anzusetzen:

$$\varrho = \frac{\pi}{\lambda_0} \cdot \frac{G}{\bar{n}} \qquad \text{mit} \qquad G = g_{ij} \mathfrak{l}_i \mathfrak{l}_j \qquad \text{und} \qquad g_{ij} = g_{ji}.$$

G wird als *Gyration* und $[g_{ij}]$ als *Gyrationstensor* bezeichnet. (Der mittlere Brechungsindex $\bar{n} = \sqrt{n_1 n_2}$ erscheint als Korrektur aus theoretischen Ableitungen.)[2])

Zur Bestimmung des Transformationsverhaltens des Tensors $[g_{ij}]$ betrachten wir den Einfluß eines Inversionszentrums auf ϱ. Da ϱ bei Umkehr der Fort-

---

[1]) Zur Superposition von Doppelbrechung und optischer Aktivität s. z. B. POCKELS, F., Lehrbuch der Kristalloptik, S. 307, Leipzig 1906.

[2]) S. dazu BORN, M., Optik, S. 413, Berlin 1933.

pflanzungsrichtung der Welle keine Änderung erfährt, kann einer Achse in dem lediglich optisch aktiven Kristall eine Schraubenlinie zugeordnet werden, auf der sich der $\mathfrak{D}$-Vektor ($\mathfrak{B}$-Vektor) durch den Kristall schraubt. Solch eine Schraubenlinie ist mit der Existenz eines Symmetriezentrums nicht vereinbar. ϱ bzw. $[g_{ij}]$ muß also bei Vorliegen eines Symmetriezentrums identisch Null sein. Das ist der Fall, wenn $[g_{ij}]$ ein axialer Tensor ist (s. Abschnitt 1.4.). Da die Wellennormale $\mathfrak{l}$ das Transformationsverhalten eines polaren Tensors zeigt, ist G und damit auch ϱ ein axialer Tensor 0-ter Stufe (*axialer Skalar*). Ein positiver Wert von ϱ kennzeichnet im Rechtssystem Rechtsdrehung und im Linkssystem Linksdrehung. Bei Wechsel des Drehsinns des Koordinatensystems ändert ϱ gemäß

$$\varrho' = |A|\varrho$$

das Vorzeichen.

Anschließend soll der *Einfluß der Kristallsymmetrie* auf den Gyrationstensor diskutiert werden. Stellen wir die Reduktionsbeziehungen mit Hilfe des Koordinatenproduktes auf, so haben wir bei axialen Tensoren den Wert von $|A|$ miteinzubeziehen: $|A|$ ist für Drehachsen positiv und für Drehinversionsachsen negativ.

Betrachten wir die monokline Klasse m. Für $m \perp x_3$ ergibt sich:

$$x_1 \to x_1 \qquad x_2 \to x_2 \qquad x_3 \to -x_3 \qquad |A| = -1$$

$$\begin{array}{lll} g_{11} \to -g_{11} & g_{22} \to -g_{22} & [g_{ij}] \\ g_{12} \to -g_{12} & g_{23} \to g_{23} & m \perp x_3 \\ g_{13} \to g_{13} & g_{33} \to -g_{33} & \end{array} = \begin{bmatrix} 0 & 0 & g_{13} \\ 0 & 0 & g_{23} \\ g_{13} & g_{23} & 0 \end{bmatrix}$$

Die Klasse m ist optisch zweiachsig. Entweder die Spiegelebene enthält die optischen Achsen, oder sie halbiert den Winkel zwischen ihnen. Anschaulich entnimmt man daraus, daß die optischen Achsen nur im zweiten Falle optische Aktivität zeigen können. Über den Gyrationstensor erhalten wir

$$G = 2g_{13}l_1l_3 + 2g_{23}l_2l_3.$$

Daraus entnehmen wir für die optischen Achsen in der Spiegelebene ($\mathfrak{l}//m$):

$$\mathfrak{l} = (l_1, l_2, 0) : G = 0$$

und für die optischen Achsen im Winkel $\alpha = \beta$ zur Spiegelebene:

$$\mathfrak{l}_\alpha = (l_1, l_2, l_3); \qquad \mathfrak{l}_\beta = (l_1, l_2, -l_3) : G_\alpha = -G_\beta.$$

Tabelle 7 zeigt die Form des Gyrationstensors in den 32 Kristallklassen. Auch die *nicht enantiomorphen Klassen m*, $mm2$, $\bar{4}$ und $\bar{4}2m$ können optische Aktivität zeigen.

Tabelle 7

Kristallsystem	Kristallklasse	Form des Tensors $[g_{ij}] = [g_{ji}]$	Zahl der unabhängigen Komponenten
triklin	1	$\begin{bmatrix} g_{11} & g_{12} & g_{13} \\ & g_{22} & g_{23} \\ & & g_{33} \end{bmatrix}$	6
monoklin	2	$\begin{bmatrix} g_{11} & g_{12} & 0 \\ & g_{22} & 0 \\ & & g_{33} \end{bmatrix}$	4
	m	$\begin{bmatrix} 0 & 0 & g_{13} \\ & 0 & g_{23} \\ & & 0 \end{bmatrix}$	2
rhombisch	222	$\begin{bmatrix} g_{11} & 0 & 0 \\ & g_{22} & 0 \\ & & g_{33} \end{bmatrix}$	3
	$mm2$	$\begin{bmatrix} 0 & g_{12} & 0 \\ & 0 & 0 \\ & & 0 \end{bmatrix}$	1
tetragonal	4, 422	$\begin{bmatrix} g_{11} & 0 & 0 \\ & g_{11} & 0 \\ & & g_{33} \end{bmatrix}$	2
	$\bar{4}$	$\begin{bmatrix} g_{11} & g_{12} & 0 \\ & -g_{11} & 0 \\ & & 0 \end{bmatrix}$	2
	$\bar{4}2m$	$\begin{bmatrix} 0 & g_{12} & 0 \\ & 0 & 0 \\ & & 0 \end{bmatrix}$	1
trigonal	3, 32	$\begin{bmatrix} g_{11} & 0 & 0 \\ & g_{11} & 0 \\ & & g_{33} \end{bmatrix}$	2
hexagonal	6, 622		
kubisch	432, 23	$\begin{bmatrix} g_{11} & 0 & 0 \\ & g_{11} & 0 \\ & & g_{11} \end{bmatrix}$	1

Zur Lage des Bezugssystems zu den Symmetrieachsen s. S. 17

Eine Drehung der Polarisationsebene elektromagnetischer Wellen erfolgt auch durch magnetisch polarisierte Materialien. Die Drehung der Polarisationsebene bei der Transmission parallel zur Richtung des Magnetfeldes wird als FARADAY-*Effekt* bezeichnet. Bei Umkehr der Fortpflanzungsrichtung ändert sich jedoch der Drehsinn, im Gegensatz zur natürlichen optischen Aktivität. Läßt man die Welle nach Passieren des Materials denselben Weg zurücklaufen, so ist die resultierende Drehung doppelt so groß wie nach einem einfachen Durchgang. Das steht im Einklang mit dem *Symmetrieprinzip* unter Einbeziehung der Anisotropie der Einwirkung. Das magnetische Feld, das die magnetische Polarisation des Materials bewirkt, besitzt als axialer Vektor eine Spiegelebene senkrecht zur Feldrichtung. Diese Asymmetrie fordert einen Wechsel des Drehsinns bei Umkehr der Ausbreitungsrichtung.

2.1.2.6. *Magnetoelektrischer Effekt*

Die Erzeugung einer magnetischen Polarisation $\mathfrak{J}$ durch ein elektrisches Feld $\mathfrak{E}$ wird in erster Ordnung durch folgenden Ansatz beschrieben:

$$I_i = e_{ij} E_j.$$

$[e_{ij}]$ ist ein axialer c-Tensor 2-ter Stufe, da er einen polaren i-Vektor und axialen c-Vektor verbindet.

Als c-Tensor ist $[e_{ij}]$ für nichtmagnetische Kristalle identisch Null. Ebenfalls verschwindet $[e_{ij}]$ als axialer Tensor gerader Stufe in den 21 magnetischen Kristallklassen, die ein Symmetriezentrum besitzen (s. Abschnitt 1.4. und Tab. 3). Von den verbleibenden 69 magnetischen Kristallklassen können 58 den magnetoelektrischen Effekt zeigen, wie sich aus der Anwendung der Reduktionsbeziehungen (8a) und (9a) ergibt.

Für den inversen Effekt

$$P_i = e_{ij}^* H_j,$$

der die Erzeugung einer elektrischen Polarisation unter Einwirkung eines magnetischen Feldes beschreibt, gelten dieselben Überlegungen. Aus thermodynamischen Betrachtungen folgt

$$e_{ij}^* = e_{ji}$$

(s. Abschnitt 2.2.1.3.).

2.1.2.7. *Thermische Ausdehnung (Einführung des Deformationstensors)*

Die Gitterpunkte charakterisieren die Anordnung der Gitterbausteine im zeitlichen Mittel. Tatsächlich führen die Gitterbausteine Schwingungen aus, deren Temperaturabhängigkeit sich in der thermischen Deformation äußert.

Eine homogene Temperaturänderung bewirkt eine homogene Deformation. Dabei bleiben parallele Geraden und parallele Ebenen parallel, kongruente Parallelepipede gleicher Orientierung gehen in kongruente und gleich orientierte Parallelepipede über. Entsprechend kann die homogene Deformation durch den Übergang des Vektors $\Delta\mathfrak{x}$ im undeformierten Kristall in den Vektor $\Delta\mathfrak{x} + \Delta\mathfrak{u}$ im deformierten Kristall beschrieben werden, wobei zwischen $\Delta\mathfrak{u}$ und $\Delta\mathfrak{x}$ eine lineare Beziehung besteht:

$$\begin{aligned}\Delta u_1 &= e_{11}\,\Delta x_1 + e_{12}\,\Delta x_2 + e_{13}\,\Delta x_3\\ \Delta u_2 &= e_{21}\,\Delta x_1 + e_{22}\,\Delta x_2 + e_{23}\,\Delta x_3\\ \Delta u_3 &= e_{31}\,\Delta x_1 + e_{32}\,\Delta x_2 + e_{33}\,\Delta x_3\end{aligned}$$

bzw.
$$\Delta u_i = e_{ij}\,\Delta x_j .$$

Die Bedeutung der Komponenten e_{ij} kann aus Abb. 13 entnommen werden. Zur besseren Übersicht sind die geometrischen Verhältnisse für eine Deformation gezeigt, bei der die Flächenelemente senkrecht zur

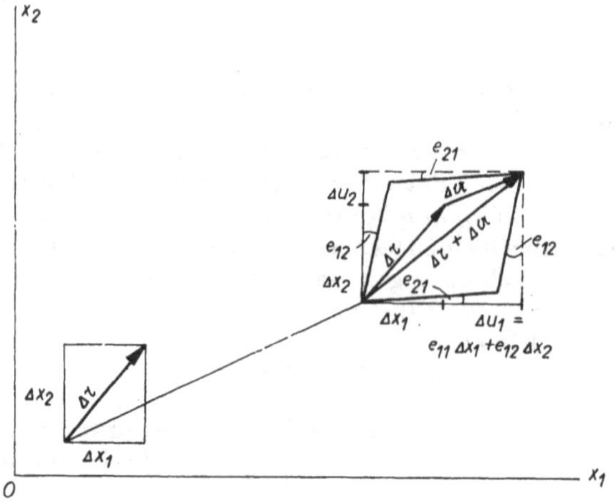

Abb. 13. Deformation eines Flächenelementes und Bedeutung der e_{ij}

x_3-Achse senkrecht zur x_3-Achse bleiben. Da $|\Delta\mathfrak{u}| \ll |\Delta\mathfrak{x}|$ ist, gibt e_{ij} mit $i \neq j$ die Winkeländerung (in Bogenmaß) von Δx_j in Richtung Δx_i an, und e_{ij} mit $i = j$ kennzeichnet die relative Längenänderung von Δx_i.

Die e_{ij} setzen zwei polare Vektoren in Beziehung und zeigen somit das Transformationsverhalten der Komponenten eines polaren Tensors 2-ter Stufe. $[e_{ij}]$ charakterisiert wie die physikalischen Feldtensoren einen physikalischen Zustand.

$[e_{ij}]$ ist im allgemeinen nicht symmetrisch. Durch eine Drehung des Bezugssystems gegenüber dem deformierten Körper kann jedoch erreicht werden, die Deformation durch einen symmetrischen Tensor zu beschreiben. Abb. 14 zeigt

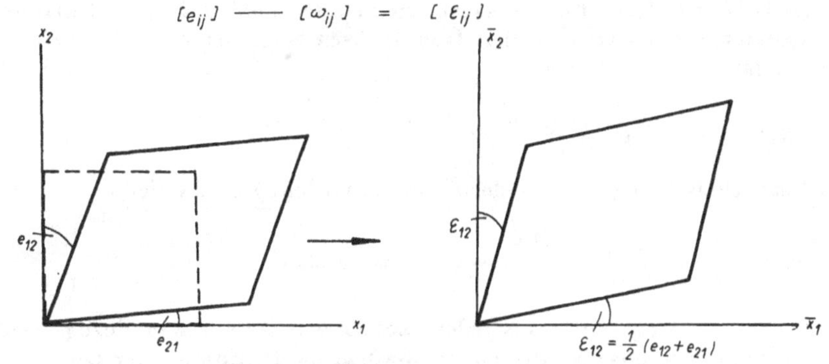

Abb. 14. Die Abtrennung des antisymmetrischen Teils $[\omega_{ij}]$ von $[e_{ij}]$ entspricht einer Drehung des Koordinatensystems in die Lage $\varepsilon_{12} = \varepsilon_{21}$

diesen Schritt, der einer Zerlegung von $[e_{ij}]$ in einen symmetrischen Tensor $[\varepsilon_{ij}]$ und antisymmetrischen Tensor $[\omega_{ij}]$ entspricht:

$$\varepsilon_{ij} = \frac{1}{2}(e_{ij} + e_{ji}) = \varepsilon_{ji}$$

und

$$\omega_{ij} = \frac{1}{2}(e_{ij} - e_{ji}) = -\,\omega_{ji}.$$

Mit $[\varepsilon_{ij}]$ erhalten wir für die Komponenten von $\Delta\mathfrak{u}$ im gedrehten Koordinatensystem $\overline{\text{KS}}$

$$\overline{\Delta u}_i = \varepsilon_{ij}\,\Delta x_j.$$

Der Tensor

$$[\varepsilon_{ij}] = \begin{bmatrix} \varepsilon_{11} & \varepsilon_{12} & \varepsilon_{13} \\ \varepsilon_{12} & \varepsilon_{22} & \varepsilon_{23} \\ \varepsilon_{13} & \varepsilon_{23} & \varepsilon_{33} \end{bmatrix} = \begin{bmatrix} e_{11} & \frac{1}{2}(e_{12}+e_{21}) & \frac{1}{2}(e_{13}+e_{31}) \\ \frac{1}{2}(e_{21}+e_{12}) & e_{22} & \frac{1}{2}(e_{23}+e_{32}) \\ \frac{1}{2}(e_{31}+e_{13}) & \frac{1}{2}(e_{32}+e_{23}) & e_{33} \end{bmatrix}$$

wird als *Deformationstensor* bezeichnet. Die Komponente ε_{ij} mit $i = j$ beschreibt die relative Längenänderung von Δx_i, ε_{ij} mit $i \neq j$ charakterisiert eine Scherung, $1/2\,\pi - 2\varepsilon_{ij} = 1/2\,\pi - (e_{ij} + e_{ji})$ ist der Winkel zwischen Δx_i und Δx_j nach der Deformation.

Als symmetrischer Tensor 2-ter Stufe kann $[\varepsilon_{ij}]$ auf Hauptachse transformiert werden. Dabei gibt das Hauptachsensystem die Richtungen im Kristall an, die bei der Deformation senkrecht zueinander bleiben. Ein Einheitskubus mit den Kanten parallel zu den Hauptachsen zeigt demnach die *Volumendeformation*

$$\frac{\Delta V}{V} = (1 + \varepsilon_{11})\,(1 + \varepsilon_{22})\,(1 + \varepsilon_{33}) - 1\,.$$

Bei Vernachlässigung von Gliedern höherer Ordnung ergibt sich

$$\frac{\Delta V}{V} = \varepsilon_{11} + \varepsilon_{22} + \varepsilon_{33}\,.$$

$\varepsilon_{ii} = \varepsilon_{11} + \varepsilon_{22} + \varepsilon_{33}$ kann aus jedem beliebigen kartesischen Bezugssystem des Deformationstensors entnommen werden, da die Summe der Glieder der Hauptdiagonale (*Spur*) eine *Tensorinvariante* ist, d. h. in jedem Bezugssystem denselben Wert hat.

Zur Beschreibung der *thermischen Ausdehnung* haben wir die Temperaturänderung ΔT und die Deformation $[\varepsilon_{ij}]$ in Beziehung zu setzen. Für kleine Temperaturänderungen genügt der lineare Ansatz

$$\varepsilon_{ij} = \alpha_{ij}\,\Delta T\,.$$

Die α_{ij} sind die *thermischen Ausdehnungskoeffizienten.* Mit $[\varepsilon_{ij}]$ ist auch $[\alpha_{ij}]$ ein polarer symmetrischer Tensor 2-ter Stufe, und es gelten für $[\alpha_{ij}]$ die in Tabelle 6 angegebenen Beziehungen zwischen Kristallsymmetrie, Eigenschaftstensor und Tensorfläche.

Als Tensorflächen treten auch Hyperboloide auf, wie die unterschiedlichen Vorzeichen der Expansionskoeffizienten von Calcit zeigen. Calcit gehört zum trigonalen Kristallsystem und besitzt bei Zimmertemperatur folgende Expansionskoeffizienten (im Hauptachsensystem):

$$\alpha_{11} = \alpha_{22} = -5{,}6 \cdot 10^{-6}(^{\circ}\mathrm{C})^{-1}; \quad \alpha_{33} = 25 \cdot 10^{-6}(^{\circ}\mathrm{C})^{-1}.$$

Da eine homogene Temperaturänderung eine skalare Einwirkung ist, wird die Asymmetrie in der thermischen Ausdehnung allein durch die Asymmetrie im Kristallbau bestimmt und kann zu keiner Änderung der Kristallsymmetrie führen (Phasenübergänge sind aus der Betrachtung ausgeschlossen).

Wir wollen noch untersuchen, welche Form eine Kugel aus einem kristallinen Material bei Temperaturänderung annimmt. Der Vektor $\mathfrak{x} = (x_1, x_2, x_3)$ zur Kugeloberfläche

$$x_1^2 + x_2^2 + x_3^2 = R^2$$

geht durch Temperaturänderung in den Vektor $\mathfrak{x}' = (x_1', x_2', x_3')$ über. Als Beziehung zwischen den Komponenten von $\mathfrak{x}$ und $\mathfrak{x}'$ erscheint im Hauptachsensystem

$$x_1' = x_1(1 + \alpha_{11}\,\Delta T); \quad x_2' = x_2(1 + \alpha_{22}\,\Delta T); \quad x_3' = x_3(1 + \alpha_{33}\,\Delta T).$$

Durch Auflösen nach x_i und Einsetzen in die Beziehung für die Kugeloberfläche ergibt sich

$$\frac{x_1'^2}{(1 + \alpha_{11}\,\Delta T)^2} + \frac{x_2'^2}{(1 + \alpha_{22}\,\Delta T)^2} + \frac{x_3'^2}{(1 + \alpha_{33}\,\Delta T)^2} = R^2.$$

Aus der Kugel wird ein Ellipsoid!

2.1.3. Eigenschaftstensoren 3-ter Stufe

2.1.3.1. Piezoelektrizität (Einführung des Spannungstensors)

Verschiedene Kristalle zeigen unter Einwirkung einer mechanischen Spannung eine elektrische Polarisation und unter Einwirkung eines elektrischen Feldes eine Deformation. Erstere Erscheinung wird als *direkter piezoelektrischer Effekt* bezeichnet, letztere als *reziproker piezoelektrischer Effekt*. Beide Effekte sind auf den polaren Charakter der Gitterbausteine zurückzuführen. Eine mechanische Spannung verschiebt durch die Deformation des Kristallgitters die polaren Gitterbausteine gegeneinander, so daß aus der veränderten Ladungsverteilung ein Dipolmoment resultiert. Umgekehrt äußert sich die Verschiebung der polaren Gitterbausteine im elektrischen Feld in einer Deformation des Kristalls.

Der Spannungstensor. Zur Darstellung des direkten piezoelektrischen Effektes benötigen wir eine physikalische Größe, die den *Spannungszustand* des Kristalls charakterisiert. Dabei können wir uns auf die Beschreibung eines homogenen Spannungszustandes und statisches Gleichgewicht beschränken.

Ein homogener Spannungszustand besteht, wenn auf jedes Kristallelement gleicher Form, Größe und Orientierung die gleichen Kräfte wirken. Abb. 15 zeigt als Kristallelement einen Einheitswürfel mit den Kanten parallel zu den Koordinatenachsen. Die Kräfte, die von dem Material außerhalb des Würfels auf das Material innerhalb des Würfels übertragen werden, greifen an den Flächen des Würfels an und werden durch *Spannungen* charakterisiert (Spannung = Kraft/Fläche). Die an einer Würfelfläche angreifende Spannung zerlegen wir in drei Komponenten. Mit σ_{ij} bezeichnen wir die Spannungskomponente, deren Kraftvektor in Richtung x_i zeigt und an der Fläche senkrecht zu x_j angreift. Die Spannungskomponenten mit dem Kraftvektor senkrecht zur Fläche heißen *Normalkomponenten* (σ_{ij} mit $i = j$), die anderen werden als *Scherkomponenten* bezeichnet (σ_{ij} mit $i \neq j$). Bei einem homogenen Spannungszustand sind die Spannungen an entgegengesetzten Würfelflächen von gleichem Betrag und entgegengesetzter Richtung (Abb. 16).

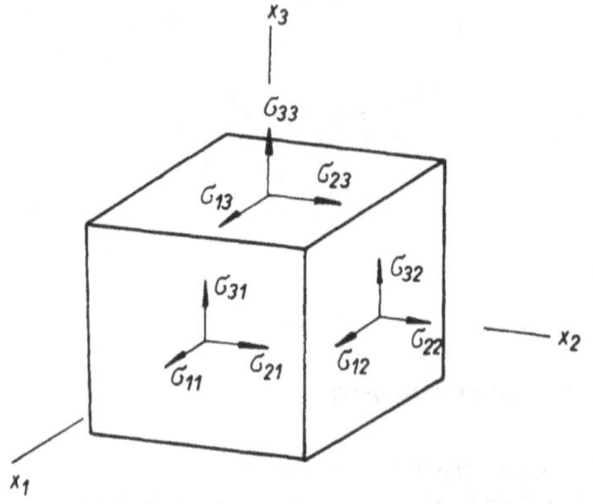

Abb. 15. Bedeutung der Spannungen σ_{ij}

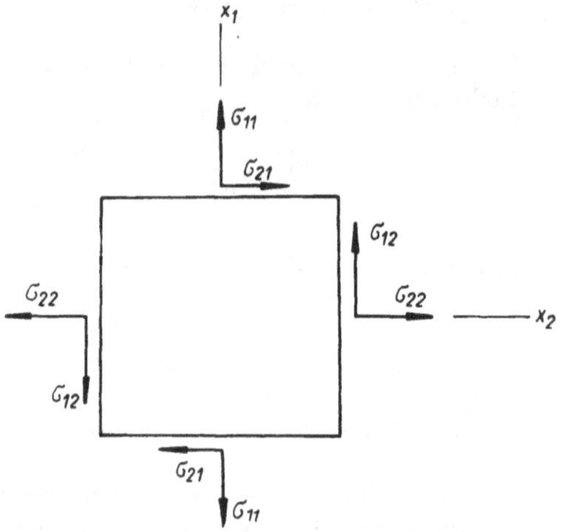

Abb. 16. $\sigma_{12} \neq \sigma_{21}$ bedingt ein Drehmoment um die x_3-Achse

Wie aus Abb. 16 hervorgeht, ist statisches Gleichgewicht an die Relation $\sigma_{ij} = \sigma_{ji}$ gebunden. Beispielsweise würde im Falle $\sigma_{12} \neq \sigma_{21}$ ein Drehmoment um die x_3-Achse auftreten.

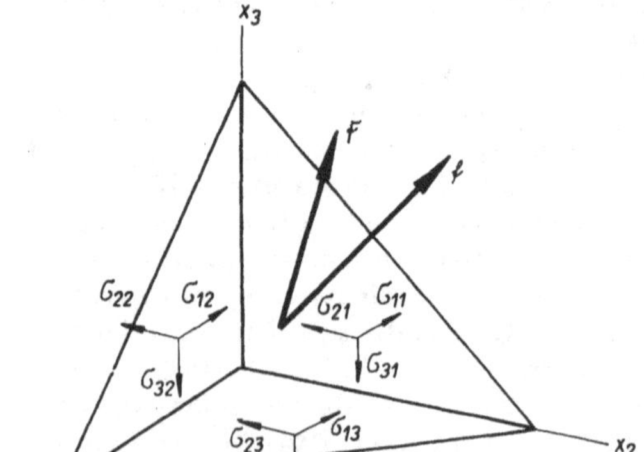

Abb. 17. Die Kraft $\mathfrak{F}$ an der Fläche $\mathfrak{f}$ steht mit den Kräften an den Flächen zu den Komponenten von $\mathfrak{f} = [f_1, f_2, f_3]$ im Gleichgewicht

Bei Kenntnis der $[\sigma_{ij}]$ kann die Kraft $\mathfrak{F}$ berechnet werden, die auf ein beliebiges Flächenelement im verspannten Kristall wirkt (Abb. 17). Wenn $\mathfrak{f} = (f_1, f_2, f_3)$ der Flächennormalenvektor ist ($\mathfrak{f}$ steht senkrecht auf dem Flächenelement und sein Betrag ist gleich der Flächengröße), so gilt

$$F_1 = \sigma_{11} f_1 + \sigma_{12} f_2 + \sigma_{13} f_3$$
$$F_2 = \sigma_{21} f_1 + \sigma_{22} f_2 + \sigma_{23} f_3$$
$$F_3 = \sigma_{31} f_1 + \sigma_{32} f_2 + \sigma_{33} f_3$$

bzw.

$$F_i = \sigma_{ij} f_j .$$

Diese Beziehung zeigt, daß die σ_{ij} die Komponenten eines polaren Tensors 2-ter Stufe sind. $[\sigma_{ij}]$ wird als *Spannungstensor* bezeichnet und charakterisiert wie der Deformationstensor einen *physikalischen Zustand.* Auf Grund der Symmetrie von $[\sigma_{ij}]$ kann ein Hauptachsensystem angegeben werden, in dem an dem Einheitswürfel mit den Kanten parallel zu den Koordinatenachsen nur Normalspannungen angreifen.

Wir wollen den Spannungstensor zu einem hydrostatischen Druck $-p$ bestimmen. Dazu betrachten wir die Spannungen, die an den Flächen eines Würfels in einer komprimierten Flüssigkeit angreifen. Wir finden

$$[\sigma_{ij}] = \begin{bmatrix} -p & 0 & 0 \\ 0 & -p & 0 \\ 0 & 0 & -p \end{bmatrix}$$

bzw. $\sigma_{ij} = -p\,\delta_{ij}$, wobei δ_{ij} das KRONECKER-Symbol ist.

Der direkte piezoelektrische Effekt. Der direkte piezoelektrische Effekt beschreibt die Erzeugung einer elektrischen Polarisation $[P_i]$ durch eine mechanische Spannung $[\sigma_{jk}]$. Eine lineare Beziehung zwischen einem Tensor erster Stufe und einem Tensor 2-ter Stufe vermittelt ein Tensor 3-ter Stufe:

$$P_i = d_{ijk}\,\sigma_{jk} .$$

Ausgeschrieben erscheint für P_i

$$P_i = d_{i11}\sigma_{11} + d_{i12}\sigma_{12} + d_{i13}\sigma_{13}$$
$$d_{i21}\sigma_{21} + d_{i22}\sigma_{22} + d_{i23}\sigma_{23}$$
$$d_{i31}\sigma_{31} + d_{i32}\sigma_{32} + d_{i33}\sigma_{33} .$$

Die 27 d_{ijk} werden als *piezoelektrische Koeffizienten* bezeichnet und bilden einen polaren Tensor 3-ter Stufe. Ihre Bedeutung wird aus der Betrachtung bestimmter Spannungszustände klar. So führt eine Normalspannung σ_{11} auf die Polarisation

$$P_1 = d_{111}\sigma_{11}; \quad P_2 = d_{211}\sigma_{11}; \quad P_3 = d_{311}\sigma_{11}.$$

d_{111}, d_{211} und d_{311} können also durch Messung von P_1, P_2 und P_3 bei der Spannung σ_{11} bestimmt werden. Die Einwirkung einer Scherspannung σ_{12} ist infolge der Symmetrie von σ_{jk} mit dem gleichzeitigen Auftreten von σ_{21} verbunden:

$$P_i = d_{i12}\sigma_{12} + d_{i21}\sigma_{21} = (d_{i12} + d_{i21})\,\sigma_{12}.$$

Eine getrennte Bestimmung von d_{i12} und d_{i21} ist daher nicht möglich. Es besitzt also nur die Summe eine bestimmte physikalische Bedeutung. Wir treffen unter Berücksichtigung der Ergebnisse von Seite 79 die Festlegung

$$d_{ijk} = d_{ikj}.$$

Wenden wir uns nun der Frage nach einer übersichtlichen Darstellung der piezoelektrischen Koeffizienten zu. Bei einem Tensor 2-ter Stufe benutzen wir ein quadratisches Schema mit 9 Komponenten. Für eine entsprechende Darstellung eines Tensors 3-ter Stufe $[t_{ijk}]$ benötigen wir einen Kubus aus drei Schichten (i) mit je 9 Komponenten (jk). Bei Verzicht auf die Tensorschreibweise lassen sich die 27 Komponenten des Kubus in einer Matrix mit drei Zeilen und 9 Spalten anordnen. Jede Schicht wird dabei einer Zeile zugeordnet. Unter Beachtung von $d_{ijk} = d_{ikj}$ und $\sigma_{jk} = \sigma_{kj}$ finden wir für den direkten piezoelektrischen Effekt in *Matrixschreibweise*

$$\begin{pmatrix} P_1 \\ P_2 \\ P_3 \end{pmatrix} = \begin{pmatrix} d_{111} \, d_{122} \, d_{133} \, (d_{123} + d_{132}) \, (d_{131} + d_{113}) \, (d_{112} + d_{121}) \\ d_{211} \, d_{222} \, d_{233} \, (d_{223} + d_{232}) \, (d_{231} + d_{213}) \, (d_{212} + d_{221}) \\ d_{311} \, d_{322} \, d_{333} \, (d_{323} + d_{332}) \, (d_{331} + d_{313}) \, (d_{312} + d_{321}) \end{pmatrix} \begin{pmatrix} \sigma_{11} \\ \sigma_{22} \\ \sigma_{33} \\ \sigma_{23} \\ \sigma_{31} \\ \sigma_{12} \end{pmatrix}.$$

Numerieren wir die Summationsindizes von 1 bis 6, so erhalten wir

$$\begin{pmatrix} P_1 \\ P_2 \\ P_3 \end{pmatrix} = \begin{pmatrix} d_{11} & d_{12} & d_{13} & d_{14} & d_{15} & d_{16} \\ d_{21} & d_{22} & d_{23} & d_{24} & d_{25} & d_{26} \\ d_{31} & d_{32} & d_{33} & d_{34} & d_{35} & d_{36} \end{pmatrix} \begin{pmatrix} \sigma_1 \\ \sigma_2 \\ \sigma_3 \\ \sigma_4 \\ \sigma_5 \\ \sigma_6 \end{pmatrix}.$$

Zwischen den Summationsindizes in Tensor- und Matrixschreibweise besteht folgende Beziehung:

Tensorschreibweise:	11	22	33	23,32	31,13	12,21	(12)
Matrixschreibweise:	1	2	3	4	5	6	

Mit (12) erhalten wir für den direkten piezoelektrischen Effekt in Matrixschreibweise die Beziehung

$$P_m = d_{mn}\,\sigma_n \qquad m = 1, 2, 3; \quad n = 1, 2, 3, 4, 5, 6$$

mit
$$d_{mn} = d_{ijk} \qquad \text{für } n = 1, 2, 3$$
$$d_{mn} = 2\,d_{ijk} \qquad \text{für } n = 4, 5, 6$$

und

$$\begin{bmatrix} \sigma_{11} & \sigma_{12} & \sigma_{13} \\ & \sigma_{22} & \sigma_{23} \\ & & \sigma_{33} \end{bmatrix} \rightarrow \begin{bmatrix} \sigma_1 & \sigma_6 & \sigma_5 \\ & \sigma_2 & \sigma_4 \\ & & \sigma_3 \end{bmatrix}. \tag{13}$$

Der reziproke piezoelektrische Effekt. Ein piezoelektrischer Kristall erfährt in einem elektrischen Feld eine Deformation. Dafür erscheint als lineare Beziehung

$$\varepsilon_{jk} = d_{ijk} E_i .$$

Die d_{ijk} sind die piezoelektrischen Koeffizienten, die sowohl den direkten als auch den reziproken Piezoeffekt charakterisieren, wie aus thermodynamischen Überlegungen hervorgeht (Abschnitt 2.2.1.3.). Man beachte jedoch, daß bei dem reziproken Effekt der erste Index von $[d_{ijk}]$ Summationsindex ist.

Die Symmetrie des Deformationstensors $[\varepsilon_{jk}]$ fordert $d_{ijk} = d_{ikj}$, d. h., die Beschreibung des reziproken Piezoeffektes mittels der Komponenten des direkten Piezoeffektes ist an die Bedingung $d_{ijk} = d_{ikj}$ gebunden. Unter diesem Gesichtspunkt war bei dem direkten Piezoeffekt auch die Zerlegung der Summe $(d_{ijk} + d_{ikj})$ erfolgt.

In Matrixschreibweise erhält man unter Benutzung der (d_{mn})-Matrix

$$\varepsilon_n = d_{mn} E_m \qquad m = 1, 2, 3; \qquad n = 1, 2, \ldots, 6,$$

wobei zwischen den ε_n und ε_{kl} folgende Zuordnung besteht:

$$\begin{bmatrix} \varepsilon_{11} & \varepsilon_{12} & \varepsilon_{31} \\ & \varepsilon_{22} & \varepsilon_{23} \\ & & \varepsilon_{33} \end{bmatrix} \rightarrow \begin{bmatrix} \varepsilon_1 & 1/2\,\varepsilon_6 & 1/2\,\varepsilon_5 \\ & \varepsilon_2 & 1/2\,\varepsilon_4 \\ & & \varepsilon_3 \end{bmatrix}. \tag{14}$$

Bei dem reziproken piezoelektrischen Effekt ist der Spaltenindex von (d_{mn}) Summationsindex.

Betrachten wir den Einfluß der Kristallsymmetrie auf die (d_{mn})-Matrizen. Ein Symmetriezentrum schließt Piezoelektrizität aus, denn die Zentrosymmetrie von Kristall und Einwirkung läßt keinen polaren Effekt zu (Symmetrieprinzip!). Die Anwendung der Reduktionsbeziehung (7) auf die $[d_{ijk}]$-Tensoren und die Übertragung der Ergebnisse in die Matrixschreibweise führt auf die in Tabelle 8 angegebenen (d_{mn})-Matrizen. Neben den zentrosymmetrischen Klassen verschwindet (d_{mn}) auch für die Klasse 432.

Die Größenordnung des direkten und reziproken piezoelektrischen Effektes soll am Beispiel von Quarz (Klasse 32) demonstriert werden. Die (d_{mn})-Matrix von Quarz enthält die Werte[1])

$$\begin{pmatrix} -2{,}3 & 2{,}3 & 0 & 0{,}85 & 0 & 0 \\ 0 & 0 & 0 & 0 & -0{,}85 & 4{,}6 \\ 0 & 0 & 0 & 0 & 0 & 0 \end{pmatrix} \cdot 10^{-12}\ \mathrm{As\ N^{-1}}.$$

Demgemäß bewirkt eine kompressive Spannung $\sigma_1 = -1\ \mathrm{kp\ cm^{-2}} = -9{,}81 \cdot 10^4\ \mathrm{N\ m^{-2}}$ eine Polarisation

$$P_1 = d_{11}\ \sigma_1 = 2{,}3 \cdot 10^{-7}\ \mathrm{As\ m^{-2}}.$$

Dieselbe Polarisation erscheint für eine tensile Spannung $\sigma_2 = 9{,}81 \cdot 10^4\ \mathrm{N m^{-2}}$:

$$P_1 = d_{12}\ \sigma_2 = 2{,}3 \cdot 10^{-7}\ \mathrm{As\ m^{-2}}$$

(longitudinaler und transversaler Effekt).

Als reziproken Effekt erhält man für ein elektrisches Feld $E_1 = 10^4\ \mathrm{V\ m^{-1}}$ eine

Kontraktion $\varepsilon_1 = d_{11} E_1 = -2{,}3 \cdot 10^{-8}$,
Extension $\varepsilon_2 = d_{12} E_1 = -d_{11} E_1 = 2{,}3 \cdot 10^{-8}$
und Scherung $\varepsilon_4 = d_{14} E_1 = 0{,}85 \cdot 10^{-8}$.

2.1.3.2. Piezomagnetismus

Für den direkten piezomagnetischen Effekt, der die Erzeugung einer magnetischen Polarisation $[I_i]$ durch eine mechanische Spannung $[\sigma_{jk}]$ beschreibt, erscheint als linearer Ansatz

$$I_i = q_{ijk} \sigma_{jk}.$$

---

[1]) Die Vorzeichen unterscheiden sich bei Links- und Rechtsquarz. Außerdem sind unter Einhaltung der Konvention (x_1 parallel zur zweizähligen Achse und x_3 parallel zur dreizähligen Achse) Anordnungen des kartesischen Rechtssystems möglich, für die d_{11} verschiedene Vorzeichen hat.

Tabelle 8

Kristallsystem	Kristallklasse	Form der (d_{ij})-Matrix	Zahl der unabhängigen Komponenten
triklin	1	$\begin{pmatrix} d_{11} & d_{12} & d_{13} & d_{14} & d_{15} & d_{16} \\ d_{21} & d_{22} & d_{23} & d_{24} & d_{25} & d_{26} \\ d_{31} & d_{32} & d_{33} & d_{34} & d_{35} & d_{36} \end{pmatrix}$	18
monoklin	2	$\begin{pmatrix} 0 & 0 & 0 & d_{14} & d_{15} & 0 \\ 0 & 0 & 0 & d_{24} & d_{25} & 0 \\ d_{31} & d_{32} & d_{33} & 0 & 0 & d_{36} \end{pmatrix}$	8
	m	$\begin{pmatrix} d_{11} & d_{12} & d_{13} & 0 & 0 & d_{16} \\ d_{21} & d_{22} & d_{23} & 0 & 0 & d_{26} \\ 0 & 0 & 0 & d_{34} & d_{35} & 0 \end{pmatrix}$	10
rhombisch	222	$\begin{pmatrix} 0 & 0 & 0 & d_{14} & 0 & 0 \\ 0 & 0 & 0 & 0 & d_{25} & 0 \\ 0 & 0 & 0 & 0 & 0 & d_{36} \end{pmatrix}$	3
	$mm2$	$\begin{pmatrix} 0 & 0 & 0 & 0 & d_{15} & 0 \\ 0 & 0 & 0 & d_{24} & 0 & 0 \\ d_{31} & d_{32} & d_{33} & 0 & 0 & 0 \end{pmatrix}$	5
trigonal	3	$\begin{pmatrix} d_{11} & -d_{11} & 0 & d_{14} & d_{15} & -2d_{22} \\ -d_{22} & d_{22} & 0 & d_{15} & -d_{14} & -2d_{11} \\ d_{31} & d_{31} & d_{33} & 0 & 0 & 0 \end{pmatrix}$	6
	32	$\begin{pmatrix} d_{11} & -d_{11} & 0 & d_{14} & 0 & 0 \\ 0 & 0 & 0 & 0 & -d_{14} & -2d_{11} \\ 0 & 0 & 0 & 0 & 0 & 0 \end{pmatrix}$	2
	$3m$	$\begin{pmatrix} 0 & 0 & 0 & 0 & d_{15} & -2d_{22} \\ -d_{22} & d_{22} & 0 & d_{15} & 0 & 0 \\ d_{31} & d_{31} & d_{33} & 0 & 0 & 0 \end{pmatrix}$	4
tetragonal	4	$\begin{pmatrix} 0 & 0 & 0 & d_{14} & d_{15} & 0 \\ 0 & 0 & 0 & d_{15} & -d_{14} & 0 \\ d_{31} & d_{31} & d_{33} & 0 & 0 & 0 \end{pmatrix}$	4
	$\bar{4}$	$\begin{pmatrix} 0 & 0 & 0 & d_{14} & d_{15} & 0 \\ 0 & 0 & 0 & -d_{15} & d_{14} & 0 \\ d_{31} & -d_{31} & 0 & 0 & 0 & d_{36} \end{pmatrix}$	4

Tabelle 8 (Fortsetzung)

Kristallsystem	Kristallklasse	Form der (d_{ij})-Matrix	Zahl der unabhängigen Komponenten
tetragonal	422	$\begin{pmatrix} 0 & 0 & 0 & d_{14} & 0 & 0 \\ 0 & 0 & 0 & 0 & -d_{14} & 0 \\ 0 & 0 & 0 & 0 & 0 & 0 \end{pmatrix}$	1
	$4mm$	$\begin{pmatrix} 0 & 0 & 0 & 0 & d_{15} & 0 \\ 0 & 0 & 0 & d_{15} & 0 & 0 \\ d_{31} & d_{31} & d_{33} & 0 & 0 & 0 \end{pmatrix}$	3
	$\bar{4}2m$	$\begin{pmatrix} 0 & 0 & 0 & d_{14} & 0 & 0 \\ 0 & 0 & 0 & 0 & d_{14} & 0 \\ 0 & 0 & 0 & 0 & 0 & d_{36} \end{pmatrix}$	2
hexagonal	6	$\begin{pmatrix} 0 & 0 & 0 & d_{14} & d_{15} & 0 \\ 0 & 0 & 0 & d_{15} & -d_{14} & 0 \\ d_{31} & d_{31} & d_{33} & 0 & 0 & 0 \end{pmatrix}$	4
	$6mm$	$\begin{pmatrix} 0 & 0 & 0 & 0 & d_{15} & 0 \\ 0 & 0 & 0 & d_{15} & 0 & 0 \\ d_{31} & d_{31} & d_{33} & 0 & 0 & 0 \end{pmatrix}$	3
	622	$\begin{pmatrix} 0 & 0 & 0 & d_{14} & 0 & 0 \\ 0 & 0 & 0 & 0 & -d_{14} & 0 \\ 0 & 0 & 0 & 0 & 0 & 0 \end{pmatrix}$	1
	$\bar{6}$	$\begin{pmatrix} d_{11} & -d_{11} & 0 & 0 & 0 & -2d_{22} \\ -d_{22} & d_{22} & 0 & 0 & 0 & -2d_{11} \\ 0 & 0 & 0 & 0 & 0 & 0 \end{pmatrix}$	2
	$\bar{6}m2$	$\begin{pmatrix} 0 & 0 & 0 & 0 & 0 & -2d_{22} \\ -d_{22} & d_{22} & 0 & 0 & 0 & 0 \\ 0 & 0 & 0 & 0 & 0 & 0 \end{pmatrix}$	1
kubisch	$\bar{4}3m$, 23	$\begin{pmatrix} 0 & 0 & 0 & d_{14} & 0 & 0 \\ 0 & 0 & 0 & 0 & d_{14} & 0 \\ 0 & 0 & 0 & 0 & 0 & d_{14} \end{pmatrix}$	1

Zur Lage des Bezugssystems zu den Symmetrieachsen s. S. 17

$[q_{ijk}]$ verbindet den **axialen** c-Tensor $[I_i]$ mit dem polaren i-Tensor $[\sigma_{jk}]$ und ist somit ein axialer c-Tensor. Als c-Tensor ist $[q_{ijk}]$ für nichtmagnetische Kristalle identisch Null. Weiterhin verschwindet $[q_{ijk}]$ als axialer c-Tensor ungerader Stufe in den magnetischen Kristallklassen mit dem $\mathcal{RS}$-Element $\mathcal{R}\bar{1} = \underline{\bar{1}}$ (s. S. 45). Durch Anwendung der Reduktionsbeziehungen (7a) und (9a) kann die Form von $[q_{ijk}]$ für die verbleibenden magnetischen Kristallklassen bestimmt werden. Die Rechnung ergibt, daß $432, \bar{4}3m$ und $m3m$ ebenfalls keinen linearen piezomagnetischen Effekt zeigen[1]).

Zwischen dem direkten und reziproken piezomagnetischen Effekt besteht die gleiche Beziehung wie zwischen dem direkten und reziproken piezoelektrischen Effekt. Die Matrixschreibweise ist der beim piezoelektrischen Effekt vollkommen analog.

Die erste Bestätigung des piezomagnetischen Effektes erfolgte an CoF_2 und MnF_2 [2]). Diese antiferromagnetischen Difluoride gehören zu der magnetischen Klasse $\underline{4}/mm\underline{m}$, und wir wollen die Form der (q_{ij})-Matrix dieser magnetischen Kristallklasse mittels der Reduktionsbeziehungen (7a) und (9a)

$$q_{ijk} = |\mathsf{A}|\, a_{il}\, a_{jm}\, a_{kn}\, q_{lmn} \qquad \text{für } \mathsf{A} \text{ zum } \mathcal{S}\text{-Element}$$

$$q_{ijk} = (-1)\, |\mathsf{A}|\, a_{il}\, a_{jm}\, a_{kn}\, q_{lmn} \qquad \text{für } \underline{\mathsf{A}} \text{ zum } \mathcal{RS}\text{-Element}$$

und der Transformationsanalogie von Tensorkomponenten und Koordinatenprodukt bestimmen. Ein Satz von erzeugenden Matrizen, der zur vollständigen Reduktion des Eigenschaftstensors ausreicht, besteht für die Klasse $\underline{4}/mm\underline{m}$ aus den Matrizen $\mathsf{A}_1, \mathsf{A}_2, \mathsf{A}_3$ und $\underline{\mathsf{A}}_7$ (Tab. 3, S. 23):

$$\mathsf{A}_1 = (\bar{1}) = \begin{pmatrix} -1 & 0 & 0 \\ 0 & -1 & 0 \\ 0 & 0 & -1 \end{pmatrix}, \qquad \mathsf{A}_2 = (2x_1) = \begin{pmatrix} 1 & 0 & 0 \\ 0 & -1 & 0 \\ 0 & 0 & -1 \end{pmatrix},$$

$$\mathsf{A}_3 = (2x_3) = \begin{pmatrix} -1 & 0 & 0 \\ 0 & -1 & 0 \\ 0 & 0 & 1 \end{pmatrix}, \qquad \mathsf{A}_7 = (4x_3) = \begin{pmatrix} 0 & 1 & 0 \\ -1 & 0 & 0 \\ 0 & 0 & 1 \end{pmatrix}.$$

$\mathsf{A}_1 = (\bar{1})$ überführt $x_1 \to -x_1$, $x_2 \to -x_2$, $x_3 \to -x_3$ mit $|\mathsf{A}| = -1$. Daraus ergibt sich für q_{ijk}

$$q_{ijk} = |\mathsf{A}|\,(-q_{ijk}) = (-1)\,(-q_{ijk}) = q_{ijk},$$

d. h., $\bar{1}$ hat keinen Einfluß auf $[q_{ijk}]$.

$\mathsf{A}_2 = (2x_1)$ überführt $x_1 \to x_1$, $x_2 \to -x_2$, $x_3 \to -x_3$ mit $|\mathsf{A}| = 1$.

---

1) Die Form der (q_{mn})-Matrizen zu den magnetischen Kristallklassen findet man bei BIRSS, R. R., Symmetry and Magnetism, Amsterdam 1964.

2) BOROVIK-ROMANOV, A. S., Exp. Theor. Phys. (UdSSR) **36** (1959) 1954.

Für alle q_{ijk}, in denen der Index 1 genau zweimal auftritt, ist $q_{ijk} = -q_{ijk} = 0$. Entsprechend verschwinden für $\mathsf{A}_3 = (2x_3)$ alle q_{ijk}, bei denen der Index 3 genau zweimal auftritt. Nach Anwendung von A_2 und A_3 verbleiben also folgende q_{ijk}:

$$\begin{array}{lll} q_{111} & q_{222} & q_{333} \\ q_{122} & q_{212} = q_{221} & q_{312} = q_{321} \\ q_{123} = q_{132} & q_{213} = q_{231} & q_{322}. \end{array}$$

$\underline{\mathsf{A}}_7$ mit $\mathsf{A}_7 = (4x_3)$ überführt

$$x_1 \to x_2, \quad x_2 \to -x_1, \quad x_3 \to x_3 \text{ mit } |\mathsf{A}| = 1 \text{ und } t \to -t$$

$$\begin{array}{lll} q_{111} = -q_{222} & q_{222} = q_{111} & q_{333} = -q_{333} \\ q_{122} = -q_{211} & q_{212} = -q_{121} = -q_{112} & q_{312} = q_{321} \\ q_{123} = q_{213} = q_{231} & q_{213} = q_{123} = q_{132} & q_{322} = -q_{311}. \end{array}$$

Daraus folgt unter Berücksichtigung von $q_{112} = q_{211} = q_{311} = 0$

$$q_{111} = q_{222} = q_{333} = q_{121} = q_{122} = q_{212} = q_{322} = 0$$

und

$$q_{123} = q_{132} = q_{213} = q_{231}, \quad q_{312} = q_{321}.$$

In Matrixschreibweise erscheint dann mit (12) und (13)

$$q_{14} = (q_{123} + q_{132}) \quad q_{15} = (q_{213} + q_{231}) \quad \text{und} \quad q_{36} = (q_{312} + q_{321})$$

$$I_1 = q_{14}\sigma_4, \quad I_2 = q_{14}\sigma_5, \quad I_3 = q_{36}\sigma_6.$$

Bei der Temperatur des flüssigen Wasserstoffs (20,4 °K) wurde für CoF_2 $q_{14} = 2{,}1 \cdot 10^{-12}$ Vs N^{-1} und $q_{36} = 0{,}8 \cdot 10^{-12}$ Vs N^{-1} gefunden. Damit ergibt sich für eine Scherspannung $\sigma_4 = 1$ kp cm^{-2} $= 9{,}81 \cdot 10^4$ N m^{-2} eine magnetische Polarisation von $I_1 = 2 \cdot 10^{-7}$ Vs m^{-2}.

2.1.3.3. Elektrooptischer Effekt

Die äußerst empfindlichen optischen Meßmethoden erlauben sehr geringe Änderungen des Brechungsindex zu bestimmen, wie sie beispielsweise durch die Einwirkung elektrischer Felder oder mechanischer Spannungen hervorgerufen werden.

Zur Beschreibung dieser Effekte gehen wir von einer Indikatrix allgemeiner Form und Lage aus:

$$B_{ij}x_ix_j = 1 \qquad \text{mit} \qquad [B_{ij}] = [\varepsilon_{ij}]^{-1}.$$

Als Komponenten des zu dem symmetrischen DK-Tensor reziproken Tensors gelten für die B_{ij} die Symmetrierelationen $B_{ij} = B_{ji}$. Änderungen der Brechungsindizes äußern sich in den B_{ij} und sollen durch ΔB_{ij} charakterisiert werden. Mit den ΔB_{ij} erhalten wir als Darstellung für den elektrooptischen Effekt erster Ordnung

$$\Delta B_{ij} = z_{ijk} E_k,$$

und für den elastooptischen Effekt erster Ordnung

$$\Delta B_{ij} = p_{ijlm} \varepsilon_{lm}.$$

Die z_{ijk} werden als elektrooptische und die p_{ijlm} als elastooptische Konstanten bezeichnet. Mit $[B_{ij}]$ und $[B_{ij} + \Delta B_{ij}]$ zeigt auch $[\Delta B_{ij}]$ das Transformationsverhalten eines polaren Tensors 2-ter Stufe. Folglich ist $[z_{ijk}]$ ein polarer Tensor 3-ter Stufe und $[p_{ijlm}]$ ein polarer Tensor 4-ter Stufe.

Piezoelektrische Kristalle werden durch ein elektrisches Feld deformiert, so daß sich dem eigentlichen elektrooptischen Effekt ein sekundärer elastooptischer Effekt überlagert, der etwa die Größenordnung des eigentlichen Effektes besitzt. Mit der Beziehung für die Deformation

$$\varepsilon_{lm} = d_{klm} E_k$$

erscheint für den zusammengesetzten Effekt

$$\Delta B_{ij} = (z_{ijk} + p_{ijlm} d_{klm})\, E_k.$$

Wird anstelle eines statischen elektrischen Feldes ein hochfrequentes Wechselfeld mit einer Frequenz genügend weit oberhalb der Resonanzfrequenz des Kristalls gewählt, so bleibt der Kristall undeformiert und der wahre elektrooptische Effekt tritt in Erscheinung.

Aus $\Delta B_{ij} = \Delta B_{ji}$ folgt

$$z_{ijk} = z_{jik},$$

und es kann eine gekürzte Schreibweise ähnlich der beim reziproken piezoelektrischen Effekt eingeführt werden:

$$\Delta B_m = z_{mn} E_n \qquad m = 1, 2, \ldots, 6; \quad n = 1, 2, 3$$

mit

$$\begin{bmatrix} B_{11} & B_{12} & B_{13} \\ & B_{22} & B_{23} \\ & & B_{33} \end{bmatrix} \to \begin{bmatrix} B_1 & B_6 & B_5 \\ & B_2 & B_4 \\ & & B_3 \end{bmatrix}.$$

Die (z_{mn})-Matrizen unterscheiden sich von den (d_{mn})-Matrizen in Tabelle 8 nur dadurch, daß die Zeile von (d_{mn}) als Spalte von (z_{mn}) erscheint und die Zwei vor Komponenten von (d_{mn}) durch Eins zu ersetzen ist. (Vergleiche dazu $\varepsilon_{ij} \to \varepsilon_m$ mit $B_{ij} \to B_m$.)

Da B_m von der Größenordnung Eins ist, gibt ΔB_m etwa die relative Änderung der Indikatrixparameter an. Die z_{mn} liegen in der Größenordnung 10^{-12} m V^{-1}.

Auch isotrope Materialien zeigen einen elektrooptischen Effekt, der unter der Bezeichnung KERR-Effekt bekannt ist. Dieser Effekt entsteht durch die Anisotropie, die das elektrische Feld in dem isotropen Material erzeugt (elektrische Polarisation in Richtung des Feldes). Da in dem linearen Ansatz der Einfluß der Einwirkung auf die Materialeigenschaft unberücksichtigt bleibt, werden zur Beschreibung des KERR-Effektes die weiteren Glieder der Potenzreihenentwicklung benötigt:

$$\Delta B_{ij} = z_{ijk} E_k + z_{ijkl} E_l E_k + \cdots .$$

$[z_{ijkl}]$ besitzt als polarer Tensor 4-ter Stufe für ein isotropes Material nichtverschwindende Komponenten (s. Abschnitt 2.1.4.1.).

Für ein Feld $\mathfrak{E} = (E_1, 0, 0)$ ergibt sich $\Delta B_{11} = z_{1111} E_1 E_1$ und $\Delta B_{ij} = 0$ ansonsten. Die kugelförmige Indikatrix des isotropen Materials wird unter Einwirkung eines elektrischen Feldes zu einem Rotationsellipsoid, dessen Zylinderachse parallel zum Feld liegt (Symmetrieprinzip!).

2.1.4. *Eigenschaftstensoren 4-ter Stufe*

2.1.4.1. *Elastizität*

Unter Einwirkung einer mechanischen Spannung zeigt ein fester Körper eine Deformation. Im elastischen Bereich ist die Deformation der angelegten Spannung angenähert proportional (HOOKE*sches Gesetz*), und gemäß der Darstellung der Deformation und Spannung durch Tensoren 2-ter Stufe erscheint als linearer Ansatz

$$\varepsilon_{ij} = s_{ijkl} \sigma_{kl} .$$

Die 81 *Elastizitätskoeffizienten* s_{ijkl} bilden einen polaren Tensor 4-ter Stufe. Aus der Symmetrie des Deformationstensors folgt

$$s_{ijkl} = s_{jikl} ,$$

und die Symmetrie des Spannungstensors erlaubt die Festlegung

$$s_{ijkl} = s_{ijlk} .$$

Unter Berücksichtigung dieser Symmetrierelationen sind nur 36 der 81 s_{ijkl} voneinander unabhängig.

Mit diesen 36 s_{ijkl} und den jeweils 6 unabhängigen Komponenten des Spannungs- und Deformationstensors erhält man in Matrixschreibweise die Beziehung

$$\varepsilon_m = s_{mn}\sigma_n \qquad m,n = 1, 2, \ldots, 6.$$

Benutzen wir die Beziehungen (13) und (14) für die Zuordnung $[\sigma_{kl}] \to (\sigma_n)$ und $[\varepsilon_{ij}] \to (\varepsilon_m)$, so gehen die Indizespaare ij und kl von $[s_{ijkl}]$ in die Indizes m und n von (s_{mn}) gemäß der Beziehung (12) über, und es erscheinen in den Relationen zwischen den s_{mn} und s_{ijkl} folgende Faktoren:

$$s_{mn} = s_{ijkl} \quad \text{für} \quad m = 1, 2, 3 \quad \text{und} \quad n = 1, 2, 3$$

$$s_{mn} = 4 s_{ijkl} \quad \text{für} \quad m = 4, 5, 6 \quad \text{und} \quad n = 4, 5, 6$$

$$s_{mn} = 2 s_{ijkl} \quad \text{ansonsten.}$$

Die *Elastizitätsmoduln* c_{ijkl} beschreiben die Spannung in Abhängigkeit von der Deformation:

$$\sigma_{ij} = c_{ijkl}\varepsilon_{kl}.$$

Sie zeigen die gleiche Symmetrie wie die s_{ijkl}. In *Matrixschreibweise* erscheint mit (12), (13) und (14)

$$\sigma_m = c_{mn}\varepsilon_n \qquad m,n = 1, 2, \ldots, 6,$$

wobei

$$c_{mn} = c_{ijkl} \quad \text{für} \quad m,n = 1, 2, \ldots, 6$$

gilt. Wie wir aus dem Vergleich der Beziehungen

$$\varepsilon_m = s_{mn}\sigma_n \qquad \text{und} \qquad \sigma_m = c_{mn}\varepsilon_n$$

entnehmen, sind die Matrizen (c_{mn}) und (s_{mn}) zueinander reziprok:

$$(c_{mn}) = (s_{mn})^{-1} \qquad \text{bzw.} \qquad (s_{mn}) = (c_{mn})^{-1}.$$

In Übereinstimmung mit Beziehung (11) von S. 59 ist

$$c_{mn} = \frac{(-1)^{m+n}\,\Delta^s_{nm}}{|s_{mn}|} \qquad \text{und} \qquad s_{mn} = \frac{(-1)^{m+n}\,\Delta^c_{nm}}{|c_{mn}|}.$$

Als weitere Symmetrierelation kann

$$c_{ij} = c_{ji}$$

aus dem Differential der Deformationsenergiedichte abgeleitet werden.

Das Differential der Deformationsenergiedichte W[1]) ist

$$dW = \sigma_i d\varepsilon_i \qquad i = 1, 2, \ldots, 6.$$

Zur Ableitung dieser Beziehung betrachten wir die Deformation eines Einheitswürfels mit festgehaltenem Mittelpunkt. Die Spannungen, die an den Würfelflächen angreifen, charakterisieren wir durch $\sigma_1, \ldots, \sigma_6$. Zunächst lassen wir bei konstantem $\varepsilon_2, \ldots, \varepsilon_6$ die Komponente ε_1 auf $\varepsilon_1 + d\varepsilon_1$ anwachsen. Dadurch entfernen sich die Flächen senkrecht zu x_1 um je $1/2\, d\varepsilon_1$ vom Mittelpunkt. Die anderen Flächen werden vergrößert, aber ihre Zentren bleiben unverrückt. Die Spannungskomponente σ_1 greift an der Fläche senkrecht zu x_1 an und zeigt in Richtung der Verschiebung. Entsprechend erscheint für die Zunahme der Deformationsenergiedichte $2\sigma_1\, 1/2\, d\varepsilon_1 = \sigma_1 d\varepsilon_1$. Analoge Ausdrücke ergeben sich für eine Änderung $d\varepsilon_2$ und $d\varepsilon_3$. Nun betrachten wir eine Scherung von ε_6 auf $\varepsilon_6 + d\varepsilon_6$. Dazu verschieben wir die beiden Flächen senkrecht zu x_1 in entgegengesetzten Richtungen parallel zu x_2 um $1/2\, d\varepsilon_6$. Die Spannungskomponente σ_6 greift an diesen Flächen an und zeigt in Richtung der Verschiebung. Die Zunahme der Deformationsenergie ist somit $2\sigma_6\, 1/2\, d\varepsilon_6$. Analoge Ausdrücke findet man für $d\varepsilon_4$ und $d\varepsilon_5$.

Aus $dW = \sigma_i\, d\varepsilon_i$ erhalten wir mit $\sigma_i = c_{ij}\varepsilon_j$

$$dW = c_{ij}\varepsilon_j\, d\varepsilon_i .$$

dW ist ein totales Differential, d.h., es bestehen folgende Beziehungen zwischen den partiellen Ableitungen 2-ter Ordnung:

$$\frac{\partial}{\partial\varepsilon_j}\left(\frac{\partial W}{\partial\varepsilon_i}\right) = \frac{\partial}{\partial\varepsilon_i}\left(\frac{\partial W}{\partial\varepsilon_j}\right).$$

Durch Ausschreiben von $dW = c_{ij}\varepsilon_j d\varepsilon_i$ oder Benutzung von $c_{ij}\varepsilon_j d\varepsilon_i = c_{ji}\varepsilon_i d\varepsilon_j$ entnehmen wir aus der Differentialbeziehung $c_{ij} = c_{ji}$. Mit (c_{ij}) ist auch die zu (c_{ij}) reziproke Matrix $(s_{ij}) = (c_{ij})^{-1}$ symmetrisch.

Durch die Kristallsymmetrie wird die Zahl der unabhängigen Komponenten weiter reduziert. Tabelle 9 zeigt die Abhängigkeit der (c_{mn})- und (s_{mn})-Matrizen von der Kristallsymmetrie. Wie man der Tabelle entnimmt, unterscheiden sich Kristalle des kubischen Systems und isotrope Materialien in ihren elastischen Eigenschaften.

---

[1]) $dW = \sigma_{ij}\, d\varepsilon_{ij} = \sigma_i\, d\varepsilon_i$ gibt die Änderung der freien Energiedichte bei einer isothermen und reversiblen Deformation an.

Tabelle 9

Kristallsystem	Kristallklasse	Form der (s_{ij})-Matrix	Zahl der unabhängigen Komponenten
triklin	alle Klassen	$\begin{pmatrix} s_{11} & s_{12} & s_{13} & s_{14} & s_{15} & s_{16} \\ & s_{22} & s_{23} & s_{24} & s_{25} & s_{26} \\ & & s_{33} & s_{34} & s_{35} & s_{36} \\ & & & s_{44} & s_{45} & s_{46} \\ & & & & s_{55} & s_{56} \\ & & & & & s_{66} \end{pmatrix}$	21
monoklin	alle Klassen	$\begin{pmatrix} s_{11} & s_{12} & s_{13} & 0 & 0 & s_{16} \\ & s_{22} & s_{23} & 0 & 0 & s_{26} \\ & & s_{33} & 0 & 0 & s_{36} \\ & & & s_{44} & s_{45} & 0 \\ & & & & s_{55} & 0 \\ & & & & & s_{66} \end{pmatrix}$	13
rhombisch	alle Klassen	$\begin{pmatrix} s_{11} & s_{12} & s_{13} & 0 & 0 & 0 \\ & s_{22} & s_{23} & 0 & 0 & 0 \\ & & s_{33} & 0 & 0 & 0 \\ & & & s_{44} & 0 & 0 \\ & & & & s_{55} & 0 \\ & & & & & s_{66} \end{pmatrix}$	9
trigonal	$3, \bar{3}$	$\begin{pmatrix} s_{11} & s_{12} & s_{13} & s_{14} & -s_{25} & 0 \\ & s_{11} & s_{13} & -s_{14} & s_{25} & 0 \\ & & s_{33} & 0 & 0 & 0 \\ & & & s_{44} & 0 & 2s_{25} \\ & & & & s_{44} & 2s_{14} \\ & & & & & 2(s_{11}-s_{12}) \end{pmatrix}$	7
	$32, \bar{3}m, 3m$	$\begin{pmatrix} s_{11} & s_{12} & s_{13} & s_{14} & 0 & 0 \\ & s_{11} & s_{13} & -s_{14} & 0 & 0 \\ & & s_{33} & 0 & 0 & 0 \\ & & & s_{44} & 0 & 0 \\ & & & & s_{44} & 2s_{14} \\ & & & & & 2(s_{11}-s_{12}) \end{pmatrix}$	6

Tabelle 9 (Fortsetzung)

Kristallsystem	Kristallklasse	Form der (s_{ij})-Matrix	Zahl der unabhängigen Komponenten
tetragonal	$4, \bar{4}, 4/m$	$\begin{pmatrix} s_{11} & s_{12} & s_{13} & 0 & 0 & s_{16} \\ & s_{11} & s_{13} & 0 & 0 & -s_{16} \\ & & s_{33} & 0 & 0 & 0 \\ & & & s_{44} & 0 & 0 \\ & & & & s_{44} & 0 \\ & & & & & s_{66} \end{pmatrix}$	7
	$4mm, \bar{4}2m,$ $422, 4/mmm$	$\begin{pmatrix} s_{11} & s_{12} & s_{13} & 0 & 0 & 0 \\ & s_{11} & s_{13} & 0 & 0 & 0 \\ & & s_{33} & 0 & 0 & 0 \\ & & & s_{44} & 0 & 0 \\ & & & & s_{44} & 0 \\ & & & & & s_{66} \end{pmatrix}$	6
hexagonal	alle Klassen	$\begin{pmatrix} s_{11} & s_{12} & s_{13} & 0 & 0 & 0 \\ & s_{11} & s_{13} & 0 & 0 & 0 \\ & & s_{33} & 0 & 0 & 0 \\ & & & s_{44} & 0 & 0 \\ & & & & s_{44} & 0 \\ & & & & & 2(s_{11}-s_{12}) \end{pmatrix}$	5
kubisch	alle Klassen	$\begin{pmatrix} s_{11} & s_{12} & s_{12} & 0 & 0 & 0 \\ & s_{11} & s_{12} & 0 & 0 & 0 \\ & & s_{11} & 0 & 0 & 0 \\ & & & s_{44} & 0 & 0 \\ & & & & s_{44} & 0 \\ & & & & & s_{44} \end{pmatrix}$	3
isotrop		$\begin{pmatrix} s_{11} & s_{12} & s_{12} & 0 & 0 & 0 \\ & s_{11} & s_{12} & 0 & 0 & 0 \\ & & s_{11} & 0 & 0 & 0 \\ & & & 2(s_{11}-s_{12}) & 0 & 0 \\ & & & & 2(s_{11}-s_{12}) & 0 \\ & & & & & 2(s_{11}-s_{12}) \end{pmatrix}$	2

Bei der c_{ij}-Matrix erscheint anstelle von:

$$2(s_{11}-s_{12}) \;:\; {}^1/_2\,(c_{11}-c_{12})$$
$$2s_{ij} \;:\; 1\; c_{ij}$$
$$s_{ij} \;:\; c_{ij}$$

Zur Lage des Bezugssystems zu den Symmetrieachsen s. S. 17

Für ein isotropes Material ist die Angabe des Elastizitätsmoduls E, Torsionsmoduls G und POISSON-Verhältnisses ν anstelle der s_{ij} gebräuchlich:

$(1/E) = (\varepsilon_l/\sigma_l)$ ist das Verhältnis von Längsdilatation ε_l zu angelegter Dehnungsspannung σ_l (Abb. 18a).

$(1/G) = (\alpha/\sigma_{\text{Sch}})$ ist das Verhältnis der Verkippung α zur angelegten Scherspannung σ_{Sch} (Abb. 18b).

$\nu = \dfrac{\Delta d/d}{\Delta l/l}$ ist das Verhältnis von Querkontraktion zu Längsdilatation (Abb. 18a).

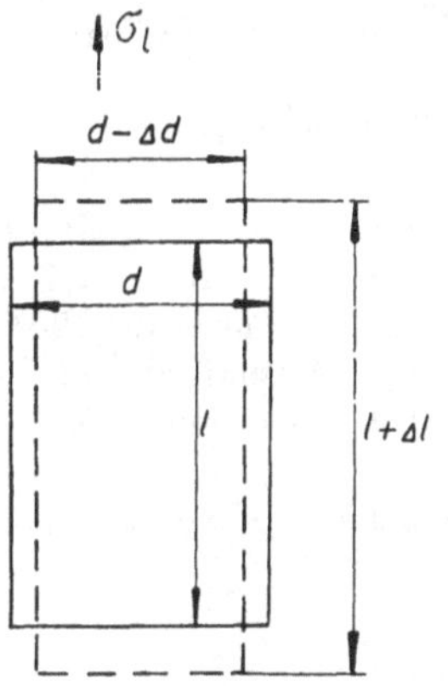

Abb. 18a. Längenänderung Δl und Dickenänderung Δd bei einer Longitudinalspannung σ_l

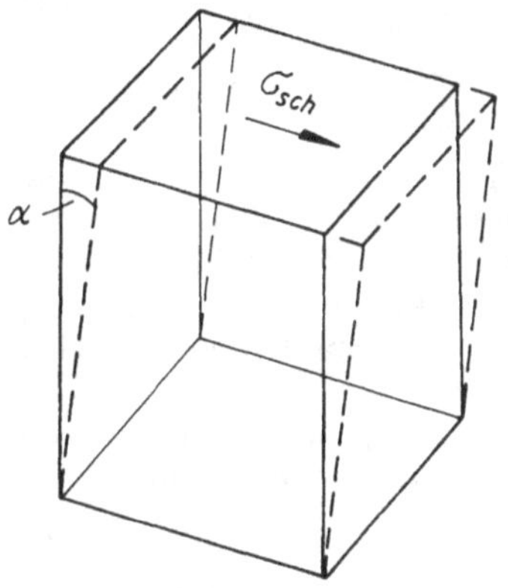

Abb. 18b. Verkippung α bei einer Scherspannung σ_{Sch}

Der Vergleich von E, G und ν mit $s_{ij} = \varepsilon_i/\sigma_j$ führt auf

$$1/E = s_{11}$$

$$1/G = 2(s_{11} - s_{12}) \qquad \text{mit} \qquad G = \frac{E}{2(1+\nu)}.$$

$$\nu = -s_{12}/s_{11}$$

Auch für die Eigenschaften, die durch Tensoren höherer als 2-ter Stufe beschrieben werden, sind Repräsentationsflächen üblich. Jedoch kann das elastische Verhalten eines festen Körpers nicht durch eine Fläche vollkommen wiedergegeben werden. Eine gebräuchliche Darstellung ist die Richtungsabhängigkeit des Verhältnisses von longitudinaler Dehnung ε_l zu der Dehnungsspannung σ_l. Dabei wird in der graphischen Darstellung dem Radiusvektor $\mathfrak{r}$ in Richtung von σ_l der Betrag $1/E = \varepsilon_l/\sigma_l$ oder $E = \sigma_l/\varepsilon_l$ zugeordnet. Beachten wir, daß die Tensorkomponente $s_{1111} = \varepsilon_{11}/\sigma_{11}$ die Größe $1/E$ in Richtung der x_1-Achse angibt, so erhalten wir über die Transformationsbeziehung für die Komponente s_{1111}

$$|\mathfrak{r}| = s'_{1111} = a_{1m}\, a_{1n}\, a_{1o}\, a_{1p}\, s_{mnop},$$

wobei a_{11}, a_{12} und a_{13} die Richtungskosinusse von $\mathfrak{r}$ im Bezugssystem des Tensors $[s_{mnop}]$ sind. Für das kubische System erscheint in Matrixschreibweise

$$|\mathfrak{r}| = s'_{11} = s_{11} - 2\,(s_{11} - s_{12} - (1/2)\, s_{44}) \cdot f(a_{11}, a_{12}, a_{13})$$

mit $$f(a_{11}, a_{12}, a_{13}) = a_{11}^2 a_{12}^2 + a_{12}^2 a_{13}^2 + a_{13}^2 a_{11}^2.$$

$f(a_{11}, a_{12}, a_{13})$ ist in Richtung der Würfelkanten Null und hat in Richtung der Raumdiagonalen den maximalen Wert von 1/3. Ist $(s_{11} - s_{12} - (1/2)\, s_{44}) > 0$, so hat $s'_{11} = 1/E$ sein Minimum in $\langle 111\rangle$ und sein Maximum in $\langle 100\rangle$. Molybdän ist mit $(s_{11} - s_{12} - (1/2)\, s_{44}) < 0$ die einzige Ausnahme bei den kubischen Metallen. $(s_{11} - s_{12} - (1/2)\, s_{44}) = 0$ ergibt die Bedingung für elastische Isotropie.

Zum Vergleich von mechanischer und thermischer Deformation wollen wir die Volumendeformation

$$\frac{\Delta V}{V} = \varepsilon_{11} + \varepsilon_{22} + \varepsilon_{33}$$

von Quarz bei Temperaturänderung und bei hydrostatischem Druck bestimmen.

Mit den Expansionskoeffizienten von Quarz

$$\alpha_{11} = \alpha_{22} = 14{,}3 \cdot 10^{-6} \quad \text{und} \quad \alpha_{33} = 7{,}8 \cdot 10^{-6}\,(^\circ\mathrm{C})^{-1} \text{ bei } 20\,^\circ\mathrm{C}$$

ergibt sich für eine Temperaturerniedrigung um ΔT eine Volumenkontraktion von

$$\frac{\Delta V}{V} = \varepsilon_{ii} = \alpha_{ii}\, \Delta T = -\, 3{,}64 \cdot 10^{-5}\, \Delta T,$$

wobei ΔT in °C anzugeben ist.

Die durch mechanische Spannung bewirkte Volumendeformation ist

$$\frac{\Delta V}{V} = \varepsilon_{ii} = s_{iikl}\, \sigma_{kl}.$$

Für einen hydrostatischen Druck $-p$ ist $\sigma_{kl} = -p\,\delta_{kl}$ (s. S. 77), also

$$\frac{\Delta V}{V} = -s_{iikl}\,p\,\delta_{kl} = -p\,s_{iikk}.$$

In Matrixschreibweise erscheint dafür

$$\frac{\Delta V}{V} = -p\bigl(s_{11} + s_{22} + s_{33} + 2(s_{12} + s_{23} + s_{31})\bigr).$$

Die (s_{ij})-Matrix von Quarz bei 20 °C ist

$$(s_{ij}) = \begin{pmatrix} 1{,}28 & -0{,}15 & -0{,}11 & -0{,}45 & . & . \\ & 1{,}28 & -0{,}11 & 0{,}45 & . & . \\ & & 0{,}96 & . & . & . \\ & & & 1{,}98 & . & . \\ & & & & 1{,}98 & -0{,}90 \\ & & & & & 2{,}86 \end{pmatrix} \cdot 10^{-11}\,\mathrm{m^2\,N^{-1}}.$$

Damit erhalten wir

$$\frac{\Delta V}{V} = -p\bigl(3{,}52 - 2(0{,}37)\bigr) \cdot 10^{-11},$$

wobei p in $\mathrm{N\,m^{-2}}$ anzugeben ist.

Der hydrostatische Druck, der die gleiche Volumenkontraktion wie eine Temperaturerniedrigung um 1 °C bewirkt, ergibt sich mit dem Wert der thermischen Volumenkontraktion zu

$$p = \frac{3{,}64 \cdot 10^{-5}}{2{,}78 \cdot 10^{-11}} = 1{,}3 \cdot 10^{6}\,\mathrm{N\,m^{-2}} \approx 13\,\mathrm{kp\,cm^{-2}}.$$

2.1.5. Eigenschaftstensoren höherer Stufe

2.1.5.1. Die magnetische Anisotropieenergie

Ferro- und ferrimagnetische Kristalle besitzen im demagnetisierten Zustand Gebiete unterschiedlicher Spinorientierung (*Domänen*), die erst durch Einwirkung eines magnetischen Sättigungsfeldes eine einheitliche Spinorientierung parallel zur Feldrichtung erhalten. Demgemäß ist die Raum-Zeit-Symmetrie von der Richtung des magnetischen Sättigungsfeldes abhängig.

α-Eisen, das ein innenzentriertes kubisches BRAVAIS-Gitter besitzt, kann folgende magnetische Punktgruppensymmetrien annehmen:

Richtung des Magnetfeldes		magnetische Kristallklasse
$\langle 1\ 0\ 0\rangle = \parallel$	Kante	$4/m\underline{m}\,\underline{m}$
$\langle 1\ 1\ 0\rangle = \parallel$	Flächendiagonale	$m\underline{m}\,\underline{m}$
$\langle 1\ 1\ 1\rangle = \parallel$	Raumdiagonale	$\bar{3}\underline{m}$
$\langle h\ k\ 0\rangle = \perp$	Kante	$\underline{2}/\underline{m}$
$\langle h\ h\ k\rangle = \perp$	Flächendiagonale	$\underline{2}/\underline{m}$
$\langle h\ k\ l\rangle =$	beliebige Richtung	$\bar{1}$

Im ideal demagnetisierten Zustand sind die Magnetisierungsvektoren der Domänen gleichmäßig über die sechs $\langle 1\ 0\ 0\rangle$-Richtungen verteilt. Offensichtlich ist für Eisen eine Spinorientierung parallel $\langle 1\ 0\ 0\rangle$ energetisch bevorzugt.

Die Energie eines magnetisierten Kristalls ist von Betrag und Richtung des magnetischen Sättigungsfeldes abhängig. Der richtungsabhängige Anteil, der als *magnetische Anisotropieenergie* bezeichnet wird, ist eine Funktion der Spinorientierung in bezug auf das Kristallgitter und wird allein durch die Anisotropie im Gitterbau des Kristalls bestimmt. Der folgende Potenzreihenansatz stellt die magnetische Anisotropieenergie W_{an} in Abhängigkeit von der Spinorientierung $\mathfrak{l} = [l_1, l_2, l_3]$ dar:

$$W_{\text{an}} = \beta_i l_i + \beta_{ij} l_i l_j + \beta_{ijk} l_i l_j l_k + \beta_{ijkl} l_i l_j l_k l_l + \cdots .$$

W_{an} ist ein polarer Skalar. Die l_i charakterisieren die Richtung eines axialen c-Vektors, so daß ihre ungeraden Produkte axiale c-Tensoren und ihre geraden Produkte polare i-Tensoren bilden. Dementsprechend sind die Eigenschaftstensoren ungerader Stufe axiale c-Tensoren und die Eigenschaftstensoren gerader Stufe polare i-Tensoren. Da die Symmetrie in der magnetischen Anisotropieenergie allein durch den Gitterbau bestimmt wird, erscheint der in bezug auf diese Eigenschaft effektiv spinlose Kristall als Zeit-symmetrisch. Dadurch verschwinden die c-Tensoren, und der Potenzreihenansatz reduziert sich auf

$$W_{\text{an}} = \beta_{ij} l_i l_j + \beta_{ijkl} l_i l_j l_k l_l + \beta_{ijklmn} l_i l_j l_k l_l l_m l_n + \cdots .$$

Die Glieder höherer Ordnung beinhalten eine starke Schwankung von W_{an} mit $\mathfrak{l} = [l_1, l_2, l_3]$. Eine Richtungsabhängigkeit dieser Art wird experimentell nicht beobachtet, und wir können die $\beta_{ij\ldots n}$ höherer Ordnung als klein annehmen.

Die Magnetisierungsrichtungen der Domänen werden durch das Minimum von W_{an} bestimmt. Für ferro- und ferrimagnetische Kristalle der Kristallklasse $m3m$ ergibt sich unter Vernachlässigung von Gliedern höherer als 6. Ordnung folgender Ausdruck für W_{an}[1]):

$$W_{an} = K_0 + K_1(l_1^2 l_2^2 + l_2^2 l_3^2 + l_3^2 l_1^2) + K_2 l_1^2 l_2^2 l_3^2$$

mit

$$K_0 = \beta_{11} + \beta_{1111} + \beta_{111111},$$

$$K_1 = 6\beta_{1122} - 2\beta_{1111} - 3\beta_{111111} + 15\beta_{111122},$$

$$K_2 = 3\beta_{111111} - 45\beta_{111122} + 90\beta_{112233}.$$

K_1 und K_2 werden als erste und 2-te Anisotropiekonstanten bezeichnet.

Für α-Eisen ist $K_1 > 0$ und $K_2 > 0$, so daß die $\langle 1\,0\,0\rangle$-Richtungen das Minimum von W_{an} und damit die Magnetisierungsrichtungen der Domänen angeben.

2.2. *Thermodynamische Betrachtungen*

In den vorangegangenen Betrachtungen wurden die Kristalleigenschaften isoliert nebeneinandergestellt, wobei der Einfluß der Kristallsymmetrie auf die Eigenschaftstensoren im Vordergrund stand. Zwischen den Kristalleigenschaften bestehen jedoch zahlreiche Beziehungen, die aus thermodynamischen Überlegungen hervorgehen.

2.2.1. *Statische Kristalleigenschaften*[2])

2.2.1.1. *Beziehungen zwischen den statischen Kristalleigenschaften*

Die Temperatur, elektrische und magnetische Polarisation, mechanische Deformation und weitere *physikalische Feldgrößen* beschreiben physikalische Zustände des Kristalls. Genauer gesagt, im statischen Gleichgewicht charakterisiert ihre Angabe den physikalischen Zustand des Kristalls. Im Sinne der Thermodynamik sind sie also *Zustandsgrößen*, die durch *Zustandsfunktionen* miteinander verknüpft werden können.

---

[1]) Zur Ableitung dieses Ausdruckes s. BIRSS, R. R., Symmetry and Magnetism, Amsterdam 1964.

[2]) Dieser Abschnitt lehnt sich an eine von NYE gegebene Darstellung der Thermodynamik der thermischen, elastischen und elektrischen Eigenschaften an (NYE, J. F., Physical Properties of Crystals, Oxford 1957).

Als Ausgangspunkt für die weiteren Betrachtungen dient die zusammenfassende Darstellung der statischen Kristalleigenschaften in Abb. 19. In den Ecken des äußeren Tetraeders sind die bisher allgemein als Einwirkungen bezeichneten Größen angeordnet, während die Ecken des inneren Tetraeders die durch diese Einwirkungen beeinflußten Zustandsgrößen des Kristalls

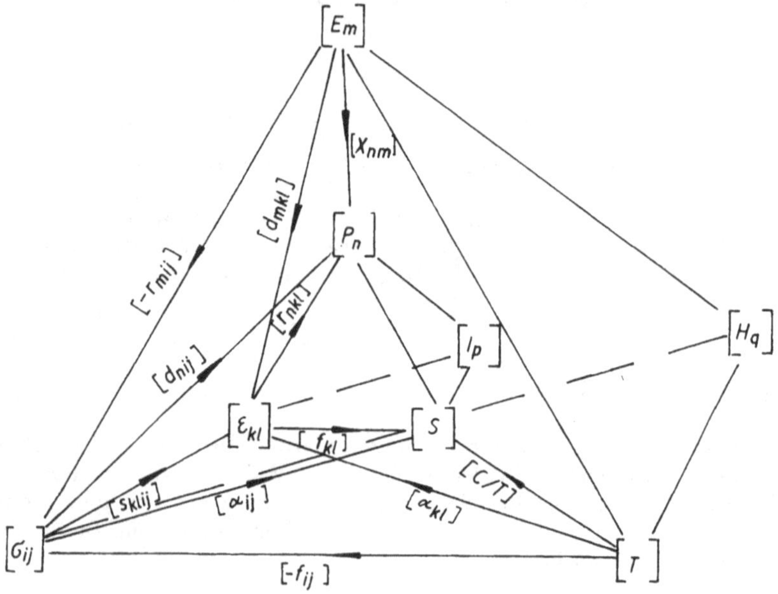

Abb. 19. Zusammenfassende Darstellung der statischen Kristalleigenschaften. Für die thermoelastischen und elektromechanischen Effekte erster Ordnung sind die Eigenschaftstensoren angegeben

angeben. Die Beziehungen zwischen den Ecken des äußeren und inneren Tetraeders liefern die Eigenschaftstensoren.

Zu den thermoelastischen und elektromechanischen Effekten erster Ordnung sind die Eigenschaftstensoren angegeben. Wie aus den anschließenden thermodynamischen Betrachtungen hervorgeht, werden die thermische Ausdehnung und der piezokalorische Effekt durch denselben Tensor $[\alpha_{ij}]$ charakterisiert. (Der piezokalorische Effekt beschreibt die durch eine mechanische Spannung erzeugte Entropie.) Ebenso erscheinen für den thermischen Druck und die Deformationswärme die bis auf das Vorzeichen gleichen Tensorkomponenten f_{ij}, wobei der thermische Druck die mechanische Spannung angibt, die an einem eingespannten Kristall ($\varepsilon_{ij} = \text{const}$) bei Temperaturänderung auftritt, und die Deformationswärme die durch eine Deformation bei konstanter Temperatur erzeugte Entropie charakterisiert. Vollkommen analog sind die Beziehungen zwischen den Eigenschaftstensoren in den anderen 5 „Trapezen" der beiden Tetraeder.

In den folgenden Abschnitten werden die Beziehungen zwischen den Eigenschaftstensoren begründet.

2.2.1.2. *Thermoelastische Eigenschaften*

Um die Vielfalt der Effekte gegeneinander abgrenzen zu können, benötigen wir ein *System von Zustandsgrößen*, das den physikalischen Zustand des Kristalls eindeutig charakterisiert. Dafür stehen prinzipiell die Größen beider Tetraeder zur Verfügung. In diesem Abschnitt wollen wir unsere Aufmerksamkeit auf die Methode der thermodynamischen Behandlung richten, wozu wir uns zunächst auf das thermoelastische Verhalten beschränken.

Der thermoelastische Zustand ist durch eine mechanische Größe (Tensor 2-ter Stufe) und eine thermische Größe (Tensor 0-ter Stufe) eindeutig bestimmt. Charakterisieren wir den Zustand durch $[\sigma_{kl}]$ und T, d. h., wählen wir $[\sigma_{kl}]$ und T als unabhängige Zustandsvariablen, so erhalten wir für die Änderung von $[\varepsilon_{ij}]$ und S bei einer Zustandsänderung $[d\sigma_{kl}]$, dT:

$$d\varepsilon_{ij} = \left(\frac{\partial \varepsilon_{ij}}{\partial \sigma_{kl}}\right)_T d\sigma_{kl} + \left(\frac{\partial \varepsilon_{ij}}{\partial T}\right)_\sigma dT,$$

$$dS = \left(\frac{\partial S}{\partial \sigma_{kl}}\right)_T d\sigma_{kl} + \left(\frac{\partial S}{\partial T}\right)_\sigma dT.$$

Gemäß der Summenkonvention bedeutet

$$\left(\frac{\partial \varepsilon_{ij}}{\partial \sigma_{kl}}\right)_T d\sigma_{kl} = \left(\frac{\partial \varepsilon_{ij}}{\partial \sigma_{11}}\right)_T d\sigma_{11} + \left(\frac{\partial \varepsilon_{ij}}{\partial \sigma_{12}}\right)_T d\sigma_{12} + \cdots + \left(\frac{\partial \varepsilon_{ij}}{\partial \sigma_{33}}\right)_T d\sigma_{33},$$

und der Index an der Klammer kennzeichnet die bei der Differentiation konstant zu haltende Größe. Unter Berücksichtigung von $\varepsilon_{ij} = \varepsilon_{ji}$ und $\sigma_{ij} = \sigma_{ji}$ besteht dieses Differentialgleichungssystem aus 7 Gleichungen mit 7 unabhängigen und 7 abhängigen Zustandsvariablen.

Die Differentialkoeffizienten sind Funktionen von $[\sigma_{kl}]$ und T. Im Bereich kleiner Änderungen (Effekte erster Ordnung!) können sie als konstant angenommen werden, und durch Integration in den Grenzen $dT\Big|_T^{T+\Delta T}$ und $d\sigma_{kl}\Big|_0^{\sigma_{kl}}$ ergibt sich

$$\varepsilon_{ij} = \left(\frac{\partial \varepsilon_{ij}}{\partial \sigma_{kl}}\right)_T \sigma_{kl} + \left(\frac{\partial \varepsilon_{ij}}{\partial T}\right)_\sigma \Delta T,$$

$$\Delta S = \left(\frac{\partial S}{\partial \sigma_{kl}}\right)_T \sigma_{kl} + \left(\frac{\partial S}{\partial T}\right)_\sigma \Delta T.$$

Aus diesen Beziehungen entnehmen wir folgende Bedeutung der Differentialkoeffizienten:

$\left(\frac{\partial \varepsilon_{ij}}{\partial \sigma_{kl}}\right)_T$ ist der isotherme Elastizitätskoeffizient s^T_{ijkl},

$\left(\frac{\partial \varepsilon_{ij}}{\partial T}\right)$ ist der Ausdehnungskoeffizient α_{ij},

$\left(\frac{\partial S}{\partial \sigma_{kl}}\right)$ ist die Tensorkomponente des piezokalorischen Effektes,

$T\left(\frac{\partial S}{\partial T}\right)_\sigma$ ist die Wärmekapazität C^σ, bezogen auf konstante Spannung.

Bei den Elastizitätskoeffizienten $\left(\frac{\partial \varepsilon_{ij}}{\partial \sigma_{kl}}\right)_T = s^T_{ijkl}$ ist die Angabe der thermischen Bedingungen erforderlich, da ihre Bestimmung sowohl isotherm ($T = \text{const}$) als auch adiabatisch ($S = \text{const}$) erfolgen kann. Das gleiche gilt für die Wärmekapazität und die mechanischen Bedingungen. In den Differentialkoeffizienten, die eine thermische und eine mechanische Größe enthalten, ergibt sich die konstant zu haltende Größe aus dem Differentialkoeffizienten.

Die in Abb. 18 angegebenen Beziehungen zwischen den Eigenschaftstensoren bekommt man über die *thermodynamischen Potentiale*[1]). Aus dem ersten Hauptsatz der Thermodynamik

$$\Delta U = \Delta A + \Delta Q$$

erhält man mit der Deformationsarbeit $dA = \sigma_{ij}\, d\varepsilon_{ij}$[2]) und der Wärmeenergie $dQ = T\, dS$

$$dU = \sigma_{ij}\, d\varepsilon_{ij} + T\, dS.$$

Wie wir dem Ausdruck für dU entnehmen, hat die *innere Energie* $[\varepsilon_{ij}]$ und S als unabhängige Zustandsvariablen. Bilden wir aus den Zustandsgrößen U, $[\varepsilon_{ij}]$, $[\sigma_{ij}]$, T und S eine Potentialfunktion

$$G = U - \sigma_{ij}\varepsilon_{ij} - TS,$$

so erhalten wir als unabhängige Zustandsvariablen $[\sigma_{ij}]$ und T, wie aus dG hervorgeht:

$$\begin{aligned} dG &= dU - \sigma_{ij}\, d\varepsilon_{ij} - \varepsilon_{ij}\, d\sigma_{ij} - T\, dS - S\, dT \\ &= -\varepsilon_{ij}\, d\sigma_{ij} - S\, dT. \end{aligned}$$

---

1) Die thermodynamischen Potentiale werden auf die Volumeneinheit bezogen, sie geben also eine Energiedichte an.

2) $dA = \sigma_{ij}\, d\varepsilon_{ij}$ ist der Ausdruck für $dA = \sigma_i\, d\varepsilon_i$ in Tensorschreibweise.

Die Differentiale zu den thermodynamischen Potentialen sind totale Differentiale und aus

$$\frac{\partial^2 G}{\partial \sigma_{ij}\,\partial T} = \frac{\partial^2 G}{\partial T\,\partial \sigma_{ij}} \quad \text{folgt} \quad \left(\frac{\partial S}{\partial \sigma_{ij}}\right) = \left(\frac{\partial \varepsilon_{ij}}{\partial T}\right) = \alpha_{ij}.$$

Die thermische Expansion und der piezokalorische Effekt werden also durch dieselben Differentialkoeffizienten beschrieben.

Über eine weitere Zustandsfunktion (*freie Energie*)

$$F = U - TS$$

erhalten wir

$$dF = dU - T\,dS - S\,dT = \sigma_{ij}\,d\varepsilon_{ij} - S\,dT,$$

ein totales Differential mit den Zustandsvariablen ε und T.

$$\frac{\partial^2 F}{\partial T\,\partial \varepsilon_{ij}} = \left(\frac{\partial \sigma_{ij}}{\partial T}\right) = \frac{\partial^2 F}{\partial \varepsilon_{ij}\,\partial T} = -\left(\frac{\partial S}{\partial \varepsilon_{ij}}\right) = -f_{ij}$$

liefert die Beziehung zwischen dem thermischen Druck und der Deformationswärme (Abb. 19).

Die Differentialbeziehung

$$\left(\frac{\partial S}{\partial \varepsilon_{ij}}\right) = \left(\frac{\partial S}{\partial \sigma_{kl}}\right)\left(\frac{\partial \sigma_{kl}}{\partial \varepsilon_{ij}}\right)_T$$

führt auf folgende Abhängigkeit zwischen $[f_{ij}]$, $[\alpha_{kl}]$ und $[c^T_{klij}]$:

$$f_{ij} = \alpha_{kl}\,c^T_{klij}.$$

Die Elastizitätsmoduln c^T_{klij} können aus den Elastizitätskoeffizienten s^T_{klij} berechnet werden, so daß zur Beschreibung der thermoelastischen Effekte erster Ordnung die drei Tensoren $[s^T_{ijkl}]$, $[\alpha_{ij}]$ und C^σ/T ausreichen.

2.2.1.3. Einbeziehung der elektrischen und magnetischen Eigenschaften

Ein Satz von Zustandsgrößen, der den thermischen, elastischen, elektrischen und magnetischen Zustand des Kristalls eindeutig fixiert, enthält eine thermische, elastische, elektrische und magnetische Größe. Wählen wir $[\sigma_{kl}]$, $\mathfrak{E}$, $\mathfrak{H}$ und T als unabhängige Zustandsvariablen, so ergibt sich

$$d\varepsilon_{ij} = \underbrace{\left(\frac{\partial \varepsilon_{ij}}{\partial \sigma_{kl}}\right)_{E,H,T} d\sigma_{kl}}_{(A)} + \underbrace{\left(\frac{\partial \varepsilon_{ij}}{\partial E_k}\right)_{H,T} dE_k}_{(B)} + \underbrace{\left(\frac{\partial \varepsilon_{ij}}{\partial H_l}\right)_{E,T} dH_l}_{(C)} + \underbrace{\left(\frac{\partial \varepsilon_{ij}}{\partial T}\right)_{E,H} dT}_{(D)},$$

$$dP_i = \underbrace{\left(\frac{\partial P_i}{\partial \sigma_{kl}}\right)_{H,T} d\sigma_{kl}}_{(E)} + \underbrace{\left(\frac{\partial P_i}{\partial E_k}\right)_{\sigma,H,T} dE_k}_{(F)} + \underbrace{\left(\frac{\partial P_i}{\partial H_l}\right)_{\sigma,T} dH_l}_{(G)} + \underbrace{\left(\frac{\partial P_i}{\partial T}\right)_{\sigma,H} dT}_{(H)},$$

$$dI_i = \underbrace{\left(\frac{\partial I_i}{\partial \sigma_{kl}}\right)_{E,T} d\sigma_{kl}}_{(I)} + \underbrace{\left(\frac{\partial I_i}{\partial E_k}\right)_{\sigma,T} dE_k}_{(K)} + \underbrace{\left(\frac{\partial I_i}{\partial H_l}\right)_{\sigma,E,T} dH_l}_{(L)} + \underbrace{\left(\frac{\partial I_i}{\partial T}\right)_{\sigma,E} dT}_{(M)},$$

$$dS = \underbrace{\left(\frac{\partial S}{\partial \sigma_{kl}}\right)_{E,H} d\sigma_{kl}}_{(N)} + \underbrace{\left(\frac{\partial S}{\partial E_k}\right)_{\sigma,H} dE_k}_{(O)} + \underbrace{\left(\frac{\partial S}{\partial H_l}\right)_{\sigma,E} dH_l}_{(P)} + \underbrace{\left(\frac{\partial S}{\partial T}\right)_{\sigma,E,H} dT}_{(Q)}.$$

Die Differentialkoeffizienten beschreiben folgende Eigenschaften:

(*A*) Elastizität,
(*B*) reziproker piezoelektrischer Effekt,
(*C*) reziproker piezomagnetischer Effekt,
(*D*) thermische Expansion,
(*E*) direkter piezoelektrischer Effekt,
(*F*) elektrische Polarisation,
(*G*) inverser magnetoelektrischer Effekt,
(*H*) Pyroelektrizität,
(*I*) direkter piezomagnetischer Effekt,
(*K*) direkter magnetoelektrischer Effekt,
(*L*) magnetische Polarisation,
(*M*) Pyromagnetismus,
(*N*) piezokalorischer Effekt,
(*O*) elektrokalorischer Effekt,
(*P*) magnetokalorischer Effekt,
(*Q*) Wärmekapazität.

Die Beziehungen zwischen den Eigenschaftstensoren erhalten wir — wie bei den thermoelastischen Eigenschaften — über die thermodynamischen Potentiale. In die innere Energie ist die elektrische und magnetische Energie mitaufzunehmen:

$$dU = \sigma_{ij}\, d\varepsilon_{ij} + E_k\, dP_k + H_l\, dI_l + T\, dS.$$

Den gewünschten Satz von Variablen $[\sigma_{ij}]$, $\mathfrak{E}$, $\mathfrak{H}$ und T besitzt $G = U - \sigma_{ij}\varepsilon_{ij} - E_k P_k - H_l I_l - TS$ mit

$$dG = -\varepsilon_{ij}\, d\sigma_{ij} - P_k\, dE_k - I_l\, dH_l - S\, dT.$$

Aus den partiellen Ableitungen 2-ter Ordnung erhalten wir die folgenden Beziehungen zwischen den Differentialkoeffizienten:

$$\text{(a)}\quad -\left(\frac{\partial^2 G}{\partial \sigma_{ij}\,\partial E_k}\right)_{H,T} = \left(\frac{\partial P_k}{\delta \sigma_{ij}}\right)_{H,T} = -\left(\frac{\partial^2 G}{\partial E_k\,\partial \sigma_{ij}}\right)_{H,T} = \left(\frac{\partial \varepsilon_{ij}}{\partial E_k}\right)_{H,T} = d_{kij}^{H,T},$$

$$\text{(b)}\quad -\left(\frac{\partial^2 G}{\partial \sigma_{ij}\,\partial H_l}\right)_{E,T} = \left(\frac{\partial I_l}{\partial \sigma_{ij}}\right)_{E,T} = -\left(\frac{\partial^2 G}{\partial H_l\,\partial \sigma_{ij}}\right)_{E,T} = \left(\frac{\partial \varepsilon_{ij}}{\partial H_l}\right)_{E,T} = q_{lij}^{E,T},$$

$$\text{(c)}\quad -\left(\frac{\partial^2 G}{\partial E_k\,\partial H_l}\right)_{\sigma,T} = \left(\frac{\partial I_l}{\partial E_k}\right)_{\sigma,T} = -\left(\frac{\partial^2 G}{\partial H_l\,\partial E_k}\right)_{\sigma,T} = \left(\frac{\partial P_k}{\partial H_l}\right)_{\sigma,T} = e_{lk}^{\sigma,T},$$

$$\text{(d)}\quad -\left(\frac{\partial^2 G}{\partial \sigma_{ij}\,\partial T}\right)_{E,H} = \left(\frac{\partial S}{\partial \sigma_{ij}}\right)_{E,H} = -\left(\frac{\partial^2 G}{\partial T\,\partial \sigma_{ij}}\right)_{E,H} = \left(\frac{\partial \varepsilon_{ij}}{\partial T}\right)_{E,H} = \alpha_{ij}^{E,H},$$

$$\text{(e)}\quad -\left(\frac{\partial^2 G}{\partial T\,\partial E_k}\right)_{\sigma,H} = \left(\frac{\partial P_k}{\partial T}\right)_{\sigma,H} = -\left(\frac{\partial^2 G}{\partial E_k\,\partial T}\right)_{\sigma,H} = \left(\frac{\partial S}{\partial E_k}\right)_{\sigma,H} = p_k^{\sigma,H},$$

$$\text{(f)}\quad -\left(\frac{\partial^2 G}{\partial T\,\partial H_l}\right)_{\sigma,E} = \left(\frac{\partial I_l}{\partial T}\right)_{\sigma,E} = -\left(\frac{\partial^2 G}{\partial H_l\,\partial T}\right)_{\sigma,E} = \left(\frac{\partial S}{\partial H_l}\right)_{\sigma,E} = m_l^{\sigma,E}$$

Dieselben Koeffizienten erscheinen für den

(a) direkten und reziproken piezoelektrischen Effekt,
(b) direkten und reziproken piezomagnetischen Effekt,
(c) direkten und inversen magnetoelektrischen Effekt,
(d) piezokalorischen Effekt und die thermische Expansion,
(e) pyroelektrischen und elektrokalorischen Effekt,
(f) pyromagnetischen und magnetokalorischen Effekt.

Die *Symmetriebeziehungen* für die *dielektrische Suszeptibilität* χ_{ij}, die *magnetische Suszeptibilität* ψ_{ij} und die Elastizitätskoeffizienten s_{ijkl} ergeben sich ebenfalls aus G:

$$-\left(\frac{\partial^2 G}{\partial E_k\,\partial E_j}\right)_{\sigma,H,T} = \frac{\partial P_j}{\partial E_k} = \varepsilon_0 \chi_{jk}^{\sigma,H,T} = -\left(\frac{\partial^2 G}{\partial E_j\,\partial E_k}\right)_{\sigma,H,T} = \frac{\partial P_k}{\partial E_j} = \varepsilon_0 \chi_{kj}^{\sigma,H,T},$$

$$-\left(\frac{\partial^2 G}{\partial H_k\,\partial H_j}\right)_{\sigma,E,T} = \frac{\partial I_j}{\partial H_k} = \mu_0 \psi_{jk}^{\sigma,E,T} = -\left(\frac{\partial^2 G}{\partial H_j\,\partial H_k}\right)_{\sigma,E,T} = \frac{\partial I_k}{\partial H_j} = \mu_0 \psi_{kj}^{\sigma,E,T},$$

$$-\left(\frac{\partial^2 G}{\partial \sigma_{kl}\,\partial \sigma_{ij}}\right)_{E,H,T} = \frac{\partial \varepsilon_{ij}}{\partial \sigma_{kl}} = s_{ijkl}^{E,H,T} = -\left(\frac{\partial^2 G}{\partial \sigma_{ij}\,\partial \sigma_{kl}}\right)_{E,H,T} = \frac{\partial \varepsilon_{kl}}{\partial \sigma_{ij}} = s_{klij}^{E,H,T}.$$

Letztere Bedingung bedeutet in Matrixschreibweise $s_{mn} = s_{nm}$.

$$
\begin{aligned}
\varepsilon_1 &= s_{11}\sigma_1 + s_{12}\sigma_2 + s_{13}\sigma_3 + s_{14}\sigma_4 + s_{15}\sigma_5 + s_{16}\sigma_6 + d_{11}E_1 + d_{21}E_2 + d_{31}E_3 + q_{11}H_1 + q_{21}H_2 + q_{31}H_3 + \alpha_1 \Delta T,\\
\varepsilon_2 &= s_{12}\sigma_1 + s_{22}\sigma_2 + s_{23}\sigma_3 + s_{24}\sigma_4 + s_{25}\sigma_5 + s_{26}\sigma_6 + d_{12}E_1 + d_{22}E_2 + d_{32}E_3 + q_{12}H_1 + q_{22}H_2 + q_{32}H_3 + \alpha_2 \Delta T,\\
\varepsilon_3 &= s_{13}\sigma_1 + s_{23}\sigma_2 + s_{33}\sigma_3 + s_{34}\sigma_4 + s_{35}\sigma_5 + s_{36}\sigma_6 + d_{13}E_1 + d_{23}E_2 + d_{33}E_3 + q_{13}H_1 + q_{23}H_2 + q_{33}H_3 + \alpha_3 \Delta T,\\
\varepsilon_4 &= s_{14}\sigma_1 + s_{24}\sigma_2 + s_{34}\sigma_3 + s_{44}\sigma_4 + s_{45}\sigma_5 + s_{46}\sigma_6 + d_{14}E_1 + d_{24}E_2 + d_{34}E_3 + q_{14}H_1 + q_{24}H_2 + q_{34}H_3 + \alpha_4 \Delta T,\\
\varepsilon_5 &= s_{15}\sigma_1 + s_{25}\sigma_2 + s_{35}\sigma_3 + s_{45}\sigma_4 + s_{55}\sigma_5 + s_{56}\sigma_6 + d_{15}E_1 + d_{25}E_2 + d_{35}E_3 + q_{15}H_1 + q_{25}H_2 + q_{35}H_3 + \alpha_5 \Delta T,\\
\varepsilon_6 &= s_{16}\sigma_1 + s_{26}\sigma_2 + s_{36}\sigma_3 + s_{46}\sigma_4 + s_{56}\sigma_5 + s_{66}\sigma_6 + d_{16}E_1 + d_{26}E_2 + d_{36}E_3 + q_{16}H_1 + q_{26}H_2 + q_{36}H_3 + \alpha_6 \Delta T,
\end{aligned}
$$

$$
\begin{aligned}
P_1 &= d_{11}\sigma_1 + d_{12}\sigma_2 + d_{13}\sigma_3 + d_{14}\sigma_4 + d_{15}\sigma_5 + d_{16}\sigma_6 + \varepsilon_0\chi_{11}E_1 + \varepsilon_0\chi_{12}E_2 + \varepsilon_0\chi_{13}E_3 + e_{11}H_1 + e_{21}H_2 + e_{31}H_3 + p_1 \Delta T,\\
P_2 &= d_{21}\sigma_1 + d_{22}\sigma_2 + d_{23}\sigma_3 + d_{24}\sigma_4 + d_{25}\sigma_5 + d_{26}\sigma_6 + \varepsilon_0\chi_{12}E_1 + \varepsilon_0\chi_{22}E_2 + \varepsilon_0\chi_{23}E_3 + e_{12}H_1 + e_{22}H_2 + e_{32}H_3 + p_2 \Delta T,\\
P_3 &= d_{31}\sigma_1 + d_{32}\sigma_2 + d_{33}\sigma_3 + d_{34}\sigma_4 + d_{35}\sigma_5 + d_{36}\sigma_6 + \varepsilon_0\chi_{13}E_1 + \varepsilon_0\chi_{23}E_2 + \varepsilon_0\chi_{33}E_3 + e_{13}H_1 + e_{23}H_2 + e_{33}H_3 + p_3 \Delta T,
\end{aligned}
$$

$$
\begin{aligned}
I_1 &= q_{11}\sigma_1 + q_{12}\sigma_2 + q_{13}\sigma_3 + q_{14}\sigma_4 + q_{15}\sigma_5 + q_{16}\sigma_6 + e_{11}E_1 + e_{12}E_2 + e_{13}E_3 + \mu_0\psi_{11}H_1 + \mu_0\psi_{12}H_2 + \mu_0\psi_{13}H_3 + m_1 \Delta T,\\
I_2 &= q_{21}\sigma_1 + q_{22}\sigma_2 + q_{23}\sigma_3 + q_{24}\sigma_4 + q_{25}\sigma_5 + q_{26}\sigma_6 + e_{21}E_1 + e_{22}E_2 + e_{23}E_3 + \mu_0\psi_{12}H_1 + \mu_0\psi_{22}H_2 + \mu_0\psi_{23}H_3 + m_2 \Delta T,\\
I_3 &= q_{31}\sigma_1 + q_{32}\sigma_2 + q_{33}\sigma_3 + q_{34}\sigma_4 + q_{35}\sigma_5 + q_{36}\sigma_6 + e_{31}E_1 + e_{32}E_2 + e_{33}E_3 + \mu_0\psi_{13}H_1 + \mu_0\psi_{23}H_2 + \mu_0\psi_{33}H_3 + m_3 \Delta T,
\end{aligned}
$$

$$
\Delta S = \alpha_1\sigma_1 + \alpha_2\sigma_2 + \alpha_3\sigma_3 + \alpha_4\sigma_4 + \alpha_5\sigma_5 + \alpha_6\sigma_6 + p_1E_1 + p_2E_2 + p_3E_3 + m_1H_1 + m_2H_2 + m_3H_3 + (C/T)\Delta T.
$$

Für die Effekte erster Ordnung erhalten wir durch Integration des Differentialgleichungssystems

$$
\begin{aligned}
\varepsilon_{ij} &= s_{ijkl}^{E,H,T}\,\sigma_{kl} + d_{kij}^{H,T}\,E_k + q_{lij}^{E,T}\,H_l + \alpha_{ij}^{E,H}\,\Delta T,\\
P_k &= d_{kij}^{H,T}\,\sigma_{ij} + \varepsilon_0\chi_{kl}^{\sigma,H,T}\,E_l + e_{lk}^{\sigma,T}\,H_l + p_k^{\sigma,H}\,\Delta T,\\
I_l &= q_{lij}^{E,T}\,\sigma_{ij} + e_{lk}^{\sigma,T}\,E_k + \mu_0\psi_{lm}^{\sigma,E,T}\,H_m + m_l^{\sigma,E}\,\Delta T,\\
\Delta S &= \alpha_{ij}^{E,H}\,\sigma_{ij} + p_k^{\sigma,H}\,E_k + m_l^{\sigma,E}\,H_l + C/T^{\sigma,E,H}\,\Delta T.
\end{aligned}
$$

Unter Benutzung der *Matrixschreibweise* erscheint dafür die Darstellung auf S. 102, die durch ein *symmetrisches Koeffizientenschema* ausgezeichnet ist. Dabei wurden folgende Zuordnungen vorgenommen:

$[\varepsilon_{ij}] \rightarrow (\varepsilon_m)$ nach Beziehung (14), S. 79,

$[\sigma_{ij}] \rightarrow (\sigma_n)$ und $[\alpha_{ij}] \rightarrow (\alpha_m)$ nach Beziehung (13), S. 79,

$[d_{ijk}] \rightarrow (d_{mn})$ und $[q_{ijk}] \rightarrow (q_{mn})$ nach Abschnitt 2.1.3.1., S. 79,

$[s_{ijkl}] \rightarrow (s_{mn})$ nach Abschnitt 2.1.4.1., S. 87.

Die Symmetrie der gesamten Koeffizientenmatrix, die die Beziehungen zwischen den statischen Kristalleigenschaften widerspiegelt, ist das Ergebnis thermodynamischer Betrachtungen. Ihre spezielle Form wird durch die Raum-Zeit-Symmetrie des betrachteten Kristalls bestimmt.

2.2.2. *Dynamische Kristalleigenschaften*

2.2.2.1. ONSAGER-*Prinzip und thermoelektrische Gleichungen*

Die *dynamischen Eigenschaften*, zu denen die elektrische und thermische Leitfähigkeit gehören, beschreiben *Transportprozesse*. Wie die *thermoelektrischen Effekte* zeigen, kommt es bei dem gleichzeitigen Auftreten thermischer und elektrischer Leitung zu einer Wechselwirkung beider Prozesse. Beispielsweise bewirkt ein Elektronenstrom in Richtung eines Temperaturgefälles eine zusätzliche Wärmeabfuhr. Atomistisch erklärt sich diese Wechselwirkung dadurch, daß der Elektrizitäts- und Wärmetransport in elektronischen Leitern durch die Leitungselektronen getragen wird.

Die Beziehungen zwischen den Transporteigenschaften ergeben sich über das ONSAGER-Prinzip[1]), das grundlegende Prinzip der Thermodynamik irreversibler Prozesse.

Zur Anwendung des ONSAGER-Prinzips knüpfen wir an die Beziehungen für die elektrische und thermische Stromdichte in einem *isotropen Material* an:

$$\mathfrak{j} = -\sigma\,\mathrm{grad}\,\varphi \qquad \text{und} \qquad \mathfrak{q} = -\lambda\,\mathrm{grad}\,T.$$

---

[1]) Zur Formulierung durch ONSAGER s. ONSAGER, L., Phys. Rev. **37** (1931) 405 und Phys. Rev. **38** (1931) 2265.

Jede dieser Beziehungen kann in der Form

$$\mathfrak{J} = L\,\mathfrak{X}$$

dargestellt werden, wobei der „Fluß“ $\mathfrak{J}$ ein elektrischer oder thermischer Strom und die „erzeugende Kraft“ $\mathfrak{X}$ ein elektrisches Potentialgefälle oder ein Temperaturgradient ist. Diese Beziehungen für die elektrische und thermische Leitung sind jedoch Spezialfälle eines allgemeinen Gleichungssystems, in dem als Ursache für den elektrischen und thermischen Fluß das elektrochemische Potentialgefälle und der Temperaturgradient gemeinsam auftreten:

$$\mathfrak{J}_1 = L_{11}\mathfrak{X}_1 + L_{12}\mathfrak{X}_2,$$
$$\mathfrak{J}_2 = L_{21}\mathfrak{X}_1 + L_{22}\mathfrak{X}_2.$$

In diesem linearen Ansatz ist $\mathfrak{J}_1$ der elektrische Fluß, $\mathfrak{J}_2$ der thermische Fluß, $\mathfrak{X}_1$ das elektrochemische Potentialgefälle, $\mathfrak{X}_2$ der Temperaturgradient und die L_{ij} sind entsprechende Konstanten. Das ONSAGER-Prinzip besagt dann, daß bei geeigneter Wahl der Flüsse $\mathfrak{J}_i$ und Kräfte $\mathfrak{X}_i$ die *Matrix der phänomenologischen Koeffizienten L_{ij} symmetrisch* ist:

$$L_{ij} = L_{ji}.$$

Und wenn die L_{ij} Funktionen des magnetischen Feldes $\mathfrak{H}$ sind, so gilt

$$L_{ij}(\mathfrak{H}) = L_{ji}(-\mathfrak{H}).$$

Die folgende Wahl der Flüsse $\mathfrak{J}_i$ und Kräfte $\mathfrak{X}_i$ ermöglicht die Anwendung des ONSAGER-Prinzips:

$$\mathfrak{j}^e = -\alpha \operatorname{grad} \bar{\mu} - \beta \frac{\operatorname{grad} T}{T},$$
$$\mathfrak{q} = -\beta \operatorname{grad} \bar{\mu} - \gamma \frac{\operatorname{grad} T}{T}.$$

In diesen thermoelektrischen Gleichungen bedeutet $\mathfrak{j}^e = -\mathfrak{j}/e$ die Elektronenstromdichte, $\mathfrak{q}$ die Wärmestromdichte, $\bar{\mu}$ das elektrochemische Potential, das sich aus dem temperaturabhängigen chemischen Anteil $\mu(T)$ und dem elektrischen Anteil $-e\varphi$ in der Form $\bar{\mu} = \mu - e\varphi$ zusammensetzt. Das ONSAGER-Prinzip ist in der Symmetrie der Koeffizientenmatrix

$$(L_{ij}) = \begin{pmatrix} -\alpha & -\beta \\ -\beta & -\gamma \end{pmatrix}$$

bereits berücksichtigt.

Das OHMsche Gesetz und die analoge Beziehung für die Wärmestromdichte gehen aus den thermoelektrischen Gleichungen durch Spezialisierung folgendermaßen hervor. Für konstante Temperatur ist grad $T = 0$ und grad $\mu(T) = 0$. Wir erhalten

$$\mathfrak{j}^e = -\mathfrak{j}/e = \alpha e \operatorname{grad} \varphi .$$

Der Vergleich mit $\mathfrak{j} = -\sigma \operatorname{grad} \varphi = -(1/\varrho) \operatorname{grad} \varphi$ führt auf

$$\sigma = 1/\varrho = \alpha e^2 .$$

Die Beziehung für die Wärmeleitung ergibt sich aus $\mathfrak{j}^e = 0$. Dazu eliminieren wir grad $\bar{\mu}$ aus der ersten thermoelektrischen Gleichung

$$\operatorname{grad} \bar{\mu} = -\frac{\mathfrak{j}^e}{\alpha} - \frac{\beta}{\alpha} \frac{\operatorname{grad} T}{T}$$

und setzen diesen Ausdruck in die zweite Beziehung ein:

$$\mathfrak{q} = \alpha^{-1} \beta\, \mathfrak{j}^e + \frac{\alpha^{-1}\beta^2 - \gamma}{T} \operatorname{grad} T .$$

Für $\mathfrak{j}^e = 0$ folgt

$$\mathfrak{q} = -\lambda \operatorname{grad} T \quad \text{mit} \quad \lambda = -\frac{\alpha^{-1}\beta^2 - \gamma}{T} .$$

Setzen wir weiterhin $\alpha^{-1} \beta T^{-1} = \Sigma$, so erhalten wir für grad $\bar{\mu}$ und $\mathfrak{q}$ die den thermoelektrischen Gleichungen äquivalenten Beziehungen mit ϱ, λ und Σ:

$$\operatorname{grad} \bar{\mu} = -e^2 \varrho\, \mathfrak{j}^e - \Sigma \operatorname{grad} T ,$$

$$\mathfrak{q} = T \Sigma\, \mathfrak{j}^e - \lambda \operatorname{grad} T .$$

Bei der Verallgemeinerung der thermoelektrischen Gleichungen auf *anisotrope Körper* werden die Konstanten α, β und γ durch Tensoren 2-ter Stufe ersetzt:

$$j_i^e = -\alpha_{ik} \frac{\partial \bar{\mu}}{\partial x_k} - \beta_{ik} \frac{1}{T} \frac{\partial T}{\partial x_k} ,$$

$$q_i = -\beta_{ki} \frac{\partial \bar{\mu}}{\partial x_k} - \gamma_{ik} \frac{1}{T} \frac{\partial T}{\partial x_k}$$

mit

$$\alpha_{ik} - \alpha_{ki} \quad \text{und} \quad \gamma_{ik} = \gamma_{ki} .$$

Das ONSAGER-Prinzip verlangt die Symmetrie der vollständigen Koeffizientenmatrix, was mit $\alpha_{ik} = \alpha_{ki}$, $\gamma_{ik} = \gamma_{ki}$, β_{ik} vor $\frac{1}{T}\frac{\partial T}{\partial x_k}$ und β_{ki} vor $\frac{\partial \bar{\mu}}{\partial x_k}$ zum Ausdruck gebracht wird.

Die Beziehungen für grad $\bar{\mu}$ und $\mathfrak{q}$ lauten für den anisotropen Körper:

$$\frac{\partial \bar{\mu}}{\partial x_i} = -e^2 \varrho_{ik} j_k^e - \Sigma_{ik} \frac{\partial T}{\partial x_k},$$

$$q_i = T \Sigma_{ki} j_k^e - \lambda_{ik} \frac{\partial T}{\partial x_k},$$

wobei

$$\varrho_{ik} = \frac{1}{e^2} \alpha_{ik}^{-1}, \quad \Sigma_{ik} = \frac{1}{T} (\alpha_{ij}^{-1} \beta_{jk}) \quad \text{und} \quad \lambda_{ik} = -\frac{1}{T} (\beta_{ji} \alpha_{jl}^{-1} \beta_{lk} - \gamma_{ik})$$

ist.

Aus der Beziehung

$$\sigma_{ij} = \varrho_{ij}^{-1} = e^2 \alpha_{ij} \quad \text{mit} \quad \alpha_{ij} = \alpha_{ji}$$

folgt die Symmetrie des Leitfähigkeitstensors $[\sigma_{ij}]$ und Widerstandstensors $[\varrho_{ij}]$. Aus der Symmetrie von $[\gamma_{ik}]$ und $[\alpha_{ik}]$ folgt die Symmetrie von $[\lambda_{ik}]$:

$$\lambda_{ik} = -\frac{1}{T} (\beta_{ji} \alpha_{jl}^{-1} \beta_{lk} - \gamma_{ik}) = -\frac{1}{T} (\beta_{lk} \alpha_{jl}^{-1} \beta_{ji} - \gamma_{ik})$$

$$= -\frac{1}{T} (\beta_{lk} \alpha_{lj}^{-1} \beta_{ji} - \gamma_{ki}) = \lambda_{ki}.$$

Der Tensor $[\Sigma_{ik}]$ ist im allgemeinen nicht symmetrisch.

2.2.2.2. Die Thermokraft

In diesem Abschnitt wird die Bedeutung von Σ bzw. $[\Sigma_{ik}]$ untersucht. Wie wir sehen werden, charakterisiert Σ/e bzw. $[\Sigma_{ik}]/e$ die absolute Thermokraft eines Leiters. Dazu gehen wir von der Beziehung

$$\text{grad}\, \bar{\mu} = \text{grad}\, (\mu - e\varphi) = -e^2 \varrho \mathfrak{j}^e - \Sigma \,\text{grad}\, T$$

aus und bestimmen die thermoelektrische Kraft des Thermoelementpaares nach Abb. 20. Die Anordnung in Abb. 20 zeigt zwei metallische Leiter *a* und *b*, deren Verbindungsstellen sich auf unterschiedlicher Temperatur befinden, und einen Kondensator *C*, der den Leiter *a* unterbricht.

Im stationären Gleichgewicht ist $\mathfrak{j}^e = 0$ und für grad $\bar{\mu}$ erscheint

$$\operatorname{grad}(\mu - e\varphi) = -\Sigma \operatorname{grad} T.$$

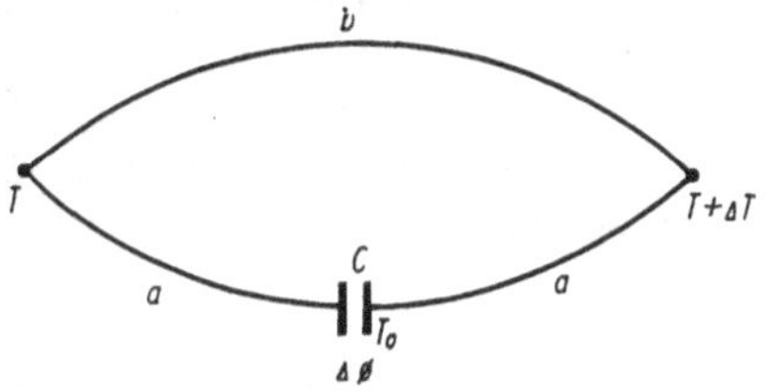

Abb. 20. Thermoelementanordnung zur Bestimmung der Thermokraft

Die Integration von der einen Kondensatorplatte bis zur anderen liefert:

$$\Delta\bar{\mu} = \Delta\mu - e\,\Delta\varphi = -\left(\int_{T_0}^{T} \Sigma^a\, dT + \int_{T}^{T+\Delta T} \Sigma^b\, dT + \int_{T+\Delta T}^{T_0} \Sigma^a\, dT\right)$$

$$= -\int_{T}^{T+\Delta T} (\Sigma^b - \Sigma^a)\, dT = -(\Sigma^b - \Sigma^a)\,\Delta T.$$

$\Delta\mu$ ist Null, da beide Kondensatorplatten die gleiche Temperatur haben. Für die thermoelektrische Kraft des Leiterpaares *ab* erhalten wir somit:

$$\frac{\Delta\varphi}{\Delta T} = -(\Sigma^a - \Sigma^b)/e.$$

$-\Sigma^a/e$ und $-\Sigma^b/e$ werden als die absoluten thermoelektrischen Kräfte der Metalle *a* und *b* bezeichnet, ihre Differenz liefert die Thermokraft des Leiterpaares *ab*.

Für einen anisotropen Körper ist

$$\frac{\partial\bar{\mu}}{\partial x_i} = -e^2 \varrho_{ik}\, j_k^e - \Sigma_{ik} \frac{\partial T}{\partial x_k}.$$

Für $\mathfrak{j}^e = 0$ erscheint

$$\frac{\partial\bar{\mu}}{\partial x_i} = -\Sigma_{ik} \frac{\partial T}{\partial x_k},$$

d. h., grad $\bar{\mu}$ ist im allgemeinen nicht mehr parallel zu grad *T*.

Abschließend soll noch die Form des polaren Tensors $[\Sigma_{ik}]$ für das kubische System und die hexagonale Kristallklasse $6/mmm$ angegeben werden:

$$\text{kubisch} \qquad\qquad 6/mmm$$

$$\begin{bmatrix} \Sigma_{11} & 0 & 0 \\ 0 & \Sigma_{11} & 0 \\ 0 & 0 & \Sigma_{11} \end{bmatrix}, \quad \begin{bmatrix} \Sigma_{11} & 0 & 0 \\ 0 & \Sigma_{11} & 0 \\ 0 & 0 & \Sigma_{33} \end{bmatrix}.$$

Die phänomenologische Beschreibung der PELTIER- und THOMSON-*Wärme* kann ebenfalls den thermoelektrischen Gleichungen entnommen werden.[1])

2.2.2.3. HALL-*Effekt und magnetische Widerstandsänderung*

Der Einfluß eines Magnetfeldes äußert sich in der Abhängigkeit der Koeffizientenmatrix von $\mathfrak{H}$, die Form der thermoelektrischen Gleichungen bleibt erhalten. Nach dem ONSAGER-Prinzip gilt

$$\alpha_{ik}(\mathfrak{H}) = \alpha_{ki}(-\mathfrak{H}),$$

$$\gamma_{ik}(\mathfrak{H}) = \gamma_{ki}(-\mathfrak{H}),$$

und vor $\dfrac{\partial T}{\partial x_k}$ erscheint $\beta_{ik}(\mathfrak{H})$, während $\beta_{ki}(-\mathfrak{H})$ vor $\dfrac{\partial \bar{\mu}}{\partial x_k}$ steht. Mit den Relationen des Abschnittes 2.2.2.1. folgt daraus

$$\sigma_{ik}(\mathfrak{H}) = \sigma_{ki}(-\mathfrak{H}) \quad \text{bzw.} \quad \varrho_{ik}(\mathfrak{H}) = \varrho_{ki}(-\mathfrak{H})$$

und $$\lambda_{ik}(\mathfrak{H}) = \lambda_{ki}(-\mathfrak{H}).$$

Wir wollen den Einfluß eines Magnetfeldes $\mathfrak{H}$ auf die elektrische Leitung diskutieren. Für $T = \text{const}$ ist $\operatorname{grad} T = 0$ und $\operatorname{grad} \mu(T) = 0$. Es gilt

$$-\frac{\partial \varphi}{\partial x_i} = E_i = \varrho_{ik}\, j_k.$$

Den Tensor $[\varrho_{ik}]$ zerlegen wir in einen symmetrischen Tensor $[s_{ik}]$ und antisymmetrischen Tensor $[a_{ik}]$ (s. Abschnitt 2.1.2.7.).

$$\varrho_{ik}(\mathfrak{H}) = s_{ik}(\mathfrak{H}) + a_{ik}(\mathfrak{H}).$$

---

[1]) Eine Diskussion dieser Effekte für anisotrope Körper findet man bei NYE, J. F., Physical Properties of Crystals, Oxford 1957.

Entsprechend dieser Zerlegung gilt

$$s_{ik}(\mathfrak{H}) = s_{ki}(\mathfrak{H}) \quad \text{und} \quad a_{ik}(\mathfrak{H}) = -a_{ki}(\mathfrak{H}).$$

Aus $\varrho_{ki}(\mathfrak{H}) = \varrho_{ik}(-\mathfrak{H})$ folgt daraus

$$s_{ik}(\mathfrak{H}) = s_{ki}(\mathfrak{H}) = s_{ik}(-\mathfrak{H}) \quad \text{und} \quad a_{ik}(\mathfrak{H}) = -a_{ki}(\mathfrak{H}) = -a_{ik}(-\mathfrak{H}).$$

Die s_{ik} sind also gerade Funktionen und die a_{ik} ungerade Funktionen von $\mathfrak{H}$.

Die Komponente $a_{ik}j_k$ in

$$E_i = \varrho_{ik}j_k = s_{ik}j_k + a_{ik}j_k$$

kann auch in anderer Form dargestellt werden. Bilden wir mit den drei unabhängigen Komponenten a_{12}, a_{23}, a_{31} des antisymmetrischen Tensors

$$[a_{ik}] = \begin{bmatrix} 0 & a_{12} & -a_{31} \\ -a_{12} & 0 & a_{23} \\ a_{31} & -a_{23} & 0 \end{bmatrix}$$

einen axialen Vektor

$$\mathfrak{a} = [a_{23}, a_{31}, a_{12}],$$

so gilt

$$a_{ik}j_k = [\mathfrak{j} \times \mathfrak{a}]_i,$$

wobei $[\mathfrak{j} \times \mathfrak{a}]_i$ die i-te Komponente des Vektorproduktes $[\mathfrak{j} \times \mathfrak{a}]$ ist.[1]) Damit erhalten wir

$$E_i = \varrho_{ik}j_k = s_{ik}j_k + [\mathfrak{j} \times \mathfrak{a}]_i.$$

Entwickeln wir ϱ_{ik} in einer Potenzreihe nach $\mathfrak{H}$, so enthält $\mathfrak{a}(\mathfrak{H})$ als ungerade Funktion von $\mathfrak{H}$ nur ungerade Potenzen von $\mathfrak{H}$, während $s_{ik}(\mathfrak{H})$ als gerade Funktion von $\mathfrak{H}$ nur gerade Potenzen von $\mathfrak{H}$ besitzt. Begnügen wir uns für $\mathfrak{a}(\mathfrak{H})$ mit dem linearen Term in $\mathfrak{H}$, so erscheint

$$a_i = \eta_{ik} H_k.$$

$\mathfrak{a}$ und $\mathfrak{H}$ sind axiale Vektoren, so daß $[\eta_{ik}]$ ein polarer Tensor ist.

Der erste Term der Reihenentwicklung von $s_{ik}(\mathfrak{H})$ ist der Widerstand ϱ_{ik}^0 in Abwesenheit eines Magnetfeldes. Der folgende Term ist quadratisch in $\mathfrak{H}$:

$$s_{ik} = \varrho_{ik}^0 + \eta_{iklm} H_l H_m.$$

---

[1]) Das Vektorprodukt eines polaren und axialen Vektors ergibt einen polaren Vektor.

$[\eta_{iklm}]$ ist ein polarer Tensor, da $[s_{ik}]$ und $[H_l H_m]$ polare Tensoren sind. Entsprechend der Symmetrie von $[s_{ik}]$ und $[H_l H_m]$ ist $[\eta_{iklm}]$ symmetrisch in ik und lm. Wir erhalten für $\mathfrak{E}$

$$E_i = \varrho_{ik}^0 j_k + [\mathfrak{j} \times \mathfrak{a}]_i + (\eta_{iklm} H_l H_m) j_k .$$

Der Haupteffekt oder lineare Effekt des magnetischen Feldes wird durch $[\mathfrak{j} \times \mathfrak{a}]$ beschrieben und charakterisiert ein elektrisches Feld senkrecht zur Stromdichte $\mathfrak{j}$, das proportional zur magnetischen Feldstärke $\mathfrak{H}$ ist. Diese Erscheinung wird als HALL-*Effekt* bezeichnet. Der dem Quadrat der magnetischen Feldstärke proportionale Teil $\eta_{iklm} H_l H_m$ wird *magnetische Widerstandsänderung* genannt.

Für einen isotropen Körper läßt sich der Einfluß eines Magnetfeldes auf das OHMsche Gesetz in einer einfachen Beziehung ausdrücken. Beachtet man, daß als Vektoren, die linear in $\mathfrak{j}$ und quadratisch in $\mathfrak{H}$ sind, nur $(\mathfrak{j}\mathfrak{H})\mathfrak{H}$ und $\mathfrak{H}^2\mathfrak{j}$ aus $\mathfrak{H}$ und $\mathfrak{j}$ gebildet werden können, so erhält man als Beziehung zwischen $\mathfrak{E}$ und $\mathfrak{j}$:

$$\mathfrak{E} = \varrho^0 \mathfrak{j} + \eta_1 \mathfrak{H} \times \mathfrak{j} + \eta_2 H^2 \mathfrak{j} + \eta_3 (\mathfrak{j}\mathfrak{H})\mathfrak{H},$$

wobei ϱ^0, η_1, η_2 und η_3 Materialkonstanten sind.

Der HALL-Effekt $\eta_1 \mathfrak{H} \times \mathfrak{j}$ bewirkt ein elektrisches Feld senkrecht zu $\mathfrak{j}$ und $\mathfrak{H}$. Das durch die magnetische Widerstandsänderung $\eta_2 H^2 \mathfrak{j} + \eta_3 (\mathfrak{j}\mathfrak{H})\mathfrak{H}$ hervorgerufene Feld liegt in der Ebene von $\mathfrak{j}$ und $\mathfrak{H}$.

Eine Diskussion dieser Effekte für die nichtmagnetischen Kristallklassen sei dem interessierten Leser überlassen. Für die magnetischen Kristallklassen ist eine modifizierte Betrachtung erforderlich.[1])

---

[1]) KLEINER, W. H., Phys. Rev. **142** (1966) 318.

III. Gitterphysikalische Eigenschaften

Von WILL KLEBER

1. Die kristallchemischen Bindungszustände

Die physikalischen Eigenschaften der Kristalle werden nicht allein durch ihren strukturellen (geometrischen) Aufbau bestimmt, sondern sehr wesentlich auch durch die Art ihrer Bausteine und die Bindung zwischen ihnen. Es ist verständlich, daß die *Anisotropie* des Kristallverhaltens von der Struktur her determiniert wird, da das reell homogene Diskontinuum implizite den anisotropen Charakter enthält.

Die besondere Schwierigkeit der quantitativen Erfassung von Bindungszuständen liegt in der Vielfalt der Übergangsmöglichkeiten begründet. Man kann Grenztypen der chemischen Bindung unterscheiden, z. B. Elektrovalenz- oder Ionenbindung, Kovalenzbindung, metallische Bindung. Diese Klassifikation hat sich jedoch als ausgesprochen formal erwiesen, und in Wirklichkeit können die meisten, in Kristallen herrschenden Bindungen nicht einem einzigen dieser Typen zugeordnet werden. Im allgemeinen existieren dagegen Übergänge oder Mischungen zwischen den Grenztypen. Diese Übergänge bzw. Mischungen von Typen werden durch die Vorstellung der *Resonanz* oder *Mesomerie* verständlich. Der reelle Bindungszustand wird nicht etwa durch den einen oder anderen Bindungstyp dargestellt, sondern nur durch mehrere Typen zugleich und entspricht so einer Kombination von Bindungs„strukturen". Es besteht eine *Resonanzbindung* zwischen den möglichen Grenzzuständen. Ein sehr instruktives Beispiel für eine Resonanzbindung stellt Benzol dar, das analoge Sechserringe aufbaut, wie sie auch bei Graphit vorkommen. Benzol kann nach den beiden KEKULÉ-Strukturen (Abb. 21, die zwei ersten Figuren von links nach rechts) formuliert werden. Beide Strukturen sind energetisch völlig gleich. Ebenfalls gleichwertig sind die Strukturen nach DEWAR (Abb. 21, drei Figuren rechts), die jedoch im Vergleich zur KEKULÉ-Formulierung einen etwas höheren Energiegehalt be-

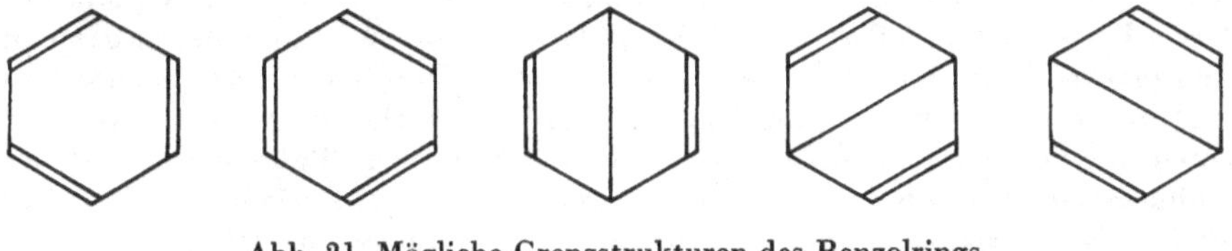

Abb. 21. Mögliche Grenzstrukturen des Benzolrings

sitzen. Der wirkliche Zustand des Benzol-Moleküls entspricht einer *Mischung* zwischen den Grenzstrukturen von Kekulé und Dewar, die stabiler ist als eine der Grenzstrukturen. Der Benzol-Ring ist also nicht aus alternierenden Einzel- und Doppelbindungen aufgebaut, sondern aus sechs gleichwertigen Bindungen. Genau wie im Graphit müssen die Kohlenstoffatome die Ecken eines regulären Sechsecks besetzen. Diese Tatsache konnte u. a. auch durch röntgenographische Untersuchungen an kristallisiertem Benzol bestätigt werden.

Während beispielsweise beim NaCl die Vorstellung von elektropositiv und -negativ geladenen Ionen (Na^+, Cl^-) weitgehend durch experimentelle Hinweise belegt wird, trifft dies für die isotype Kristallart MgO nicht mehr zu. Offenbar liegen beim MgO geringere Ladungen vor, als es dem Aufbau von Mg^{2+}- und O^{2-}-Ionen entsprechen würde. Das idealisierte *Ionenstruktur-Modell* beschreibt demnach lediglich einen meist nicht erreichten Grenzfall. Jedoch kann nicht bezweifelt werden, daß dieses Modell in praktischer Hinsicht eine wichtige Rolle spielt, so daß es notwendig wird, die elektrovalente (heteropolare) Bindung eingehender zu betrachten. Der Aufbau der Ionen gründet sich auf die Stabilität voll besetzter, abgeschlossener Elektronenschalen (*Orbitale*). Beispielsweise besitzt das neutrale Na-Atom die Konfiguration $1s^2\,2s^2\,2p^6\,3s$. Da die M-Schale des Atoms inkomplett bleibt, ist es ausgesprochen instabil. Dagegen erhält das Atom bei Abgabe eines Elektrons die Konfiguration $1s^2\,2s^2\,2p^6$, die dem Neon entspricht. Da die äußeren Orbitale nun abgeschlossen sind, resultiert ein Minimum für die Wechselwirkung der Elektronen benachbarter Atome. Lediglich auf Grund der vorhandenen elektrostatischen Ladungen ergeben sich Coulombsche Anziehungskräfte zwischen benachbarten und verschiedenartig geladenen Ionen. Beim Cl liegt folgende Elektronenanordnung vor: $1s^2\,2s^2\,sp^6\,3s^2\,3p^5$. Wird ein Elektron aufgenommen, so bildet sich die stabile Argon-Konfiguration $1s^2\,2s^2\,2p^6\,3s^2\,3p^6$. Es darf aber nicht übersehen werden, daß eine Wechselwirkung bei Ionen mit edelgasartigen Konfigurationen — auch wenn solche Wirkungen klein bleiben — existiert und die Elektronendichte-Verteilungen benachbarter Ionen beeinflußt. Man kann von polarisierenden Wirkungen der Kationen und von einer Polarisierbarkeit der Anionen sprechen. In beiden Fällen liegen bereits Übergangserscheinungen zur kovalenten Bindung vor.

Besonders starke Polarisationseffekte sind festzustellen, wenn kleine Kationen mit hohen Ladungen und relativ große Anionen beim Aufbau der Kristallstruktur beteiligt sind. Die polarisierende Wirkung der Kationen nimmt innerhalb derselben Reihe des Periodensystems von links nach rechts und in jeder Gruppe mit zunehmender Ordnungszahl ab. So hat z. B. Be^{2+} einen stärker polarisierenden Charakter als Mg^{2+}. Die Polarisierbarkeit der Anionen ist ebenfalls eine Funktion ihrer Stellung im Periodensystem: Das F^--Ion ist weniger polarisierbar als das J^--Ion oder das O^{2-}-Ion weniger als das S^{2-}- bzw. Te^{2-}-Ion. Die Polarisationseffekte sind schließlich von der

Struktur der Elektronenhülle abhängig. So reigen z. B. Kationen mit Edelgascharakter im allgemeinen eine geringere polarisierende Wirkung als Ionen ohne Edelgasähnlichkeit: Zn^{2+} polarisiert ein benachbartes Anion intensiver als etwa Mg^{2+}.

Wichtig bei der Frage der Ionenbindung in Kristallen sind die Energiebilanzen, die zur Bildung positiver oder negativer Ionen führen. Man bezeichnet diejenige Energie, die zur Bildung eines Kations aus dem entsprechenden freien Atom aufgewendet werden muß, als *Ionisierungsarbeit* J_M (vgl. Tabelle 10).

Tabelle 10. Ionisierungsarbeiten für einige Elemente in kcal/Grammatom

H^+ 311	Li^+ 123,8	Na^+ 118,0	K^+ 99,7	Rb^+ 95,9	Cs^+ 89,4
	Be^{2+} 594,5	Mg^{2+} 520,8	Ca^{2+} 412,9	Sr^{2+} 383,7	Ba^{2+} 348,9
	B^{3+} 1648	Al^{3+} 1223	Sc^{3+} 1019	Y^{3+} 907	La^{3+} 831
	Cu^+ 177,4	Ag^+ 174			
	Cu^{2+} 642			Zn^{2+} 313	Cd^{2+} 297

Ferner nennt man Elektronenaffinität diejenige Arbeit (in kcal/Grammatom), die bei der Bildung eines Anions aus dem entsprechenden freien Atom gewonnen wird. In Tabelle 11 sind Werte für die Elektronenaffinitäten einiger Elemente zusammengestellt.

Tabelle 11. Elektronenaffinitäten für einige Elemente in kcal/Grammatom

H^- +32,2	F^- + 81,7	Cl^- +92,5	Br^- + 87,1	J^- +79,2
	O^- + 29,1	S^- etwa +40		
	O^{2-} −166	S^{2-} −79,4		

Der Energiegewinn bei der Bildung von Anionen ist vorwiegend als Kopplungsenergie der Elektronenspins zu verstehen. Es ist zu beachten, daß für O^{2-} und für S^{2-} die Elektronenaffinitäten negativ werden. Daß hier Energie aufgewendet werden muß, ist damit zu erklären, daß bei Annäherung des zweiten Elektrons zum bereits vorliegenden negativen Ion Abstoßungskräfte überwunden werden müssen, welche den durch Spinkopplung erzeugten Energiegewinn überkompensieren. Bei der Bildung einer Ionenbindung aus zwei freien Atomen wird im allgemeinen die Ionisierungsarbeit nur zu einem Teil von der Elektronenaffinität gedeckt.

Wenn ein Ionenpaar zusammengefügt wird, so ergibt sich dabei ein Gesamtgewinn an elektrostatischer Energie. Beim Aufbau einer Kristallstruktur mit dem Charakter eines Ionenmodells, wobei nächste Nachbarn stets Ionen mit entgegengesetzter Ladung darstellen, wird ein relativ hoher Energiegewinn erzielt. Diejenige Energie, die beim Aufbau einer Kristallstruktur aus einzelnen Ionen gewonnen wird, heißt Gitterenergie. Sie ist gleich der Arbeit, die notwendig ist, um eine Kristallstruktur in die einzelnen (freien) Ionen zu zerlegen. Die Gitterenergie kann aus dem BORN-HABERschen Kreisprozeß bestimmt werden. Es sei [MX] die kristallisierte Verbindung eines Metalls M und eines Nichtmetalls X. Bei Aufwendung der Gitterenergie U_{MX} wird der Kristall in die Ionen M^+ und X^- zerlegt. Aus den Ionen werden sodann die (neutralen) Atome gebildet, wobei die Ionisierungsarbeit J_M gewonnen wird und die Elektronenaffinität E_X aufzuwenden ist. Unter Gewinnung der Sublimationswärme S_M wird aus dem Atomgas M kristallisiertes [M]. Dann werden die X-Atome zu X_2-Molekülen vereinigt, wobei die Dissoziationswärme D_X frei wird. Endlich wird aus dem Metall [M] unter Reaktion mit dem gasförmigen X_2 wieder der Kristall [MX] hergestellt. Dabei wird die Bildungswärme Q_{MX} frei. Aus dem Kreisprozeß folgt die Beziehung

$$U_{MX} = Q_{MX} + J_M + S_M + D_X - E_X.$$

Die Verbindung MX ist stabil, wenn die Bildungswärme Q_{MX} positiv ist oder der Energieverbrauch durch die Ionisierung $(J_M - E_X)$, durch die Sublimation und durch die Dissoziation kompensiert wird. Bei Kenntnis von E_X ist die Ermittlung der Gitterenergie aus dem Kreisprozeß leicht möglich. Die Elektronenaffinität kann nur geschätzt oder in der Atomtheorie in grober Näherung berechnet werden. Die Beträge von Q_{MX} und S_M sind durch thermochemische Untersuchungen zu ermitteln. Die Dissoziationsenergie ist aus der Zustandsgleichung der Gase bei hohen Temperaturen und aus den Molekülspektren zu bestimmen. Die Ionisierungsarbeit J_M ist aus den Atomspektren abzuleiten. Soll die Bildungswärme positiv bleiben, so darf J_M nicht zu groß werden, was bei Atomen mit einzelnen Elektronen außerhalb abgeschlossener Konfigurationen gegeben ist.

Unter Voraussetzung des Ionenmodells kann die Gitterenergie berechnet werden. Das COULOMBsche Potential zweier Ionen mit den Ladungen $+z \cdot e$ und $-z \cdot e$, deren Mittelpunkte sich im Abstand r befinden, beträgt $\frac{-z^2 \cdot e^2}{r}$. Dabei bedeuten e die Elementarladung und z die Ladungszahl. Sind die Ionenradien der Ionen von M^{+z} und X^{-z} gleich r_M und r_X, so gilt das COULOMB-Potential nur für die Bedingung $r \geqq r_M + r_X$. Die Gitterenergie ergibt sich dann als Summe der Potentiale zwischen allen Paaren von Ionen. Für eine Kette von N alternierend geladenen Ionen im gleichen Abstand r ergibt sich das Potential

$$-N \cdot \frac{z^2 \cdot e^2}{r}\left(1 - \frac{1}{2} + \frac{1}{3} \pm \dots\right) = -N \cdot \ln 2 \cdot \frac{z^2 \cdot e^2}{r}.$$

Um die Gitterenergie für eine Verbindung MX mit NaCl-Struktur zu erhalten, müssen hierzu noch die Potentiale weiterer, benachbarter Ketten addiert werden. Die Potentiale dieser Ketten können durch HANKELsche Zylinderfunktionen ausgedrückt werden (MADELUNG 1918). Insgesamt ergibt sich für die Gitterenergie einer binären Verbindung

$$-U = N \cdot \alpha \cdot \frac{z^2 \cdot e^2}{r}.$$

α ist für den Strukturtyp verantwortlich und wird MADELUNGsche Konstante genannt. Bei dem hier verwendeten Ansatz für das Potential ist vereinfachend angenommen worden, daß nicht $r < r_M + r_X$ sein kann. Die Wechselwirkung der Elektronenschalen benachbarter Ionen kann dadurch berücksichtigt werden, daß man einen zusätzlichen Term annimmt, der mit der Entfernung r der Ionen rasch abnimmt. Der einfachste Ansatz hierzu ist b/r^n mit $n \gg 1$. Die potentielle Energie zweiter Ionen ist dann

$$\pm \frac{z^2 \cdot e^2}{r} + \frac{b}{r^n},$$

wobei das negative Vorzeichen beim COULOMB-Potential für die Anziehung, das positive Vorzeichen für die Abstoßung zu setzen ist. Für die Gitterenergie eines binären Kristalls ergibt sich dann

$$-U = N \cdot \left(\frac{\alpha \cdot z^2 \cdot e^2}{r} - \frac{B}{r^n}\right).$$

Im Falle des Gleichgewichts muß die erste Ableitung des Potentials nach dem kürzesten Abstand r verschwinden, und es wird

$$-\frac{dU}{dr} = N \cdot \left(-\frac{\alpha \cdot z^2 \cdot e^2}{r^2} + \frac{n \cdot B}{r^{n+1}}\right) = 0.$$

Hieraus ist

$$B = \frac{\alpha \cdot z^2 \cdot e^2}{n} \cdot r^{n-1}$$

und schließlich

$$-U = N \cdot \frac{\alpha \cdot z^2 \cdot e^2}{r}\left(1 - \frac{1}{n}\right).$$

Man kann diesen Ausdruck bei kubischen Kristallen auch auf die Gitterkonstante a beziehen und schreiben

$$-U = N \cdot \frac{\alpha' \cdot z^2 \cdot e^2}{a}\left(1 - \frac{1}{n}\right). \qquad (1)$$

Für großes n wird demnach das Abstoßungsglied für die Gitterenergie ohne Bedeutung. Einen Anhaltspunkt für die Größe des Abstoßungsexponents erhalten wir durch die Kompressibilität. Wir betrachten eine kubische Struktur mit der Gitterkonstanten a. Die Gesamtzahl der Elementarzellen des ganzen Kristalls sei N. Damit ergibt sich für das Volumen des ganzen Kristalls

$$V_0 = N \cdot a^3.$$

Wirkt ein äußerer Druck p auf den Kristall ein, so wird die Gitterkonstante um den Betrag $\varepsilon \cdot a$ vermindert ($\varepsilon < 1$). Das Volumen beträgt jetzt

$$V = N \cdot a^3 (1 - \varepsilon)^3 = N \cdot a \cdot (1 - 3\varepsilon + \cdots).$$

Die Kompressibilität $\varkappa$ ist als relative Volumänderung pro Druckeinheit gegeben. Es gilt also

$$\varkappa = \frac{3\varepsilon}{p}.$$

Wenn das Kristallgitter unter der Einwirkung eines äußeren Druckes steht, wird bei Änderung der Größe ε um $\delta\varepsilon$ eine Arbeit geleistet. Diese beträgt: $-p \cdot \delta V$. Wegen $V = N \cdot a \cdot (1 - 3\varepsilon)$ ist

$$-p\delta V = +3N \cdot a \cdot p \cdot \delta\varepsilon.$$

Die Gitterenergie des deformierten Gitters ergibt sich nach (1) zu

$$-\overline{U} = N \cdot \frac{\alpha' \cdot z^2 \cdot e^2}{a} \left\{\frac{1}{1-\varepsilon} - \frac{1}{n(1-\varepsilon)^n}\right\}.$$

Durch Entwicklung in eine binomische Reihe nach ε geht diese Beziehung bei Vernachlässigung der Glieder von höherer als zweiter Ordnung in folgende Gleichung über:

$$-\overline{U} = N \cdot \frac{\alpha' \cdot z^2 \cdot e^2}{a} \left(1 - \frac{1}{n}\right) - N \cdot \frac{\alpha' \cdot z^2 \cdot e^2}{a} \cdot \frac{n-1}{2} \varepsilon^2.$$

Ändert sich nun ε um $\delta\varepsilon$, so muß sich auch die Energie $\overline{U}$ ändern, und es ist

$$\delta\overline{U} = N \cdot \frac{\alpha' \cdot z^2 \cdot e^2}{a} (n-1)\, \varepsilon \cdot \delta\varepsilon.$$

Nun muß gelten

$$\delta\overline{U} = -p\delta V.$$

Hieraus wird

$$\varepsilon = \frac{3a^4 p}{\alpha' z^2 \cdot e^2 (n-1)}.$$

Wegen $\varkappa = \frac{3\varepsilon}{p}$ ist

$$\varkappa = \frac{9a^4}{\alpha' \cdot z^2 \cdot e^2 (n-1)}.$$

Und schließlich wird

$$n = 1 + \frac{9}{\alpha' \cdot z^2 \cdot e^2} \cdot \frac{a^4}{\varkappa}.$$

Es ergibt sich beispielsweise für NaCl $n = 9{,}1$, für CaF_2 $n = 7$ und für ZnS $n = 5$.

In Tabelle 12 sind MADELUNG-Konstanten für einige Ionenstrukturen zusammengestellt (nach BORN und HUANG 1954). Bei kubischen Strukturen sind noch die Werte α' angegeben, die sich auf die Gitterkonstante beziehen. Es ist

$$\frac{\alpha \cdot z^2 \cdot e^2}{r} = \frac{\alpha' \cdot z^2 \cdot e^2}{a}.$$

Tabelle 12

CsCl	NaCl	ZnS (Zinkblende)	ZnS (Wurtzit)	CaF_2 (Fluorit)	TiO_2 (Rutil)	Cu_2O (Cuprit)	Korund (α-Al_2O_3)
1,7627	1,7476	1,6381	1,639	5,0387	4,82	4,1155	25,0312
2,0354	3,4951	3,7829	—	11,6365	—	9,5044	—

Die elektrostatische (theoretische) Gitterenergie wird selbstverständlich modifiziert, wenn sich der Bindungszustand verändert. Das tritt sicher bereits dann ein, wenn etwa die Ionenbestände im Zusammenhang mit der Koordinationszahl eine Änderung erfahren. Es gilt allgemein die Regel, daß mit Zunahme der Koordinationszahl die Ionenabstände in den Kristallstrukturen vergrößert werden. Beispielsweise sind die Ionenabstände in Kristallen mit CsCl-Typ um etwa 2 bis 3% größer als in den entsprechend zusammengesetzten Kristallen vom NaCl-Typ. Im NH_4Cl mit NaCl-Struktur und [6]-Koordination ist der Abstand NH_4—Cl gleich 3,27 Å, im NH_4Cl mit CsCl-Struktur und [8]-Koordination dagegen 3,35 Å. Diese Änderungen des Bindungszustandes kommen zunächst als Ionenpolarisation zum Ausdruck. In einem homogenen elektrischen Feld $\mathfrak{E}$ erhält ein Ion mit der Polarisierbarkeit 2 ein elektrisches Moment (Dipol) $\mathfrak{p}$. Es ist

$$\mathfrak{p} = \alpha \cdot \mathfrak{E}.$$

Nach LORENTZ-LORENZ kann die Polarisation aus der Molrefraktion berechnet werden, und es gilt

$$\alpha = \frac{3}{4 \cdot \pi \cdot N} \cdot \left\{ \frac{n^2 - 1}{n^2 + 2} \cdot V \right\}.$$

Dabei ist N die LOSCHMIDTsche Zahl, n der Brechungsindex und V das Molvolumen.

Bei gleicher Elektronenhülle nimmt die Refraktion mit zunehmender Ladung des Kerns ab (z. B. in der Reihe O^{2-}, F^-, Ne, Na^+, Mg^{2+}). Innerhalb der gleichen Spalte des Periodensystems (z. B. F^-, Cl^-, Br^-, J^-) nehmen die Refraktionen zu. Die Polarisierbarkeit eines Anions ist also im allgemeinen um so größer, je größer seine Elektronenhülle ist. Die polarisierende Wirkung eines Kations ist verständlicherweise um so intensiver, je kleiner sein Radius (Elektronenhülle) und je größer seine positive Ladung ist.

Bei der Berechnung der Gitterenergie muß die Polarisationsenergie berücksichtigt werden. Der absolute Betrag der Gitterenergie wird durch den Polarisationseffekt vergrößert. Bei der Abtrennung von polarisierten Ionen aus dem Gitterverband muß außer dem COULOMBschen Potential noch die *Polarisationsenergie* aufgewendet werden, die sich aus der Vergrößerung der potentiellen Energie bei der Entfernung der polarisierten Elektronenhülle aus dem Bereich des Nachbarions ergibt.

Die Polarisation stellt bereits eine Übergangserscheinung zur kovalenten Bindung dar. Bei der Kovalenzbindung (unpolare, homöopolare Bindung) sind die Elektronensysteme der benachbarten Atome nicht mehr (wie bei der elektrovalenten Bindung) völlig getrennt, vielmehr gehören Elektronen beiden Systemen an (z. B. H_2-Molekül). Beim Methan-Molekül werden die 4 Valenzelektronen des Kohlenstoffs mit je einem Elektron der 4 Wasserstoffatome zu einem *Oktett* komplettiert:

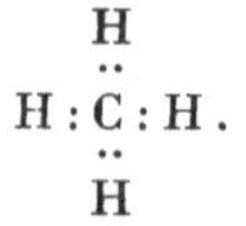

In folgender Weise werden Doppel- und Dreifach-Bindungen möglich:

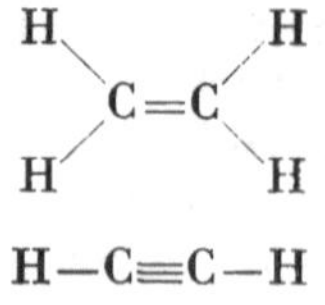

oder

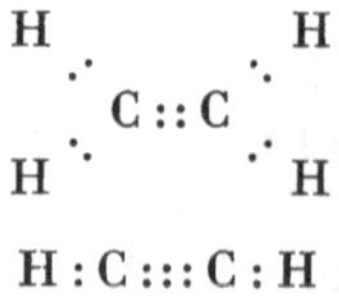

Die Elektronen-Struktur eines Atoms bzw. eines Moleküls (oder allgemeiner eines Systems) ist durch die Wellenfunktion ψ gegeben. Die Wellenfunktionen, deren Quadrate die Elektronendichte-Verteilungen darstellen, sind durch Symmetrieeigenschaften charakterisiert. Für ein *s*-Elektron eines *freien* Atoms besitzt sie Kugelsymmetrie. Dagegen sind die drei *p*-Elektronen ($p_x p_y p_z$) in den drei orthogonalen Koordinatenachsen des Raumes orientiert. Mit Hilfe von *s*-Elektronen (*s*-Orbitale) können daher nach allen Richtungen Bindungen angeknüpft werden. Für *p*-Elektronen (*p*-Orbitale) ist dies aber nur in drei senkrecht aufeinderstehenden Richtungen möglich. Wenn zwei *s*-Elektronen eine Bindung herstellen (σ-Bindung), so ergibt sich eine

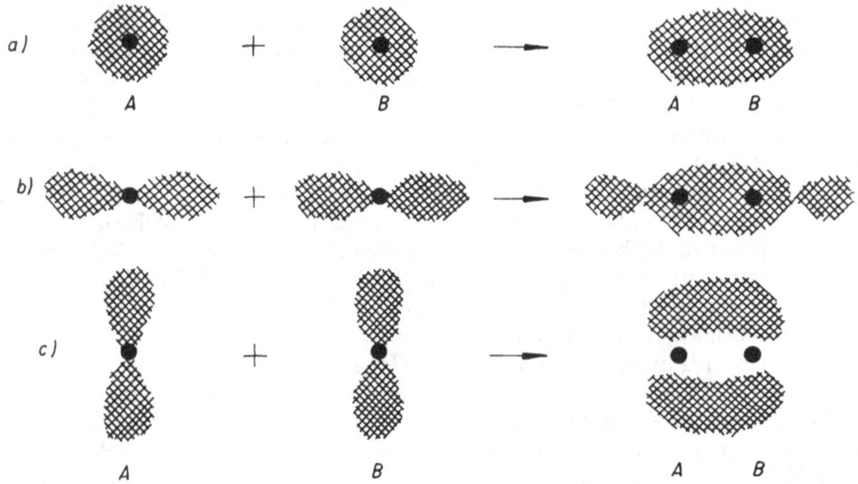

Abb. 22. Bildung von σ- bzw. π-Bindungen. a) $\sigma(s)$, b) $\sigma(p)$, c) $\pi(p)$

Elektronendichte-Verteilung mit axialer Symmetrie, wobei die Verbindungslinie zwischen den beiden Atomkernen die Achse bildet (Abb. 22). Ebenfalls eine σ-Bindung mit axialer Symmetrie liegt vor, wenn zwei *p*-Elektronen mit entgegengesetzten Spins sich überlagern. Sind jedoch die Achsen der beiden *p*-Elektronenwolken parallel zueinander und senkrecht zur Verbindungsachse der beiden Kerne orientiert, so entsteht eine π-Bindung, die nicht axial-symmetrisch ist und deren ψ^2 auf der Verbindungslinie der Kerne ein Minimum aufweist. Nach Linus Pauling können die *p*-Orbitale den Orbital eines Bindungspartners intensiver überlappen als der *s*-Orbital der gleichen Schale. Deshalb sind Bindungen mit *p*-Elektronen allgemein stärker als Bindungen mit *s*-Orbitalen der gleichen Schale. Die *s*—*s*-Bindung ist die schwächste, die *s*—*p*-Bindung ist um den Faktor $\sqrt{3}$ und eine *p*—*p*-Bindung um den Faktor 3 größer als die *s*—*s*-Bindung. Die *p*-Bindungen werden bevorzugt senkrecht aufeinander stehen.

Eine spezielle Schwierigkeit bietet das Kohlenstoffatom, das im Grundzustand die Konfiguration $1s^2\, 2s^2\, 2p^2$ aufweist. Demnach wäre anzunehmen, daß Kohlenstoff zweiwertig ist. Da aber das C-Atom vierwertige Bindungen anknüpft, ist zu vermuten, daß sich das Atom in einem angeregten Zustand befindet. Dabei besetzt eines der beiden $2s$-Elektronen das dritte $2p$-Niveau, so daß die Konfiguration $1s^2\, 2s\, 2p^3$ (oder $1s^2\, 2s\, 2p_x\, 2p_y\, 2p_z$) mit 4 Bindungselektronen mit ungepaarten Spins entsteht. Es müßten dann drei Bindungen mit den p-Orbitalen gebildet werden, die senkrecht aufeinander stehen. Die vierte, schwächere Bindung wird durch das $2s$-Elektron hergestellt und kann jede Richtung einnehmen. Die quantenmechanische Behandlung des Problems hat jedoch ergeben, daß die vier Bindungen des Kohlenstoffs gleichartig und nach den vier Ecken eines regulären Tetraeders orientiert sind. Diese Art der Bindung des C-Atoms wird durch die Struktur des Diamanten bestätigt. Die Bindungsenergie ist dabei nicht dann am größten, wenn die reinen s- und p-Wellenfunktionen in Rechnung gestellt werden. Dagegen wird die Bindungsintensität größer — im Vergleich zur Bindung mit s- oder p-Orbitalen allein —, wenn man Linearkombinationen von s- und p-Wellenfunktionen zugrunde legt. Bei der $2s\, 2p^3$-Kombination entstehen auf diese Weise vier neue, miteinander völlig gleiche Wellenfunktionen, wobei die Bindungsrichtungen Winkel von $109°28'$ bilden, d. h. in die Ecken eines Tetraeders gerichtet sind. Die Erscheinung wird als *Hybridisierung* bezeichnet. Insbesondere handelt es sich beim Kohlenstoff — etwa in der Diamantstruktur — um eine sp^3-Hybridbildung.

Es existieren weitere Möglichkeiten der Hybridisierung. Beim Boratom beispielsweise, das im Grundzustand eine $2s^2\, 2p$-Konfiguration aufweist, liegt eine sp^2-Hybridisierung vor, wobei die Bindungen vom Mittelpunkt zu den Ecken eines gleichseitigen Dreiecks gerichtet sind. In der Kristallchemie des Bors ist die [3]-Koordination des Boratoms durchaus geläufig. Eine sp-Hybridisierung wird möglich, wenn im Grundzustand eine s^2-Konfiguration vorliegt. Die beiden Bindungsrichtungen bilden dann einen Winkel von 180°, wie das z. B. in der $HgCl_2$-Struktur mit linear gebauten Cl—Hg—Cl-Molekülen der Fall ist. Eine [6]-Koordination (Oktaeder) kann beispielsweise durch eine sp^3d^2-Hybridisierung und eine [8]-Koordination (Würfel) durch eine sp^3d^4-Hybridisierung entstehen.

Es ist eine generelle Erscheinung, daß im allgemeinen keine „reinen" Bindungstypen vorliegen, vielmehr kommt es zur *Resonanz* von Bindungen. Sind z. B. ψ_1 und ψ_3 die normalisierten Wellenfunktionen für den reinen kovalenten und den reinen elektrovalenten Bindungszustand, so ergibt sich als vollständige Wellenfunktion für den Resonanzzustand die Beziehung

$$\psi = \psi_1 + \lambda \psi_2 .$$

Dabei ist λ eine Konstante, die den Grad der Asymmetrie der Ladungsverteilung zwischen den benachbarten Partnern A und X festlegt. Der wirkliche Bindungszustand im Kristall AX liegt zwischen den Zuständen A^+X^- und A:X, die den reinen elektrovalenten und den reinen kovalenten Zustand kennzeichnen. Der elektrovalente Anteil von AX in % des gesamten Bindungszustandes wird durch den Ausdruck $100\lambda^2/(1+\lambda^2)$ dargestellt.

Eine Abschätzung der Bindungsanteile ergibt sich nach PAULING näherungsweise auf folgendem Wege: Für die kovalente Bindungsenergie D(A:X) kann das arithmetische Mittel aus D(A:A) und D(X:X) angesetzt werden. Die wirkliche Bindungsenergie D(AX) wird — wegen des elektrovalenten Bindungsanteils — mindestens so groß sein wie das arithmetische Mittel aus den Bindungsenergien von A:A und X:X.

Deshalb gibt die Differenz

$$\Delta = D(AX) - 1/2\,\{D(A\!:\!A) + D(X\!:\!X)\}$$

den Anteil an elektrovalenter Bindung wieder. Da mitunter negative Δ-Werte auftreten, wird in solchen Fällen das geometrische Mittel angenommen:

$$\Delta = D(AX) - \{D(A\!:\!A)\cdot D(X\!:\!X)\}^{1/2}.$$

Diese Differenz hängt von den sog. *Elektronegativitäten* der einzelnen Atome ab (vgl. Tabelle 13).

Tabelle 13. Elektronegativitäten der Atome (nach PAULING)

Li	Be	B											C	N	O	F
1,0	1,5	2,0											2,5	3,0	3,5	4,0
Na	Mg	Al											Si	P	S	Cl
0,9	1,2	1,5											1,8	2,1	2,5	3,0
K	Ca	Sc	Ti	V	Cr	Mn	Fe	Co	Ni	Cu	Zn	Ga	Ge	As	Se	Br
0,8	1,0	1,3	1,5	1,6	1,6	1,5	1,8	1,8	1,8	1,9	1,6	1,6	1,8	2,0	2,4	2,8
Rb	Sr	Y	Zr	Nb	Mo	Tc	Ru	Rh	Pd	Ag	Cd	In	Sn	Sb	Te	J
0,8	1,0	1,2	1,4	1,6	1,8	1,9	2,2	2,2	2,2	1,9	1,7	1,7	1,8	1,9	2,1	2,5
Cs	Ba	La—Lu	Hf	Ta	W	Re	Os	Ir	Pt	Au	Hg	Tl	Pb	Bi	Po	At
0,7	0,9	1,1—1,2	1,3	1,5	1,7	1,9	2,2	2,2	2,2	2,4	1,9	1,8	1,8	1,9	2,0	2,2
Fr	Ra	Ac	Th	Pa	U	Np—No										
0,7	0,9	1,1	1,3	1,5	1,7	1,3										

Aus den Elektronegativitäten errechnet sich der elektrovalente Bindungsteil Q aus folgender Beziehung:

$$Q = 1 - \exp\{-1/4\,(x_A - x_X)^2\}.$$

Dabei bedeuten x_A bzw. x_X die Elektronegativitäten der Atome A bzw. X.

Aus Tabelle 14 kann Q in Abhängigkeit von $|x_A - x_X|$ ermittelt werden.

Tabelle 14. Differenz der Elektronegativitäten und elektrovalenter Bindungsteil (nach PAULING)

$\|x_A - x_X\|$	Q in %	$\|x_A - x_X\|$	Q in %
0,2	1	1,8	55
0,4	4	2,0	63
0,6	9	2,2	70
0,8	15	2,4	76
1,0	22	2,6	82
1,2	30	2,8	86
1,4	39	3,0	89
1,6	47	3,2	92

Für die Reihe NaF, NaCl, NaBr und NaJ ergeben sich ionogene Bindungsanteile von 90, 67, 59 bzw. 39%.

Der Begriff der Resonanz ist besonders instruktiv bei der Graphitstruktur zu erläutern. Dort ist jedes C-Atom von drei Nachbarn im Abstand von 1,420 Å umgeben. Dabei kommt zunächst eine sp^2-Hybridisierung zustande. Das dritte p-Elektron der Kohlenstofforbitale stellt eine π-Bindung her und bildet zusammen mit der hybridisierten Bindung eine C=C-Doppelbindung pro Kohlenstoffatom. Diese Doppelbindung ist nun nicht lokalisiert, sondern verteilt sich in gleicher Weise auf die drei Bindungen des Kohlenstoffatoms (Einfach-Doppelbindung-Resonanz). Deshalb besitzen die drei Kohlenstoffabstände den gleichen Wert, der zwischen dem Wert 1,544 Å für die Einfachbindung (in der Diamantstruktur) und dem Wert 1,334 Å für die C=C-Bindung liegt.

Neben der elektrovalenten und kovalenten Bindung existiert die metallische Bindung. Eine Theorie der metallischen Bindung hat in erster Linie zwei wesentliche Eigenschaften der Metalle zu erklären: Die Metalle sind Leiter der Elektrizität. Das bedeutet, daß sich die Elektronen relativ frei im Metallgitter bewegen können. Die Metalle zeichnen sich im allgemeinen durch hohe Packungsdichten, d. h. durch hohe Koordinationszahlen ([12] bzw. [14]), und durch einen hohen Symmetriegrad (hexagonal oder kubisch) aus. Die Bindungen in solchen Gittern können nicht in der Art lokalisiert sein, wie es etwa bei der kovalenten Bindung der Fall ist. Beispielsweise steht einem Li-Atom im metallischen Lithium jeweils nur ein 2s-Elektron zur Herstellung der Bindungen mit seinen 14 Nachbarn (kubisch raumzentriertes Gitter!) zur Verfügung. Das den Atomrümpfen gemeinsame Elektronengas mit 1 Elektron pro Atom ist über das gesamte Gitter ausgebreitet. Deshalb ist die reine metallische Bindung sehr viel schwächer als die kovalente. Dies folgt bereits aus einem Vergleich der Atomabstände, die beim Li_2-Molekül 2,67 Å und im Li-Metall 3,03 Å betragen.

Die *s*-Valenzelektronen in einem Alkalimetall werden beträchtlich mit allen 14 Nachbarn überlappen und auf diese Weise zur elektronischen Leitung führen. Diese *Leitungs-Orbitale* sind vollständig delokalisiert (*Bloch-Orbitale*). Sind die Atomabstände sehr groß, so besetzen die zum Atomsystem gehörenden Elektronen bestimmte, diskrete Energieniveaus (Energieterme). Sind die Atome jedoch in einen Gitterverband eingebaut, so werden unter Berücksichtigung der Wellennatur der Elektronen und des periodischen (elektrischen) Feldes des Kristallgitters die Energieterme aufgespalten. Durch die Wechselwirkung aller am Gitteraufbau beteiligten N Atome entstehen jeweils aus einem diskreten Energieniveau $2N$ Terme. Wegen ihrer großen Zahl liegen diese Terme so dicht beieinander, daß praktisch eine kontinuierliche Reihe von erlaubten Energiezuständen entsteht. Diese Zustände ordnen sich zu mehr oder weniger breiten Bändern. Das Energiespektrum der Elektronen eines Kristallgitters besteht demnach aus einer Folge von *erlaubten* und *verbotenen* Energiezonen oder Energiebändern (Bändermodell). Die Elektronen in einem Gitter können stets nur Energiewerte einnehmen, die in die erlaubten Energiebänder gehören, in einem störungsfreien Gitter niemals aber Werte in den verbotenen Zonen.

Nun darf ein definierter Quantenzustand immer nur von einem Elektron besetzt werden (PAULI-Prinzip), d. h., ein erlaubtes Energieband kann höchstens von $2N$ Elektronen *besetzt* werden. Sind für ein Gitter sämtliche Energiebänder voll besetzt oder leer, dann ist keine elektronische Leitfähigkeit möglich, denn beim Anlegen eines äußeren elektrischen Feldes müßten Elektronen beschleunigt werden, d. h. einen Energiezuwachs erfahren. Wegen des PAULI-Prinzips ist diese Möglichkeit ausgeschlossen, denn alle Energieterme im erlaubten Band sollen ja nach Voraussetzung besetzt sein. Sind jedoch Bänder vorhanden, die nicht vollständig besetzt sind, dann wird elektrische Leitung möglich (metallischer Leiter). Leitung wird auch dann resultieren, wenn sich das höchste besetzte Band mit dem darüber liegenden, leeren Band überlappt. Dieses Überlappen wird um so wahrscheinlicher sein, je dichter die Bänder von vornherein zusammenliegen. Dies wird aber bei Elementen mit höherer Ordnungszahl eher zutreffen als bei Elementen mit kleinerer Ordnungszahl.

Sind die verbotenen Zonen relativ schmal, so können sie von Elektronen übersprungen werden, wenn hinreichend Energie (z. B. als thermische Energie) zugeführt wird. Es liegen dann *Hochtemperatur-Halbleiter* vor.

Als Restkräfte zwischen elektrostatisch neutralen Atomen oder Molekülen wirken die VAN DER WAALSschen Kräfte (Bindungen). Sie stellen Wechselwirkungen zwischen Partikeln dar, die keine anziehenden Kräfte (im Sinne der Kovalenz oder der Elektrovalenz) aufeinander ausüben. Liegen zunächst einmal Moleküle vor, die permanente Dipolmomente besitzen, so werden diese durch Richtkräfte orientiert werden und sich gegenseitig anziehen. Man nennt solche Kräfte *Dipol-Dipol-* oder DEBYE-KEESOM-Kräfte. Aber auch ein Molekül, das kein permanentes Dipolmoment aufweist, kann durch einen Dipol angezogen werden, da er in dem Molekül infolge seiner Polarisierbarkeit ein Dipolmoment induziert. Durch die Wechselwirkung zwischen induzierendem Dipol und dem induzierten Molekül wird eine zwischenmolekulare Bindung durch Induktionskräfte hergestellt. Schließlich sind anziehende Kräfte zwischen Molekülen möglich, die keine Dipolmomente aufweisen. Nähern sich zwei Moleküle, die als elektrische Oszillatoren aufgefaßt werden können, so kommt es zu einer *Verstimmung* der Schwingungsfrequenzen, wodurch auch wiederum anziehende Kraftwirkungen entstehen (*Dispersionskräfte*). Die VAN DER WAALSsche Bindung ist im Vergleich zur kovalenten und elektrovalenten Bindung schwach. Sie nimmt mit d^{-6} ab, wenn d der kürzeste Abstand zwischen benachbarten Molekülen bedeutet. Die Trennungsarbeit für eine kovalente oder elektrovalente Bindung beträgt größenordnungsmäßig 100 kcal/mol, während sie für eine VAN DER WAALSsche Bindung nur etwa 1 kcal/mol erreicht. Daher sind Kristalle, die ausschließlich durch VAN DER WAALSsche Kräfte zusammengehalten werden (z. B. *Molekülkristalle*) im allgemeinen weich, schmelzen bei relativ niedrigen Temperaturen und sind vielfach leicht flüchtig und gut in nicht-polaren Lösungsmitteln löslich. Außerdem bleiben verständlicherweise bei solchen Kristallen die typischen Moleküleigenschaften (Absorptionsspektren, magnetische Suszeptibilität usw.) beim Übergang vom kristallisierten in einen dispersen Zustand erhalten.

Von ähnlicher Größenordnung wie die VAN DER WAALSsche Bindung ist die Wasserstoffbindung ($\approx$ 5 kcal/mol). Sie stellt zwar keinen besonderen Bindungstyp dar, spielt aber in der Chemie eine wichtige Rolle. Da ein Wasserstoffatom nur ein s-Elektron besitzt, könnte es an und für sich nur eine kovalente Bindung herstellen. Die Erfahrung zeigt jedoch, daß durch ein Wasserstoffatom zwei Atome miteinander verknüpft werden können. Da das freie Proton sehr klein ist, übt es eine stark polarisierende Wirkung auf Nachbaratome aus, und seine Koordinationszahl ist zwei. Bei der Eis(I)-Struktur sind die Sauerstoffatome wie in einer Wurtzitstruktur angeordnet, wenn man dort die beiden verschiedenen Atomsorten als gleichartig annimmt. Jedes Sauerstoffatom hat 4 Nachbarn (tetraedrisch) im Abstand von 2,76 Å. Die Protonen liegen nun jeweils zwischen zwei Sauerstoffatomen — wie sich jedoch gezeigt hat, nicht in der Mitte zwischen beiden. Es entsteht eine unsymmetrische O—H ... O-Bindung.

2. Das Potential des Gitters und die elastischen Eigenschaften

Das mechanische Verhalten eines Kristalls wird grundsätzlich durch sein Potential U beschrieben, das eine Funktion der Schwerpunktskoordinaten der Gitterbausteine darstellt. Es ist nicht ohne weiteres selbstverständlich, daß eine solche potentielle Energie überhaupt existiert. Man kann aber zeigen, wie mit Hilfe quantenmechanischer Grundlagen die potentielle Energie des Gitters definiert werden kann. Man kann näherungsweise annehmen, daß U die Energie der Elektronenkonfiguration der Gitteratome im Grundzustand ist (*adiabatische Näherung*). Es ist ohne weiteres einleuchtend, daß durch das Gitterpotential die Struktur des Kristalls bestimmt wird. Das Gitter muß in einem gegebenen Fall stabil sein, und deshalb ist es eine notwendige Bedingung, daß hierfür die potentielle Energie im Gleichgewichtszustand ein relatives Minimum erreicht. Das Minimum braucht nicht unbedingt absolut zu sein, da Keimbildungsprozesse zum Aufbau von Strukturen führen können, die energetisch weniger begünstigt sind (z. B. OSTWALDsche Stufenregel). In jedem Falle sind die Atomkoordinaten durch ein Minimum der potentiellen Energie festgelegt, so daß damit im Gleichgewicht die Struktur und ihre Metrik bestimmt ist. Man darf weiter voraussetzen, daß bei den meisten mechanischen Vorgängen — insbesondere aber bei der Elastizität — die gegenseitige Verschiebung benachbarter Atome im Vergleich zu den kürzesten Atomabständen klein sein wird. Deshalb wird es möglich, das Potential U nach Potenzen der Verschiebungen der Atome aus der Gleichgewichtslage zu entwickeln und die Reihe mit höheren Potenzen abzubrechen. Somit kann man schreiben:

$$U = U_0 + U_1 + U_2 + \cdots.$$

Das konstante Glied dieser Entwicklung U_0 stellt die Gleichgewichtsenergie des Gitters dar, während U_1 verschwindet, da um die Gleichgewichtslage entwickelt wurde. Da bei kleinen Verschiebungen die höheren Glieder vernachlässigt werden können, bleibt das Glied U_2, das die Verschiebungen im Quadrat enthält. Es liefert für die mechanischen Eigenschaften den entscheidenden Beitrag zum Potential.

Für die folgende Betrachtung setzen wir ein einfach kubisches Gitter mit nur einer Atomart voraus. Außerdem soll nur die Wechselwirkung zwischen den nächstbenachbarten Atomen berücksichtigt werden. Sind die Verschiebungen u, v, w längs der kristallographischen Achsen klein in bezug auf die Gitterkonstante, dann kann die Verschiebungsenergie für zwei benachbarte Atome 1 und 2 in folgender Weise ausgedrückt werden:

$$\frac{\alpha}{2}(u_2 - u_1)^2 + \frac{\beta}{2}[(v_2 - v_1)^2 + (w_2 - w_1)^2].$$

Dabei ist vorausgesetzt, daß die beiden Atome ursprünglich auf der x-Achse angeordnet sind. Werden Zentralkräfte vorausgesetzt, so gilt $\beta = 0$.

Für das oben vorausgesetzte einfach kubische Gitter und die genannten Bedingungen gilt für die potentielle Energie

$$\begin{aligned} U = U_0 + \frac{\alpha}{2}\sum_{lmn} [(u_{l+1,m,n} - u_{l,m,n})^2 + (v_{l,m+1,n} - v_{l,m,n})^2 \\ + (w_{l,m,n+1} - w_{l,m,n})^2] + \frac{\beta}{2}\sum_{lmn} [(v_{l+1,m,n} - v_{l,m,n})^2 \\ + (v_{l,m,n+1} - v_{l,m,n})^2 + \cdots \\ + (u_{l,m,n+1} - u_{l,m,n})^2]. \end{aligned}$$

Wir denken uns dabei das Zentralatom mit seinen sechs Nachbarn in den drei Koordinatenachsen $x(l \pm 1)$, $y(m \pm 1)$ und $z(n \pm 1)$ durch Stäbe verbunden. Jedes dieser Stabpaare kann in der Längsrichtung entweder eine Dehnung oder Verkürzung erfahren. Dieser Deformation entsprechen die drei ersten Summanden mit dem Koeffizienten $\alpha/2$. Außerdem können die Stabpaare in zwei senkrecht aufeinander stehenden Richtungen verschoben werden (= sechs Summanden mit dem Koeffizienten $\beta/2$). Gemischte Glieder (z. B. $u\,v$) kommen wegen der Symmetrie des einfach kubischen Gitters nicht vor, wenn nur die Wechselwirkung unmittelbar benachbarter Atome berücksichtigt werden soll.

Für homogene Deformationen können wir schreiben:

$$\begin{aligned} u &= \varepsilon_{11}x + s_{12}y + s_{13}z, \\ v &= \varepsilon_{21}x + \varepsilon_{22}y + \varepsilon_{23}z, \\ w &= \varepsilon_{31}x + \varepsilon_{32}y + \varepsilon_{33}z, \end{aligned}$$

wobei $\varepsilon_{ij} = \varepsilon_{ji}$ gilt. Die ε_{11}, ε_{22}, ε_{33} sind Dehnungsgrößen in den drei kristallographischen Achsen, die Größen ε_{12} usw. Größen für die scherende Deformation. Danach wird

$$U = U_0 + N \cdot \frac{\alpha}{2} \cdot r_0(\varepsilon_{11}^2 + \varepsilon_{22}^2 + \varepsilon_{33}^2) + N \cdot \beta \cdot r_0^2(\varepsilon_{23}^2 + \varepsilon_{31}^2 + \varepsilon_{12}^2).$$

Dabei bedeuten N die Gesamtzahl der Atome im Gitter und r_0 der kürzeste Atomabstand. Die Komponenten der Spannungen ergeben sich, wenn das Potential nach den Verzerrungskomponenten ε_{11}, ε_{22} usw. differenziert wird. Da $N \cdot r_0^3$ das Gesamtvolumen des Gitters ist, erhält man

$$\sigma_{11} = \frac{1}{N \cdot r_0^3} \cdot \frac{\partial U}{\partial \varepsilon_{11}} = \frac{\alpha}{r_0} \varepsilon_{11}; \quad \sigma_{22} = \frac{\alpha}{r_0} \varepsilon_{22}; \quad \sigma_{33} = \frac{\alpha}{r_0} \varepsilon_{33},$$

$$\sigma_{12} = \sigma_{21} = \frac{1}{2N \cdot r_0^3} \cdot \frac{\partial U}{\partial \varepsilon_{12}} = \frac{\beta}{r_0} \varepsilon_{12}; \quad \sigma_{23} = \frac{\beta}{r_0} \varepsilon_{23}; \quad \sigma_{31} = \frac{\beta}{r_0} \varepsilon_{31}.$$

Daraus folgt für die Elastizitätsmoduln

$$c_{11} = \alpha/r_0; \qquad c_{12} = 0; \qquad c_{44} = \beta/r_0.$$

Berücksichtigt man die Einwirkungen von weiter als nächst entfernten Atomen, so ergeben sich für die Spannungsgrößen kompliziertere Ausdrücke:

$$\sigma_{11} = c_{11} \cdot \varepsilon_{11} + c_{12}(\varepsilon_{22} + \varepsilon_{33}),$$

$$\sigma_{12} = c_{44} \cdot \varepsilon_{12}.$$

In der Beziehung für die Verzerrungsenergie erscheinen jetzt neben den Koeffizienten α und β, welche die Wechselwirkung nächster Nachbarn betreffen, noch zusätzliche Terme γ, δ, $\varkappa$, die bei Berücksichtigung der Wechselwirkung zwischen zweitnächst benachbarten Atomen auftreten. Für Zentralkräfte wird $\beta = \delta = 0$ und $\gamma = \varkappa$ und für die Elastizitätsmoduln

$$c_{11} = (\alpha + 4\gamma)/r_0,$$

$$c_{12} = c_{44} = 2\gamma/r_0.$$

Die Zahl der elastischen Konstanten c_{ik} — im allgemeinen sind es 21 — kann durch die sog. CAUCHY-Relationen eingeschränkt werden. Es ergeben sich für sie insgesamt 6 Gleichungen. Durch sie wird die Zahl der Konstanten c_{ik} auf 15 herabgesetzt. Die Bedingungen für die Gültigkeit der CAUCHY-Relationen sind:

1. Ausschließliche Berücksichtigung der elastischen Energie U.
2. Die Kräfte zwischen den Atomen sind Zentralkräfte.
3. Jedes Atom besetzt die Lage eines Inversionszentrums.

Die Bedingung 1 ist dann wenigstens näherungsweise erfüllt, wenn die thermischen Schwingungen so klein sind, daß die Berücksichtigung der harmonischen Näherung U_2 genügt. Wenn jedoch die anharmonischen Glieder stärker ins Gewicht fallen, so ergeben sich auch dann Diskrepanzen zu den CAUCHY-Relationen, wenn die übrigen beiden Bedingungen erfüllt sind. Daß die Bedingung 2 meist nicht gegeben ist, hängt damit zusammen, daß im allgemeinen ein größerer Anteil von Mehrkörperkräften an der Bindung anteilig ist. Das macht sich insbesondere bei den Metallen bemerkbar. Aber auch schon die klassische Berücksichtigung der Polarisationserscheinungen in Ionenstrukturen führt zu Mehrkörperkräften. Man sieht also, daß die CAUCHY-Relationen im allgemeinen nicht oder nur näherungsweise gelten können. Diskrepanzen werden immer auf die Existenz anharmonischer Schwingungen und von Mehrkörperkräften hinweisen.

Für Verbindungen vom NaCl-Typ sind die CAUCHY-Relationen befriedigend erfüllt. Zum Beispiel ist für NaCl $c_{12} = 1{,}37 \cdot 10^{11}$ dyn/cm^2 und $c_{66} = 1{,}28 \cdot 10^{11}$ dyn/cm^2; für NaBr gilt $c_{12} = 1{,}31 \cdot 10^{11}$ dyn/cm^2 und $c_{66} = 1{,}33 \cdot 10^{11}$ dyn/cm^2. Für die Fluoritstruktur können aus gittertheoretischen Gründen (Bedingung 3) die CAUCHY-Relationen nicht gelten, da die Schwerpunkte der Fluor-Ionen kein Symmetriezentrum darstellen (tetraedrische Koordination!). Es ist $c_{12} = 4{,}48 \cdot 10^{11}$ dyn/cm^2 und $c_{66} = 3{,}38 \cdot 10^{11}$ dyn/cm^2. Bei den kubisch flächenzentrierten Metallen (z. B. Kupfer) gelten die CAUCHY-Relationen erfahrungsgemäß nicht. So gilt z. B. für Kupfer $c_{12} = 1{,}23 \cdot 10^{11}$ dyn/cm^2 und $c_{66} = 7{,}52 \cdot 10^{11}$ dyn/cm^2.

Von S. HAUSSÜHL wurden u. a. folgende Regeln über die Abhängigkeit des elastischen Verhaltens von den Gitterdimensionen und den Eigenschaften der Bausteine auf Grund experimenteller Untersuchungen an isotypen Reihen abgeleitet:

1. Die reziproke Kompressibilität K^{-1}, die ein Maß für die mittlere elastische Festigkeit darstellt, sinkt mit zunehmendem Molvolumen V bei reinen Ionenkristallen ab. Es gilt

$$K^{-1} = Q \cdot N \cdot (ze)^2 \cdot \alpha \cdot V^{-4/3}.$$

Darin sind Q ein Faktor, der nicht explizit von den Gitterdimensionen abhängt, N die LOSCHMIDTsche Zahl, z die Ionenwertigkeit, e die Elementarladung und α die MADELUNGsche Konstante. Der Faktor Q berücksichtigt vor allem zusätzliche Beiträge zur Bindungsfestigkeit, die vom COULOMBschen Ansatz mit einheitlichem BORNschen Abstoßungsexponenten für das Gitterpotential nicht erfaßt werden. Q steigt in isotypen Reihen mit zunehmender Polarisierbarkeit schwach an.

2. Mit wachsenden Gitterkonstanten a_i nehmen die entsprechenden elastischen Konstanten c_{ii} ab, so daß stets $\Delta c_{ii}/\Delta a_i < 0$. Wenn man Kristalle mit nicht-edelgasähnlichen Kationen außer Betracht läßt, ist für die übrigen elastischen Konstanten mit zunehmendem Molvolumen ebenfalls eine Abnahme zu erwarten.

3. Bei diadochem Ersatz liefern Bausteine mit größerer Polarisierbarkeit und geringerer Symmetrie einen zusätzlichen Beitrag zu den elastischen Konstanten. Dabei wachsen die Größen

$$c_{ij}/(c_{ii} + c_{jj}) \qquad \text{mit} \quad i \neq j .$$

Diese sind unmittelbar mit der Querkontraktion verknüpft. Die reinen Schubwiderstände $c_{q-i-j,\, q-i-j}$ $(i \neq j)$ fallen um einen vergleichbaren Betrag. Die Abweichung von den CAUCHY-Relationen wird im Sinne von

$$c_{ij} > c_{q-i-j,\, q-i-j} \, (i \neq j)$$

verstärkt. Die Erhöhung der c_{ij} mit $i \neq j$ bedingt eine Verringerung der Kompressibilität.

4. Die thermoelastischen Konstanten $T_{ij} = d \ln c_{ij}/dT$ (T = Temperatur) verändern sich in isotypen Reihen nur wenig. Es ist eine schwache Abnahme der T_{ij} mit zunehmendem Molvolumen zu beobachten. Kristallarten mit asymmetrischen Bausteinen bzw. Nebengruppenelementen verhalten sich thermoelastisch anomal.

3. Schwingungsvorgänge im Gitter

Die Schwingungsvorgänge in einem Gitter sollen an einem eindimensionalen Modell (Punktreihe) klargelegt werden. Die Bausteine des Gitters seien in einer Kette aneinandergereiht, wobei der kürzeste Abstand in der Ruhelage r_0 betragen soll. Die Bewegungen, welche die Bausteine um ihre Ruhelage ausüben, können in drei Komponenten zerlegt werden: Verschiebungen in Richtung der Kette (longitudinale Schwingung), Verschiebungen in zwei Richtungen senkrecht zur Richtung der Kette (transversale Schwingungen). Es wird die Voraussetzung getroffen, daß die zur Ruhelage rücktreibende Kraft quasielastisch ist und proportional den Verschiebungen benachbarter Bausteine gesetzt werden kann. Ferner sei zunächst angenommen, daß die Kette nicht begrenzt ist. Die Verschiebung des n-ten Atoms aus der Ruhelage sei s_n, seine Masse m und die Direktionskraft (= rücktreibende Kraft für die Verschiebung 1) α. Wenn weiter angenommen wird, daß nur nächstbenachbarte Atome aufeinander einwirken, dann ergeben sich folgende Bewegungsgleichungen:

$$m \cdot \ddot{s}_n = \alpha(s_{n+1} - s_n) + \alpha(s_{n-1} - s_n) \quad \text{mit } \ddot{s} = d^2 s | dt^2 .$$

Der Ansatz für die Lösung dieser Differentialgleichung lautet

$$s_n = A \cdot \exp i(2\pi \nu t - \varphi n) .$$

Hierin bedeuten ν die Frequenz der Schwingung, φ die Phasendifferenz zwischen zwei benachbarten Bausteinen und A die Amplitude der Schwingung. Setzt man diesen Ausdruck in die Differentialgleichung ein, so ergibt sich

$$\nu = \frac{1}{\pi} \sqrt{\frac{\alpha}{m}} \cdot \sin \frac{\varphi}{2} \qquad \text{und für } \varphi = \pi \qquad \nu_{\max} = \frac{1}{\pi} \sqrt{\frac{\alpha}{m}} .$$

Wenn lange Wellen in die Betrachtung des Kettenmodells einbezogen werden sollen, dann darf nicht mehr angenommen werden, daß die Kette unendlich viele Bausteine enthält. Es wird folgendes Modell verwendet: Im unendlich ausgedehnten, eindimensionalen Gitter sollen zwei Atome, zwischen denen genau $N-2$ Bausteine liegen, stets den gleichen Abstand haben. Die Eigenschaften eines Gitters mit dieser Periodizitätsbedingung sind die gleichen wie jene eines endlichen Gitters mit N Atomen, dessen Endpunkte in Ruhe bleiben.

Für die Lösung des Gleichungssystems wird jetzt folgender Ansatz eingeführt:

$$s_n = \eta_n \cdot \cos(2\pi\nu t + \beta).$$

Dabei ist η_n eine zeitunabhängige Größe, die der Periodizitätsbedingung $\eta_n = \eta_{n+N}$ genügen muß. Aus der Bewegungsgleichung ergibt sich dann:

$$-4\pi^2\nu^2 m\,\eta_n = \alpha(\eta_{n+1} + \eta_{n-1} - 2\eta_n).$$

Durch die Ausdrücke

$$\eta_n = \cos\frac{n\varphi}{2} \quad \text{bzw.} \quad \eta_n = \sin\frac{n\varphi}{2}$$

wird die Gleichung gelöst, wenn gleichzeitig

$$\nu = \frac{1}{\pi}\sqrt{\frac{\alpha}{m}} \cdot \sin\frac{\varphi}{2}$$

gilt. Jede lineare Kombination der beiden Funktionen für η_n stellt somit eine Lösung des Gleichungssystems dar. Damit die Bedingungen $\eta_n = \eta_{n+N}$ gelten, muß $\varphi/2\pi \cdot N = 2k$ sein, wenn k eine ganze Zahl ist. Damit wird

$$\eta_n = \cos\frac{2\pi k}{N} \cdot n \quad \text{bzw.} \quad \eta_n = \sin\frac{2\pi k}{N} \cdot n.$$

Für jeden Wert von k existieren demnach zwei Lösungen. Man erhält sämtliche Lösungen, wenn man für gerades N die Werte $k = 0, 1, 2, \ldots, N/2$ und für ungerades N die Werte $k = 0, 1, 2, \ldots, N - 1/2$ wählt. Für $k = 0$ bzw. $N/2$ gibt es nur eine Lösung, die andere verschwindet. Jedem anderen k-Wert entsprechen zwei unabhängige Lösungen, so daß die Gesamtzahl der Lösungen stets gleich N ist. Für die Frequenzen erhält man schließlich

$$\nu = \frac{1}{\pi}\sqrt{\frac{\alpha}{m}} \cdot \sin\frac{2\pi k}{N}.$$

Für das eindimensionale Gitter existieren also N Eigenschwingungen. Die Gesamtzahl der Eigenschwingungen für ein dreidimensionales Gitter beträgt entsprechend $3N$, wenn die Zahl der Atome in dem einfachen Gitter N ist.

Wie man leicht zeigen kann, ist die Entstehung einer thermischen Ausdehnung nur zu verstehen, wenn anharmonische Terme in der potentiellen Energie bei der relativen Bewegung der Gitterbausteine berücksichtigt werden. Betrachtet man eine quasielastische Schwingung zweier Teilchen, die symmetrisch um ihre Ruhelagen erfolgt, so kann sich im Mittel keine Veränderung des Abstandes in Abhängigkeit von der Temperatur ergeben. Wir diskutieren das stark vereinfachte Modell von zwei schwingenden Atomen, deren Gleichgewichtsabstand r_0 betragen soll. Die Schwingungen sollen longitudinal erfolgen. In einem bestimmten Zeitpunkt sei die Entfernung der Atome gleich $r_0 + x$ und die rücktreibende Kraft $F = -\alpha \cdot x + \beta x^2$, wenn man nach dem Glied zweiter Ordnung abbricht. Berücksichtigen wir zunächst nur das lineare Glied, so ergibt sich für die potentielle Energie des schwingenden Atoms der Betrag $\alpha x^2/2$. Bei der Temperatur T muß die Schwingungsenergie des Atoms die mittlere kinetische Energie $kT/2$ annehmen, und es muß demnach gelten

$$\frac{1}{2}\alpha\overline{x}^2 = \frac{kT}{2},$$

wobei $\overline{x}^2$ der Mittelwert von x^2 ist. Damit wird

$$\overline{x}^2 = \frac{kT}{\alpha}.$$

Andererseits muß wegen $K(\overline{x}) = 0$

$$-\alpha\overline{x} + \beta\overline{x}^2 = 0 \qquad \text{oder} \qquad \overline{x} = \frac{\beta}{\alpha}\overline{x}^2$$

sein. Wenn man hier den Mittelwert x^2 einsetzt, so ergibt sich

$$\overline{x} = \frac{\beta k}{\alpha^2} T.$$

Die mittlere Abstandsänderung ist demnach proportional zur absoluten Temperatur. Der lineare thermische Ausdehnungskoeffizient ist als Längenänderung der Längeneinheit pro Grad definiert. Und so wird

$$\gamma = \frac{\overline{x}}{r_0 \cdot T} = \frac{\beta k}{r_0 \alpha^2}.$$

Nehmen wir an, daß die beiden Bausteine Ionen sind, so kann bei Verwendung des Potentialansatzes von S. 117 für die Kraft F, die zwischen den entgegengesetzt geladenen Ionen im Abstand r wirkt, folgender Ausdruck angesetzt werden:

$$F = -\frac{(z \cdot e)^2}{r^2} + \frac{b}{r^{n+1}}.$$

Für den Gleichgewichtsabstand r_0 muß $F = 0$ sein, also ist

$$\frac{(z \cdot e)^2}{r_0^2} = \frac{b}{r_0^{n+1}}.$$

Wenn $n = 9$ (für NaCl z. B.) gesetzt wird, so erhält man

$$b = (z \cdot e)^2 \cdot r_0^8$$

und

$$F = -\frac{(z \cdot e)^2}{r^2} + \frac{(z \cdot e)^2 \cdot r_0^8}{r^{10}}.$$

Setzen wir $r = r_0 + x$ und entwickeln wir nach Potenzen von x, so ergibt sich

$$F = -\frac{8(z \cdot e)^2}{r_0^3} x + \frac{52(z \cdot e)^2}{r_0^4} x^2 + \cdots.$$

Damit ist

$$\alpha = \frac{8(z \cdot e)^2}{r_0^3}; \qquad \beta = \frac{52(z \cdot e)^2}{r_0^4}$$

und schließlich

$$\gamma = \frac{\beta k}{r_0 \alpha^2} = \frac{52}{64} \frac{r_0 k}{(z \cdot e)^2}.$$

Nach W. Klemm ergibt sich für kubische Ionenkristalle eine ähnliche wie die abgeleitete Beziehung:

$$\gamma = 9 \frac{n+2}{n-1} \cdot \frac{r_0 k}{\alpha (z \cdot e)^2}.$$

Hierin sind n der Abstoßungsexponent und α die Madelung-Konstante. Beispielsweise ist für NaCl $\gamma = 120 \cdot 10^{-6}$ berechnet und $121 \cdot 10^{-6}$ pro °C beobachtet und für CaF_2 $\gamma = 52 \cdot 10^{-6}$ berechnet und $54 \cdot 10^{-6}$ pro °C beobachtet. Dagegen gilt für PbS $\gamma = 34 \cdot 10^{-6}$ berechnet und $60 \cdot 10^{-6}$ pro °C beobachtet. Diese Diskrepanz ist verständlich, da beim PbS keine reine elektrovalente Bindung vorliegt.

4. Das atomistische Bild der dielektrischen und magnetischen Eigenschaften der Kristalle

Versteht man unter α die molare Polarisierbarkeit, so ergibt sich folgender Zusammenhang mit der Dielektrizitätskonstanten ε unter Verzicht auf die tensorielle Schreibweise:

$$\frac{\varepsilon - 1}{\varepsilon + 2} \cdot V = \frac{4\pi}{3} N \left(\alpha + \frac{\mu^2}{3kT}\right).$$

Dabei sind N die Zahl der Baueinheiten im Gitter pro cm^3, V das Volumen der N Baueinheiten, μ das Moment vorhandener permanenter Dipole, k die BOLTZMANN-Konstante und T die absolute Temperatur. Bei der Polarisierbarkeit sind insgesamt drei Anteile zu berücksichtigen. Der erste Anteil ist bestimmt durch eine Verschiebung von Elektronen im Atom oder Ion (*Atom-* oder *Ionenpolarisierbarkeit*). Der zweite Anteil ist auf eine relative Verschiebung polarer Bausteine (z. B. verschiedenartig geladener Ionen) in der Struktur zurückzuführen. Der dritte Anteil schließlich hängt mit dem möglichen Vorhandensein permanenter Dipole in der Struktur zusammen. Demnach sind folgende Zusammenhänge zwischen Dielektrizitätskonstante und Struktur zu erwarten: 1. Zusammenhang mit den Polarisationseigenschaften der Gitterbausteine, 2. Zusammenhang mit der Anisotropie des strukturellen Aufbaus, 3. Einfluß von in der Struktur vorhandenen Dipolen.

Kristalle mit stark polarisierenden Kationen besitzen im allgemeinen eine höhere Dielektrizitätskonstante als solche mit schwach polarisierenden Ionen. Zum Beispiel ist für AgCl $\varepsilon = 11{,}2$ und für AgBr 12,17, dagegen für KCl $\varepsilon = 4{,}76$ und für KBr 4,78. Da das Blei-Ion eine stark polarisierende Wirkung ausübt, zeigen Bleiverbindungen allgemein hohe Dielektrizitätskonstanten; z. B. ist für $Pb(NO_3)_2$ $\varepsilon = 16{,}8$ und für Pyromorphit $Pb_5[Cl/(PO_4)_3]$ 90,5 bzw. 26,0 (Anisotropie!). Im Gegensatz dazu besitzt der isotype Apatit (mit Ca statt Pb!) ε-Werte von 7,40 bzw. 9,50 ($\parallel$ bzw. $\perp$ c).

Es ist ferner verständlich, daß eine Wechselwirkung benachbarter, durch das äußere Feld induzierbarer Dipole um so intensiver wird, je dichter die Bausteine in der Struktur gepackt sind. Dieser Zusammenhang ist besonders bei polymorphen Reihen deutlich zu erkennen, wie Tabelle 15 für das Beispiel TiO_2 zeigt (W. A. WOOSTER).

Tabelle 15

TiO_2-Modifikation	Dichte	ε (Mittelwert)
Rutil	4,21	114
Brookit	4,11	78
Anatas	3,87	48

Richtungen mit dichtester Packung der Bausteine in einer Struktur werden deshalb im allgemeinen auch Richtungen größter Dielektrizitätskonstanten sein. Die trigonalen Karbonate bieten dafür ein geeignetes Beispiel. Für das Verhältnis der Dielektrizitätskonstanten parallel und senkrecht zur trigonalen Achse ergeben sich für Calcit, $CaCO_3$, Dolomit, $CaMg[CO_3]_2$, Rhodochrosit, $MnCO_3$, Siderit, $FeCO_3$, und Smithsonit, $ZnCO_3$, beziehentlich folgende Werte $\varepsilon_{||}/\varepsilon_{\perp} = 0{,}89$, 0,87, 0,86, 0,87 und 0,99, während beim Magnesit, $MgCO_3$, mit $\varepsilon_{||}/\varepsilon_{\perp} = 1{,}17$ eine Abweichung vorliegt. In den Ebenen parallel (0001), also senkrecht zur Hauptachse, sind die CO_3-Gruppen angeordnet, wobei sich eine dichteste Packung der Sauerstoffionen in diesen Ebenen ergibt. In Richtung der *b*-Achse der rhombischen Sulfate Cölestin, $SrSO_4$, Baryt, $BaSO_4$, und Anglesit, $PbSO_4$, liegen Sauerstoffketten. Entsprechend sind die Dielektrizitätskonstanten in dieser Richtung groß (vgl. Tabelle 16).

Tabelle 16

Kristallart	Formel	ε_a	ε_b	ε_c
Cölestin	$SrSO_4$	7,7	18,5	8,7
Baryt	$BaSO_4$	7,65	12,6	7,7
Anglesit	$PbSO_4$	27,5	54,6	27,3

Auch bei den genannten Sulfaten fällt der Einfluß des Pb-Ions auf.

Wenn für eine Kristallart ein Temperaturgebiet spontaner Polarisation (CURIE-*Gebiet*) existiert, so können dort extrem hohe Dielektrizitätskonstanten erreicht werden. Beispielsweise findet man beim Seignettesalz, $KNaC_4H_4O_6 \cdot 4H_2O$, zwischen $-18\,°C$ und $+24\,°C$ (CURIE-*Punkte*) in Richtung der kristallographischen *a*-Achse eine starke Vergrößerung der Dielektrizitätskonstante. Sie erreicht in den beiden CURIE-Punkten Spitzenwerte von etwa 4000. In den beiden anderen kristallographischen Achsenrichtungen des rhombischen Seignettesalzes (Kristallklasse: 222) bleiben die ε-Werte praktisch normal. Daß beim Seignettesalz im CURIE-Gebiet eine spontane Polarisation vorliegt, ist daran zu erkennen, daß eine Polarisation auch dann vorhanden ist, wenn das äußere Feld verschwindet. Wenn die Polarisation im Kristall verschwinden soll, so muß ein äußeres Feld (*Koerzitivkraft*) mit entsprechender Richtung angelegt werden. Wenn man also die Polarisation in Abhängigkeit vom äußeren Feld graphisch darstellt, so ergibt sich eine Hysteresis-Schleife.

Da diese dielektrische Hysteresis eine völlige Analogie zur ferromagnetischen Hysteresis aufweist, hat man das spezifische dielektrische Verhalten von Seignettesalz als *Ferroelektrizität* (auch: *Seignetteelektrizität*) bezeichnet.

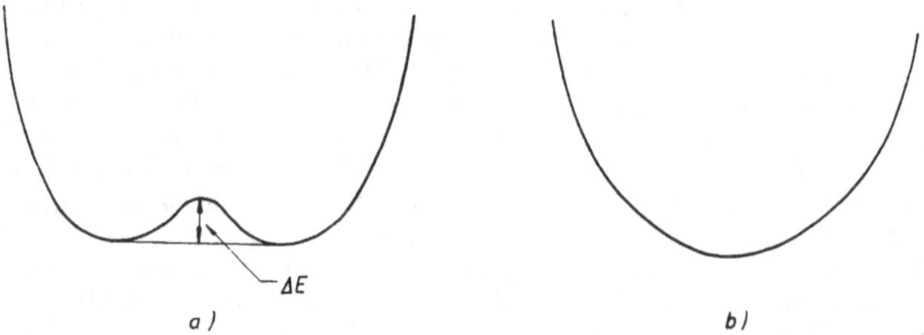

Abb. 23. Potentialverlauf von Dipolen in zwei möglichen Orientierungen

Das ferroelektrische Verhalten kann man sich leicht durch folgendes Modell klarmachen: Es seien in einem quadratischen Gitter die Anionen B aufgereiht. Zwischen jeweils zwei B-Ionen liegen — etwa auf ihrer Verbindungslinie längs [010] — die positiv geladenen A-Ionen. Sie sollen stets näher an einem der beiden benachbarten B-Ionen angeordnet sein. Auf diese Weise entstehen Dipole mit zwei möglichen Orientierungen: AB und BA. Der Potentialverlauf der beiden Konfigurationen ist durch zwei Minima (*Mulden*) ausgezeichnet, die durch einen Potentialberg voneinander getrennt sind (Abb. 23). Demnach ist eine Aktivierungsenergie erforderlich, um die Potentialbarriere zu überspringen, d. h. um beide Stellungen der A-Ionen ineinander überzuführen. Die Struktur kann als Ensemble von Dipolen aufgefaßt werden, die alle in dieselbe Richtung orientiert sind. Es sind die beiden Gitter möglich:

AB	AB	AB	AB		BA	BA	BA	BA
AB	AB	AB	AB	und	BA	BA	BA	BA
AB	AB	AB	AB		BA	BA	BA	BA

In beiden Fällen resultiert eine spontane Polarisation, die durch die Dipolmomente pro Volumeneinheit bzw. durch die Ladungen pro Oberflächeneinheit festgelegt ist.

Im allgemeinen werden allerdings im Gitter die Dipole nicht einheitlich ausgerichtet sein. Beispielsweise kann sich folgender Zustand einstellen:

$$\begin{array}{cccccc} AB & AB & AB & AB & BA & BA \\ AB & AB & AB & AB & BA & BA \\ AB & AB & AB & AB & BA & BA \rightarrow [010]\,. \\ BA & BA & BA & BA & BA & BA \\ BA & BA & BA & BA & BA & BA \end{array}$$

Man bezeichnet die Bereiche gleicher Dipolorientierung als *Domänen*. Wird in einer der beiden Richtungen ein äußeres elektrisches Feld angelegt, so richten sich die Dipole aus, bis schließlich eine Sättigung der Polarisation erreicht wird.

Wenn das äußere elektrische Feld auf Null zurückgeht, bleibt eine Polarisation bestehen (*spontane Polarisation*). Um die Polarisation zum Verschwinden zu bringen, bedarf es der Einwirkung eines elektrischen Feldes entgegengesetzter Richtung (*Koerzitiv-Feld*). Auf diese Weise entsteht — in Analogie zum Ferromagnetismus — eine Hysteresis-Schleife, wenn die Polarisation gegen das Feld aufgetragen wird.

Für das Auftreten der Ferroelektrizität ist es eine notwendige — und keineswegs eine hinreichende — Bedingung, daß die betreffende Kristallart kein Inversionszentrum besitzt. Es ist aber noch außerdem erforderlich, daß in den möglichen Kristallklassen nur singuläre polare Achsen vorliegen. Es gibt insgesamt 10 solcher polaren oder pyroelektrischen Kristallklassen: 1, 2, *m*, *mm*2, 3, 3*m*, 4, 4*mm*, 6, 6*mm*. Da die Kristallklasse 222, in der Seignettesalz oberhalb des CURIE-Gebiets kristallisiert, nicht *polar* ist, so resultiert die notwendige Schlußfolgerung, daß Seignettesalz im CURIE-Gebiet niedrigere Symmetrie annimmt. Seignettesalz erfährt also am oberen CURIE-Punkt eine Umwandlung in eine monokline Modifikation der Symmetrie 2, wobei die *a*-Achse des rhombischen Seignettesalzes in die digonale Achse der monoklinen Struktur übergeht. Da die Strukturen der rhombischen und monoklinen Modifikation sehr ähnlich sind, kommt es bei der Umwandlung zu polysynthetischer Zwillingsbildung (Zwillingslamellen). Die Einkristall-Bereiche mit einheitlicher Polarisationsrichtung werden als *Domänen* bezeichnet.

Von praktischer Bedeutung als ferroelektrisches Medium ist vor allem Bariumtitanat, $BaTiO_3$. Oberhalb +120 °C kristallisiert $BaTiO_3$ im idealen Perowskittyp (Abb. 24), in dem jedes Bariumion

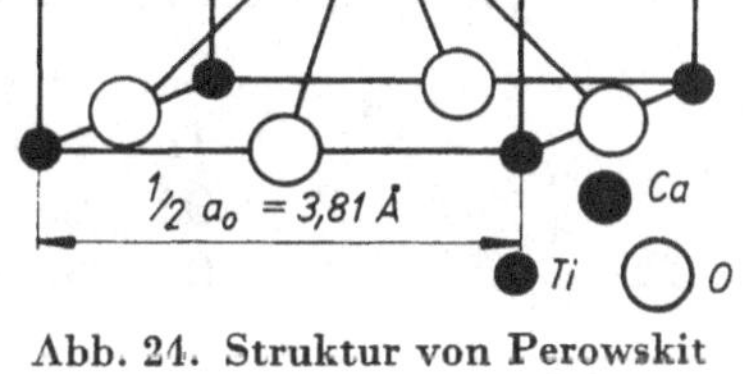

Abb. 24. Struktur von Perowskit

von 12 Sauerstoffionen und jedes Titanion von 6 Sauerstoffionen oktaedrisch umgeben ist. Die TiO_6-Oktaeder sind jeweils über gemeinsame Ecken miteinander verknüpft. Die Struktur gehört der kubischen Kristallklasse *m*3*m* an. Beim CURIE-Punkt von +120 °C tritt eine Strukturänderung mit geringen Ionenverschiebungen auf. Eine der drei kubischen Achsen wird bei der Umwandlung zur tetragonalen Hauptachse der ferroelektrischen Modifikation mit der Kristallklasse 4*mm*. Da hierbei jeweils drei Möglichkeiten der Achsenorientierung bestehen, kommt es bei dem ferroelektrischen Bariumtitanat leicht zur Zwillings- und Domänenbildung.

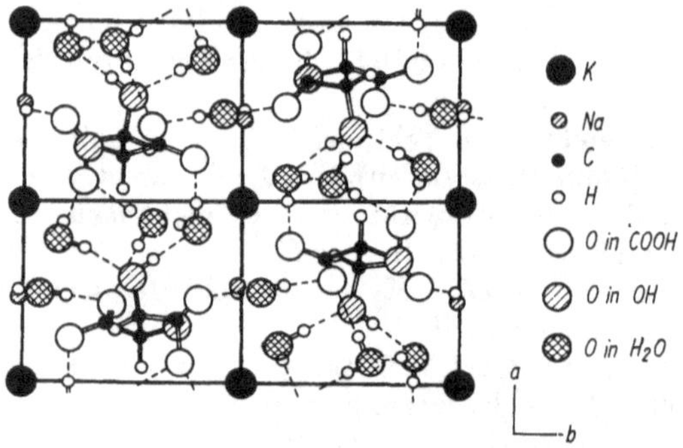

Abb. 25. Struktur von Seignettesalz

Wegen der großen Zahl von Parametern in der Seignettesalz-Struktur ist es schwierig, die Atomverschiebungen an den CURIE-Punkten im einzelnen zu bestimmen. Mit großer Wahrscheinlichkeit kann aber angenommen werden, daß der wesentliche Anteil der Polarisation auf die Hydroxylgruppen (O—H) der Tartratmoleküle zurückzuführen ist (Abb. 25). Orientierungsänderungen der Hydroxylgruppen bedingen eine reine Protonenverschiebung längs der polaren *a*-Achse.

Der Effekt der Ferroelektrizität beim $BaTiO_3$ kann zunächst auf die leichte Polarisierbarkeit der TiO_6-Oktaeder zurückgeführt werden, die aus der Verschiebung des Titanions aus der Zentrallage im Oktaeder resultiert. Die Verschiebungen der Atome erfolgen in der [001]-Richtung, wobei die Struktur tetragonal mit $a_0 = 3{,}992$ Å und $c_0 = 4{,}036$ Å wird. Sind die ursprünglichen Koordinaten für Ba 000, für Ti 1/2 1/2 1/2 und für OI 1/2 1/2 0 bzw. OII 1/2 0 1/2 und 0 1/2 1/2, so ergeben sich folgende neue Koordinaten-Tripel:

Ba	in	0	0	0
Ti	in	1/2	1/2	$1/2 + \delta z_{Ti}$;
OI	in	1/2	1/2	δz_{OI}
2 OII	in	1/2	0	$1/2 + \delta z_{OII}$;
		0	1/2	$1/2 + \delta z_{OII}$.

Die entsprechende Konfiguration ist in Abb. 26 dargestellt. Mit Hilfe einer Neutronenbeugungsanalyse wurden folgende Parameter für eine Temperatur von 18 °C bestimmt:

$$\delta z_{\mathrm{Ti}} = +\,0{,}013, \qquad \delta z_{\mathrm{OI}} = -\,0{,}023, \qquad \delta z_{\mathrm{OII}} = -\,0{,}013$$

bzw.

$$c_0 \cdot \delta z_{\mathrm{Ti}} = +\,0{,}05\,\text{Å}, \quad c_0 \cdot \delta z_{\mathrm{OI}} = -\,0{,}09\,\text{Å}, \quad c_0 \cdot \delta z_{\mathrm{OII}} = -\,0{,}05\,\text{Å}.$$

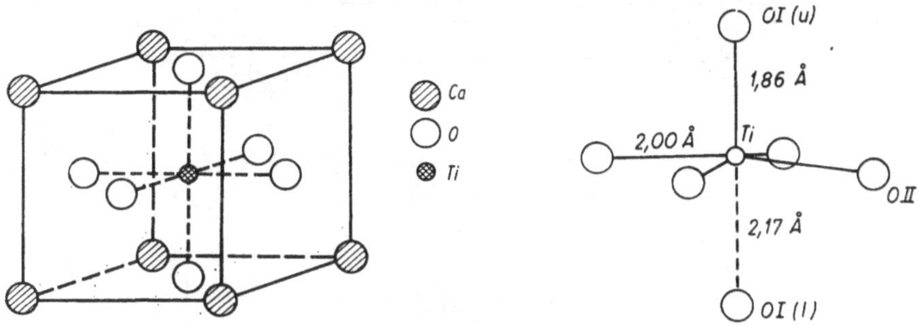

Abb. 26. Perowskitstruktur

Berechnungen auf dieser Basis haben jedoch ergeben, daß man mit der Annahme der Verschiebung der Titanionen allein zur Erklärung der ferroelektrischen Effekte beim Bariumtitanat nicht auskommt. Man muß vielmehr auch die Polarisierbarkeit der Sauerstoffionen berücksichtigen. Durch die Elektronenpolarisation aller am Aufbau der $BaTiO_3$-Struktur beteiligten Ionen wird die Verschiebungspolarisation des Titans wesentlich verstärkt. Schließlich muß man sich darüber im klaren sein, daß in den Verbindungen mit Perowskitstruktur keine reine Ionenbindung, sondern ausgesprochene Resonanzbindung vorliegt. Mit Hilfe der Elektronegativitäten errechnet sich für die Ti-O-Bindung ein elektrovalenter Anteil von 63%. Sicher spielt für das ferroelektrische Verhalten von Bariumtitanat die kristallchemische Eigentümlichkeit eine Rolle, daß die Oktaederkomplexe der Verbindungen mit Perowskittyp ganz oder teilweise von Atomen zentriert werden, die nicht abgeschlossene Schalen der langen Periode bzw. der Übergangsperiode aufweisen.

Für das theoretische Verständnis einfacher liegt der Fall des Kaliumdihydrogenphosphats, KH_2PO_4. Unterhalb des Curie-Punktes bei $-150\,°C$ steigt die Dielektrizitätskonstante von KH_2PO_4 auf 32000 an. Die Struktur im Curie-Gebiet besitzt rhombische Symmetrie ($mm2$), oberhalb des Curie-Punktes tetragonale Symmetrie ($\bar{4}2m$) (vgl. Abb. 27). Ohne Zweifel kann beim KH_2PO_4 — ebenso wie beim Seignettesalz — die spontane Polarisation auf die Existenz von Wasserstoffbrücken zurückgeführt werden. Ein Proton, das sich zwischen zwei Sauerstoffkernen befindet und auf diese Weise eine Wasserstoffbrücke bildet, hat die „Wahl", eines von zwei Potentialminima zwischen den Kernen zu besetzen. So bildet sich eine unsymmetrische O—H ... O-Bindung, die ein Dipolmoment besitzt. Das Dipolmoment ändert sein Vor-

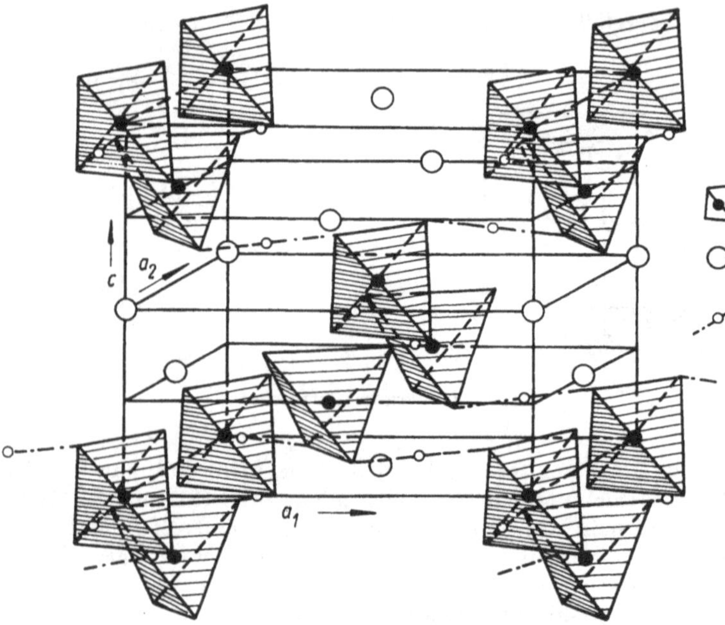

Abb. 27. Struktur von Kaliumdihydrogenphosphat

zeichen, wenn das Proton von der einen in die andere Potentialmulde übergeht. Es ist weiter verständlich, daß die Besetzung der Potentialmulden von der thermischen Energie abhängt. Bei tieferen Temperaturen werden die Besetzungen *eingefroren* sein, so daß bei spontaner Polarisation der einzelnen Brücken die Vorzeichen der Dipolmomente lokal in der ganzen Struktur variieren. Wegen der geringen thermischen Energie können die Protonen den Potentialberg in der Mitte der beiden Sauerstoffatome nicht überspringen. Die Dipole bleiben also in ihren zufälligen Richtungen orientiert. Erst bei höheren Temperaturen wird eine Umlagerung der Protonen möglich, so daß — wie beim Seignettesalz — der untere CURIE-Punkt erreicht ist. Wird der Betrag der thermischen Energie jedoch noch größer, so werden die Protonen ihre Lagen in den Potentialminima rasch wechseln, so daß keine Polarisation mehr auftreten kann. Wichtig ist in diesem Zusammenhang die Beobachtung, daß sich beim Seignettesalz die CURIE-Punkte verschieben werden, wenn Wasserstoff durch Deuterium ersetzt wird: der untere CURIE-Punkt liegt dann statt bei $-18\,°C$ bei $-21\,°C$ und der obere CURIE-Punkt bei $+35\,°C$ statt bei $+24\,°C$.

In der Struktur von Kaliumdihydrogenphosphat sind $[PO_4]$-Tetraeder Baueinheiten, die jeweils über Wasserstoffbrücken miteinander verknüpft sind. Zu jedem $[PO_4]$-Tetraeder „gehören" zwei Protonen, und es sind für

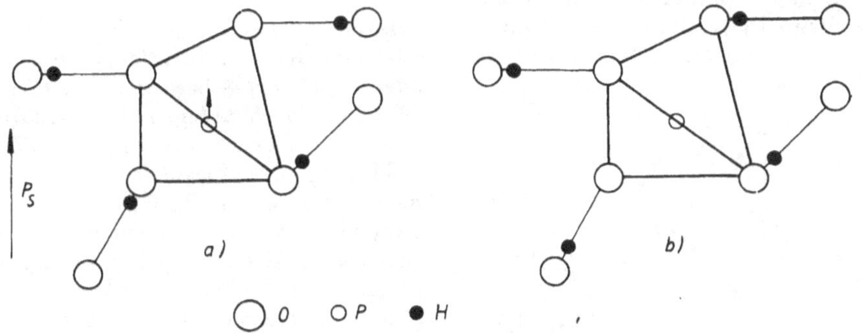

Abb. 28. Wasserstoffbrücken im Kaliumdihydroxenphosphat

jedes $[PO_4]$-Tetraeder 6 Anordnungen der Protonen möglich, wobei die Dipolmomente Komponenten in Richtung der (tetragonalen) *c*-Achse oder senkrecht zur *c*-Achse aufweisen können (Abb. 28). Nach SLATER ist anzunehmen, daß das $[PO_4]$-Tetraeder, dessen Dipol parallel zur *c*-Achse orientiert ist, eine geringere Energie besitzt als das Tetraeder mit dem Dipolmoment senkrecht zur [001]-Richtung. Dabei sind selbstverständlich die Orientierungen der einzelnen Tetraeder bzw. ihrer Dipolmomente nicht unabhängig voneinander. Infolgedessen werden sich in einzelnen Bereichen (*Domänen*) eines KH_2PO_4-Kristalls die Dipolmomente entweder in der positiven oder in der negativen Richtung der *c*-Achse orientieren. Aber auch beim Kaliumdihydrogenphosphat ist es notwendig, die Verschiebung der übrigen Kristallbausteine bei der Polarisation zu berücksichtigen.

Im Gegensatz zur Ferroelektrizität sind bei der Erscheinung der Antiferroelektrizität die Dipolmomente antiparallel angeordnet, so daß keine spontane Polarisation resultieren kann. Ein typisches Beispiel stellt Bleizirkonat, $PbZrO_3$, mit Perowskitstruktur dar. Diese Kristallart besitzt einen Übergangspunkt bei 230 °C. Unterhalb dieser Temperatur ist die Struktur von $PbZrO_3$ rhombisch-pseudotetragonal, oberhalb davon kubisch. Am Transitionspunkt besitzt die Dielektrizitätskonstante ein Maximum und fällt oberhalb 230 °C mit steigender Temperatur nach einem CURIE-WEISS-Gesetz ab.

Bei mäßigen angewandten Feldern können keine Hysteresis-Schleifen unterhalb des Übergangspunktes beobachtet werden. Daher kann die Tieftemperatur-Modifikation von $PbZrO_3$ nicht ferroelektrisch sein; sie ist antiferroelektrisch.

Interessant ist ferner das Verhalten von Wolframtrioxid, WO_3, das bei tieferen Temperaturen monoklin ($P2_1/a$) und oberhalb 740°C tetragonal ($P4/nmm$) kristallisiert. Die Dielektrizitätskonstante von WO_3 erreicht bei Zimmertemperatur einen Wert von etwa 1000. Es konnte jedoch keine spontane Polarisation festgestellt werden. Oberhalb 740°C ist ein anomales dielektrisches Verhalten zu beobachten.

Beim Piezoeffekt werden durch die relativen Verrückungen elektrisch geladener Bausteine elektrische Ladungen an den Kristall-Oberflächen erzeugt oder umgekehrt — beim inversen Piezoeffekt — durch Anlegen eines äußeren elektrischen Feldes Verformungen. Zur Erklärung des Piezoeffektes ist zunächst die potentielle Energie in Abhängigkeit von den Verschiebungen zu entwickeln. Hieraus ergeben sich Spannungen als Funktion der Verzerrung. Durch äußere mechanische Beanspruchungen folgen innere Verrückungen, die das elektrische Moment pro Volumeneinheit verändern. Dabei ist notwendige Bedingung, daß der Kristall kein Inversionszentrum besitzt.

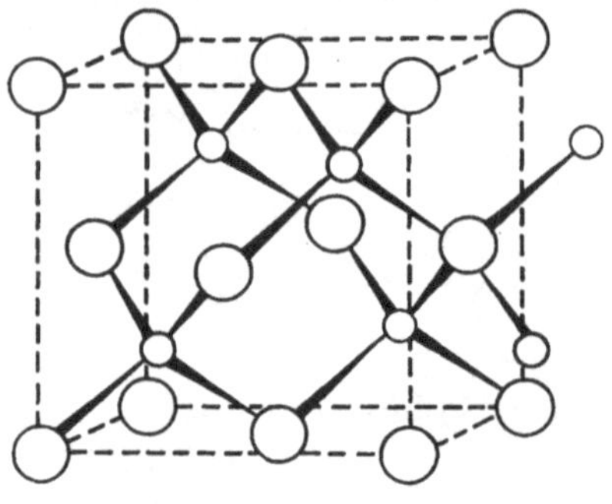

Abb. 29. Zinkblendestruktur

Von JAFFE wurde ein vereinfachtes Modell des Piezoeffektes diskutiert. Dabei wird die Zinkblende-Struktur (Abb. 29) mit folgenden Atomlagen-Koordinaten zugrundegelegt:

Zn:	0 0 0,	1/2 1/2 0,	1/2 0 1/2,	0 1/2 1/2
S:	1/4 1/4 1/4,	3/4 3/4 1/4,	3/4 1/4 3/4,	1/4 3/4 3/4.

Mit dieser Wahl der S-Koordinaten wird die Orientierung der Struktur in bezug auf die kristallographischen Achsen fixiert. Nun bewirkt eine Scherspannung σ_6 bei einem Kristall der Klasse $\bar{4}3m$ eine Deformation

$$\varepsilon_6 = s_{44} \cdot \sigma_6$$

und eine Polarisation

$$P_3 = d_{14} \cdot \sigma_6 .$$

Durch die Deformation ε_6 ergibt sich eine Verschiebung des S-Untergitters gegenüber dem Zn-Untergitter in Richtung $-x_3$ von $\Delta = a_0/4 \cdot e_6$. Ordnen wir den Zinkatomen jeweils die Ladung $+q$ und den S-Atomen die Ladung $-q$ zu, so ergibt sich als Dipolmoment pro Formeleinheit ZnS

$$p_3 = q \cdot \frac{a_0}{4} \cdot \varepsilon_6.$$

Bei 4 Formeleinheiten ZnS pro Elementarzelle erscheint als Polarisation

$$P_3 = 4 \cdot q \cdot \frac{a_0}{4} \varepsilon_6 / a_0^3 = \frac{q \cdot \varepsilon_6}{a_0^2}.$$

Mit $\varepsilon_6 = s_{44} \cdot \sigma_6$ erhält man

$$P_3 = \frac{q \cdot s_{44}}{a_0^2} \cdot \sigma_6.$$

Durch Vergleich mit $P_3 = d_{14} \cdot \sigma_6$ folgt

$$d_{14} = \frac{q \cdot s_{44}}{a_0^2}.$$

Mit $a_0 = 5{,}43$ Å,

s_{44} (= 22,9 · 10^{-13} cm² · dyn^{-1} nach LANDOLT-BÖRNSTEIN)
= 23 · 10^{-12} m²/Newton,

d_{14}(= 9,8 · 10^{-8} est E Ldg · dyn^{-1} nach LANDOLT-BÖRNSTEIN)
= 3 · 10^{-12} Coulomb/Newton

ergibt sich für $q = 3{,}8 \cdot 10^{-20}$, und $-q$ entspricht also

$$\frac{0{,}38 \cdot 10^{-19}}{1{,}6 \cdot 10^{-19}} \approx 0{,}25\, e \quad \text{(Elektronenladungen).}$$

Dieses Resultat stimmt recht gut mit der Vorstellung einer semikovalenten Bindung von ZnS überein. Auf Grund der Elektronegativitäten erhält man für die Zn-S-Bindung einen elektrovalenten Anteil von 19%.

Das Vorzeichen von $d_{14} = 3 \cdot 10^{-12}$ Coulomb/Newton ergibt die von COSTER, KNOL und PRINS (1930) angegebene Aufladung bei Druck in Richtung [111]. Das wurde durch Aufstellung des Spannungstensors für eine Kompression in Richtung [111] und Berechnung der Polarisation überprüft. (Dabei ist [111] auf die in der vorhergehenden Rechnung angegebene Atomanordnung bezogen!) $\mathfrak{p}$ hat die Richtung $[\bar{1}\bar{1}\bar{1}]$, das bedeutet für Zn negative und für S positive Aufladung im kurzen Zn-S-Abstand.

Das ferroelektrische Verhalten steht in weitgehender Analogie zum Ferromagnetismus. Ein Kristall ist dann ferromagnetisch, wenn er bei tiefen

Temperaturen auch ohne Anwesenheit eines äußeren magnetischen Feldes ein magnetisches Moment aufweist. Im allgemeinen sind es allerdings auch beim ferromagnetischen Kristall einzelne kleinere Bezirke (mit Linearabmessungen von 10 bis $10^{-1}\,\mu$m), die ein resultierendes Moment zeigen, während dies für den ganzen Kristall nicht der Fall ist. Der Kristall ist dann aus zahlreichen, vollkommen magnetisierten Bezirken aufgebaut, die regellos gegeneinander orientiert sind, so daß das resultierende Moment verschwindet.

Zum Verständnis des Ferromagnetismus wird am besten zunächst die Erscheinung des Paramagnetismus betrachtet. Beim paramagnetischen Kristall sind von vornherein magnetische Momente vorhanden, die jedoch wegen der thermischen Bewegung nicht geordnet sind. Das geschieht erst, wenn ein äußeres Feld angelegt ist. In einem Kristall befinden sich N Atome in der Volumeneinheit, und jedes Atom besitzt ein magnetisches Moment m. Dann folgt für die Magnetisierung

$$M = N \cdot m \cdot L(a),$$

wobei $L(a)$ die LANGEVIN-Funktion, $a = m \cdot H/kT$ und H ein angelegtes Magnetfeld darstellen. Es gilt

$$L(a) = \coth a - \frac{1}{a}.$$

Für $a \ll 1$ wird $L(a) \cong a/3$ und damit

$$M = N \cdot m^2 \cdot H/3kT.$$

Für die magnetische Suszeptibilität folgt unter Beachtung der Einschränkung $m \cdot H/kT \ll 1$ die Beziehung

$$\chi = M/H = N \cdot m^2/3kT = C/T.$$

$C = N \cdot m^2/3k$ ist die CURIE-Konstante.

Die quantenmechanische Behandlung des Paramagnetismus liefert die Beziehung:

$$\chi = N(g^2/4) \cdot m_B^2/kT.$$

Dabei ist g der LANDÉsche Aufspaltungsfaktor mit

$$g = 1 + \frac{J(J+1) + S(S+1) - L(L+1)}{2J(J+1)}.$$

J, S, L bedeuten dabei beziehentlich die Gesamtdrehimpuls-, Spin- und Drehimpulsmoment-Quantenzahlen. Ferner ist $m_B = e\hbar/2m_e c = -0{,}927 \cdot 10^{-20}$ erg/Oersted das BOHRsche Magneton.

Um die Tendenz zur Parallelorientierung der Molekularmagnete bei den ferromagnetischen Kristallen zu verstehen, nimmt man an, daß diese Magnete durch die Spin-Eigenschaften der Elektronen und nicht durch Bahnmomente bedingt sind. Die Austausch-Wechselwirkungen zwischen den einzelnen Elektronen liefern die zur Orientierung der Spins notwendigen Kräfte. Für die Elektronen, die zum Ferromagnetismus führen, wird die Austauschenergie positiv und nimmt bei Parallelstellung der Spins ab. Dabei dürfen die Atome nicht zu weit voneinander entfernt sein, sonst wird die Wechselwirkung zu schwach, um der thermischen Bewegungsenergie entgegenzuwirken. Ferromagnetismus ist ferner an die Bedingung geknüpft, daß die Atome eine unvollständig besetzte Schale mit höherer azimutaler Quantenzahl (*d*- oder *f*-Schale) besitzen. Diese Bedingung erfüllen die Übergangselemente Fe, Co und Ni mit ihren unvollständig besetzten 3*d*-Niveaus. Die erforderliche Packungsdichte wird durch den strukturellen Aufbau der Metalle gegeben.

Die magnetische Suszeptibilität ist im paramagnetischen Bereich oberhalb des Curie-Punktes T_c durch folgenden Ausdruck gegeben:

$$\chi = \frac{c}{T - T_c}.$$

Daß sich in einem ferromagnetischen Kristall Domänen ausbilden, ist nach Kittel darauf zurückzuführen, daß seine freie Energie einem Minimum zustrebt. Ein ferromagnetischer Einkristall, der eine einzige Domäne bildet, besitzt im Zustand der Sättigungsmagnetisierung ein starkes äußeres Magnetfeld. Sind aber im Einkristall eine große Zahl von Domänen mit den verschiedensten Magnetisierungsrichtungen vorhanden, dann werden Ausdehnung und Intensität des äußeren Feldes herabgesetzt und verschwinden schließlich vollständig.

An den Bloch-*Wänden*, d. h. an den Grenzen der Domänen, erfolgt der Übergang in die verschiedenen Spin-Orientierungen nicht sprunghaft, sondern kontinuierlich, und erstreckt sich über eine große Zahl von Netzebenen. Beim Eisen z. B. erreicht die Übergangsschicht eine Dicke von etwa 300 Gitterkonstanten. Bei Anwendung eines äußeren Magnetfeldes können durch Verschiebung der Bloch-Wände günstig orientierte Domänen auf Kosten ungünstiger orientierter Domänen weiterwachsen. Es kann auch eine Umorientierung von Domänen durch eine Rotation der Spinrichtungen in günstigere Orientierungen erfolgen.

Vom gittertheoretischen Standpunkt ist ohne weiteres einzusehen, daß die Magnetisierung in ferromagnetischen Einkristallen ausgesprochen anisotrop ist. Für Eisen ist beispielsweise die Reihenfolge der Magnetisierbarkeit [100] > [110] > [111]. Beim Ni dagegen liegt die Richtung leichter Magnetisierung in [111] und beim hexagonalen Co in Richtung der Hauptachse.

Wie bereits festgestellt wurde, setzt die Theorie des Ferromagnetismus voraus, daß das Austauschintegral positiv ist. Wenn es negativ wird, so stellen sich die Spins benachbarter Atome antiparallel ein (Antiferromagnetismus). Der Antiferromagnetismus zeigt sich in einem definierten Maximum in der Suszeptibilität-Temperatur-Kurve. Unterhalb des CURIE-Punktes steigt die magnetische Suszeptibilität an. Das hängt damit zusammen, daß bei antiparallelen Spins und bei niedrigen Temperaturen die Wechselwirkung groß und daher die resultierende Magnetisierung klein ist. Mit steigender Temperatur nimmt die Wechselwirkung ab und die Suszeptibilität steigt an. Schließlich werden oberhalb einer kritischen Temperatur (NÉEL-*Temperatur*) die Spins mehr oder weniger frei beweglich, die Suszeptibilität fällt und der Kristall wird paramagnetisch.

Kurz soll in diesem Zusammenhang noch auf das magnetische Verhalten der *Ferrite* eingegangen werden. Die Ferrite spielen heute eine große, praktische Rolle, weil sie hohe Widerstände bei hohen Frequenzen mit wertvollen magnetischen Eigenschaften vereinigen. Die Widerstände kommerzieller Ferrite liegen bei 10^2 bis 10^6 Ohm · cm, bei Eisen z. B. dagegen bei 10^{-5} Ohm · cm. Ferrite besitzen Spinellstruktur und haben die Zusammensetzung $Me^{II}Fe_2O_4$ mit Me^{II} = Mn, Co, Ni, Cu, Mg, Zn, Cd, Fe^{2+} usw. Bei der sog. *normalen* Spinellstruktur bilden die Sauerstoffionen eine kubisch dichteste Kugelpackung. Die Me^{II}-Kationen sitzen in tetraedrischen Lücken dieser Kugelpackung mit [4]-Koordination, die Fe^{3+}-Ionen in oktaedrischen Lücken mit [6]-Koordination. Bei einer Variante dieses Strukturtyps — beim *inversen* Spinell — besetzen die Hälfte der Fe^{3+}Ionen die tetraedrischen Lücken, während die andere Hälfte zusammen mit den Me^{II}-Kationen die sechsfach koordinierten Plätze besetzt.

Die Sättigungsmagnetisierung eines Ferrits kann aus der Zahl gepaarter Spins der Ionen bestimmt werden. Unter Berücksichtigung von sechs bzw. fünf 3*d*-Elektronen ergeben sich z. B. beim Magnetit $Fe^{2+}Fe_2^{3+}O_4$ vier bzw. fünf ungepaarte Spins oder insgesamt $4 + 2 \cdot 5 = 14$ BOHRsche Magnetonen pro Fe_3O_4. Nun ist aber anzunehmen, daß zwischen den Ionen in tetraedrischer Koordination und jenen in oktaedrischer Koordination eine negative Wechselwirkung besteht. Demnach stellen sich in den Ionen auf den verschieden koordinierten Gitterplätzen antiparallele Spins ein. Da Magnetit mit der Zusammensetzung $Fe^{3+}(Fe^{2+}Fe^{3+})O_4$ eine inverse Spinellstruktur aufbaut, so errechnen sich insgesamt $-5 + (4 + 5) = 4$ BOHRsche Magnetonen. Diese Zahl wird durch die Erfahrung völlig bestätigt. Das magnetische Verhalten der Ferrite resultiert demnach aus der antiferromagnetischen Wechselwirkung. Diese Eigenschaft wird *Ferrimagnetismus* genannt.

5. Brechung, Doppelbrechung, optische Aktivität

Zur gitterphysikalischen Erklärung der Lichtbrechung diskutieren wir ein stark vereinfachendes Modell nach BUCHWALD: Eine ebene Lichtwelle treffe mit ihrer Front parallel zu einer Netzebenenschar eines Gitters auf. Die Fortpflanzungsrichtung sei die x-Richtung (Abb. 30). Ferner sei s der Betrag des Lichtvektors, A die Amplitude, ν die Frequenz, λ die Wellenlänge und t die Zeit; dann gilt bekanntlich

$$s = A \cdot \exp 2\pi i \left(\nu t - \frac{x}{\lambda}\right).$$

Durch eine solche Lichtwelle wird das Gitter zu Sekundärschwingungen angeregt, deren Amplitude durch folgenden Ausdruck beschrieben werde:

$$\varrho \cdot A \cdot e^{i\varphi}.$$

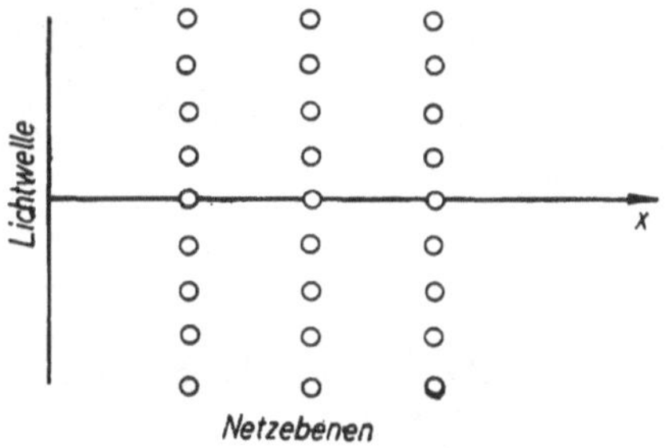

Abb. 30. Fortpflanzung einer Lichtwelle in einem Kristallgitter

Darin ist ϱ ein kleiner positiver Faktor, und φ bedeutet die Phasendifferenz gegenüber der Primärwelle. Nach dem Energieprinzip muß die Energie der auf die Netzebene auftreffenden Welle gleich der Energie der von der Netzebene ausgehenden Wellen sein. Demnach muß gelten:

$$A^2 = |A + \varrho \cdot A \cdot e^{i\varphi}|^2 + |\varrho \cdot A e^{i\varphi}|^2.$$

Der erste Ausdruck auf der rechten Seite der Gleichung entspricht dem Beitrag der weiterlaufenden Welle und der zweite Ausdruck dem Beitrag der rücklaufenden Welle.

Der absolute Betrag einer komplexen Zahl $\alpha + i\beta$ ergibt sich aus folgendem Ausdruck:

$$|\alpha + i\beta| = \sqrt{\alpha^2 + \beta^2}.$$

Somit folgt

$$\begin{aligned} A^2 &= (A + \varrho A \cos\varphi)^2 + (\varrho A \sin\varphi)^2 + (\varrho \cdot A \cos\varphi)^2 + (\varrho A \sin\varphi)^2 \\ &= A^2 + 2\varrho A^2 \cos\varphi + 2\varrho^2 A^2 \end{aligned}$$

und schließlich

$$2\varrho A^2 \cos\varphi + 2\varrho^2 A^2 = 0$$

oder

$$\cos\varphi = -\varrho .$$

Da ϱ als klein angenommen wurde, ergibt sich φ etwa größer als 90°. Die Verhältnisse sind in Abb. 31 wiedergegeben. Ohne Netzebene N liefe die Welle P

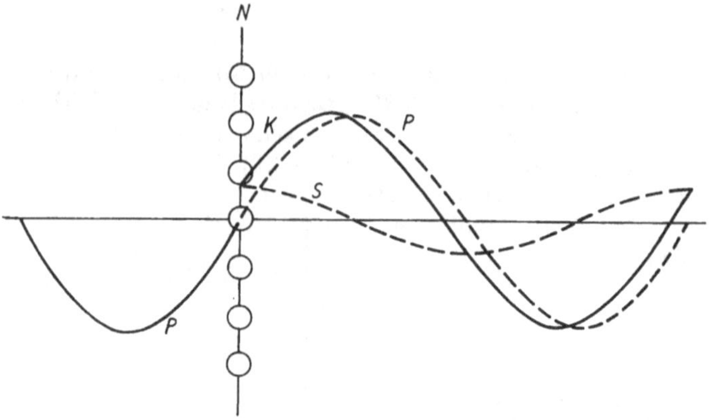

Abb. 31. Entstehung einer Sekundärwelle in einem Kristallgitter

unverändert weiter (punktierte Linie!). Durch die Netzebene N wird eine Sekundärwelle S angeregt. Sie besitzt die gleiche Wellenlänge wie die primäre Welle, ist jedoch in der Phase verschoben und hat eine wesentlich kleinere Amplitude. Hieraus resultiert schließlich die Welle K, deren Phase um einen geringen Betrag gegen die Primärwelle zurückversetzt ist. Δ sei der entsprechende Gangunterschied, um den die resultierende Welle gegenüber der Primärwelle an jeder Netzebene zurückversetzt wird. Die Dicke der Kristallschicht, welche die Welle durchsetzt, ist gleich $(N - 1) \cdot a$, wenn N die Zahl der Netzebenen und a den Netzebenenabstand bedeuten. Auf die Strecke $(N - 1) \cdot a$ kommen $(N - 1) \cdot a/\lambda$ Wellen. Insgesamt wird der Wellenzug um den Betrag $N \cdot \Delta$ zurückversetzt, so daß er eine Länge von $(N - 1)a - N \cdot \Delta$ hat. Das Verhältnis der Wellenlänge λ' im Kristall zu der Wellenlänge im Vakuum λ ergibt sich daraus zu

$$\frac{\lambda'}{\lambda} = \frac{(N-1)\,a - N \cdot \Delta}{(N-1) \cdot a}$$

oder

$$\lambda'/\lambda \approx (a - \Delta)/a .$$

Ist λ die Wellenlänge im Vakuum, so ist schließlich der Brechungsindex

$$n = a/(a - \Delta).$$

Bei konstantem $\Delta < a$ steigt mit abnehmendem Netzebenenabstand a an, d. h. mit zunehmender Packungsdichte nimmt der Brechungsindex zu.

Zur Erläuterung der Doppelbrechung ist die Betrachtung eines einfachen rhombischen Gittermodells nach P. P. EWALD zweckmäßig. Durch das elektromagnetische Feld der einfallenden Lichtwelle werden die Elektronen im rhombischen Gitter zum Mitschwingen angeregt. Dieser Vorgang ist in einem rhombischen Gitter im allgemeinen in den verschiedenen Richtungen verschieden. Schwingen die Elektronen z. B. in der xy-Ebene des rhombischen Gitters (Abb. 32), so ist es nicht gleichgültig, ob die Bewegung in Richtung der x-Achse oder in Richtung der y-Achse erfolgt, vorausgesetzt, daß $a_0 \neq b_0$ gilt. Nach der MAXWELLschen Theorie strahlt ein Dipol in seiner Schwingungsrichtung überhaupt nicht, während die maximale Strahlungsintensität senkrecht zur Schwingungsrichtung zu beobachten ist. Deshalb erfolgt eine wesentliche Zustrahlung im einen Fall durch die Nachbarn in der y-Richtung (Abb. 32 a), und im anderen Fall der Dipolschwingung durch die Nachbarn in

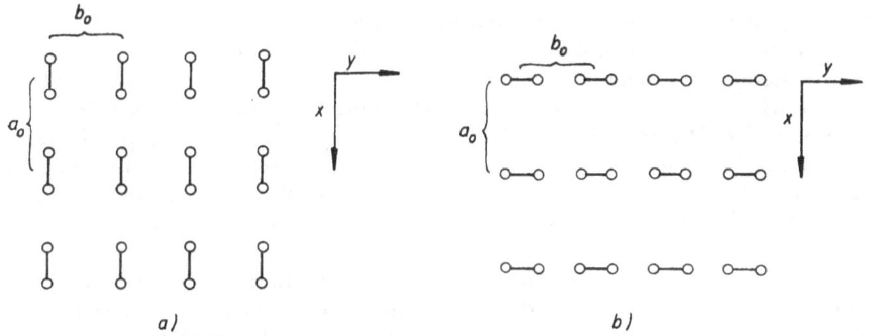

Abb. 32. Schwingungen in einem rhombischen Gitter

der x-Richtung (Abb. 32 b). Sind die Nachbarn in der x-Richtung um a_0, in der y-Richtung um b_0 voneinander entfernt und gilt $a_0 > b_0$, so ist bei der Schwingung in der x-Richtung die gesamte Zustrahlung in Richtung der $y(b)$-Achse größer als umgekehrt. Diese Unterschiede, die durch die Anisotropie des strukturellen Aufbaus bedingt sind, liefern verschiedene Phasengeschwindigkeiten und damit die Doppelbrechung.

Eine weitere, recht anschauliche Methode zur qualitativen Erklärung der Doppelbrechung geht auf Vorstellungen von W. L. BRAGG zurück. Die

Diskussion wird am Beispiel der Calcitstruktur durchgeführt. In Abb. 33 sind die drei Sauerstoffatome einer CO_3-Gruppe der Calcitstruktur dargestellt. Die Ebenen dieser Gruppe liegen senkrecht zur *c*-Achse der trigonalen Struktur. Das elektrische Feld $\mathfrak{E}$ liege zunächst *in* der Ebene der CO_3-Gruppe, also senkrecht zur *c*-Achse. In den beiden nebeneinander liegenden Ionen A und B wirken die induzierten Momente gegeneinander. Demnach werden kleinere,

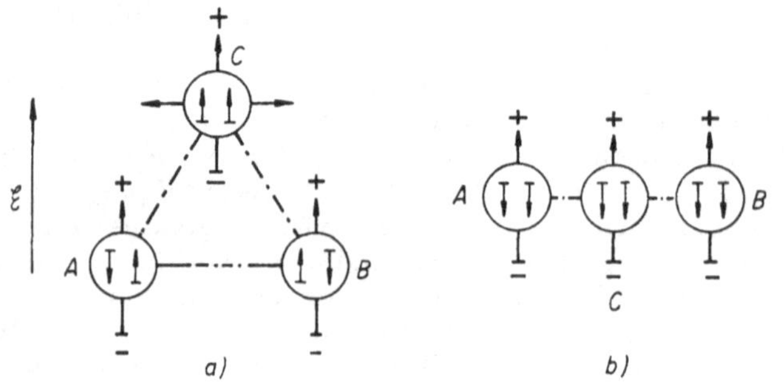

Abb. 33. Induzierte Momente in der Calcitstruktur

dem äußeren Feld entgegengerichtete Momente induziert. Entsprechend erzeugt der Dipol C Komponenten in A und B und umgekehrt A und B in C. Die sekundären Momente in C wirken im gleichen Sinne wie das Feld $\mathfrak{E}$. Anders wird die Situation, wenn das Feld senkrecht auf der Ebene der CO_3-Gruppe steht. Die induzierten Dipole erzeugen Momente, die gegeneinander wirken und sich schwächen. Die resultierende Polarisation ist also für den Fall $\mathfrak{E} \parallel$ *c*-Achse geringer als für den Fall $\mathfrak{E} \perp$ *c*-Achse. Tatsächlich ist beim Calcit der Brechungsindex parallel zur Hauptachse kleiner (1,486) als senkrecht dazu (1,658).

Analog ist auch der Fall beim Aragonit, der rhombischen Modifikation von $CaCO_3$. In der Aragonitstruktur liegen die Ebenen der CO_3-Gruppen senkrecht zur *c*-Achse. Entsprechend verläuft die Schwingungsrichtung mit dem kleinsten Brechungsindex (1,530) parallel zur *c*-Achse. Die beiden anderen Hauptbrechungsindizes dagegen besitzen die Werte 1,681 und 1,686.

Von Hylleraas stammt der Versuch, mit Hilfe der Gittertheorie die Brechungsindizes quantitativ zu bestimmen. Die Rechnung wurde für die tetragonale Hg_2Cl_2-Struktur durchgeführt. Diese Struktur kann man formal von der NaCl-Struktur ableiten, wenn anstelle der Na- bzw. Cl-Ionen die Hg_2- bzw. Cl_2-Komplexe gesetzt werden. Die Längserstreckungen dieser Komplexe liegen parallel zur *c*-Achse der Hg_2Cl_2-Struktur. Die von Hylleraas berechneten Werte für die Brechungsindizes sind in Tabelle 17 zusammengestellt (n_0 = Brechungsindex der ordentlichen, n_e = Brechungsindex der außerordentlichen Welle).

Tabelle 17

λ Lichtart	n_0 berechnet	n_0 beobachtet	n_e berechnet	n_e beobachtet
Li 671	1,9555	1,9553	2,6007	2,6003
Na 589	1,9732	1,9733	2,6568	2,6559
Tl 535	1,9904	1,9908	2,7130	2,7129

Schließlich kann auch das optische Drehvermögen gittertheoretisch erklärt werden (MAX BORN, C. W. OSEEN, W. KUHN). Man muß dabei folgende Voraussetzungen treffen: 1. Die schwingenden Partikeln sind miteinander gekoppelt; 2. der Partikelabstand kann nicht gegen die Wellenlänge des Lichts vernachlässigt werden. Als Modell wählen wir ferner ein System, das zunächst aus zwei schwingungsfähigen Partikeln I und II besteht, die in der z-Achse im Abstand d angeordnet sind (Abb. 34). Die Kopplung soll durch die Annahme zum Ausdruck gebracht werden, daß II nicht auch in der x-Richtung, sondern mit einer Komponente der y-Achse, z. B. nach der Richtung s schwingt, falls I nur mit einer x-Komponente (senkrecht zu z) schwingt. Nun kommt das Drehvermögen durch die Verschiedenheit der Fortpflanzungsgeschwindigkeiten einer rechts und einer links zirkular polarisierten Welle zustande, in die sich jede linear polarisierte Welle zerlegen läßt.

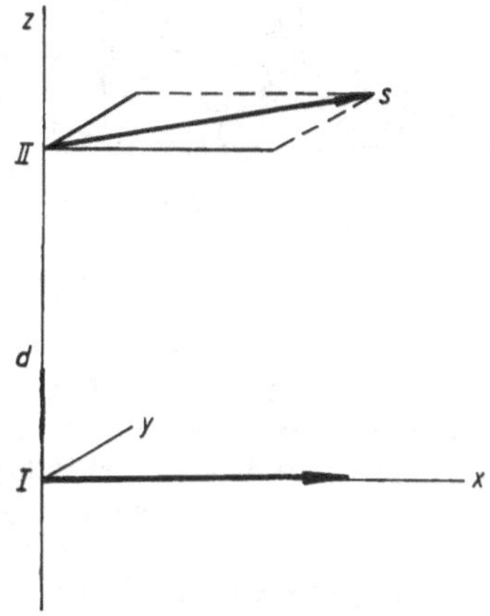

Abb. 34. Modell zum optischen Drehvermögen

Es sei zunächst einmal angenommen, daß sich eine rechts zirkular polarisierte Welle in der z-Richtung fortpflanze und daß sich in einem bestimmten Zeitpunkt ihr Lichtvektor bei I gerade in der x-Richtung befinde. Da der Partikelabstand nicht verschwindend klein gegen λ sein soll, so wird im gleichen Zeitpunkt der Lichtvektor bei II nicht nach x weisen. Vielmehr erhält der Lichtvektor eine Komponente in der y-Richtung, so daß der Vektor etwas aus der x-Richtung herausgedreht erscheint. Diese Situation entspricht der Definition der *Rechts*drehung des polarisierten Lichts: Blickt man in Richtung der negativen z-Achse, d. h. blickt man der Welle entgegen, so dreht sich der Lichtvektor tatsächlich im Sinne des Uhrzeigers, d. h. rechts herum. Da nach Voraussetzung für II die mögliche Auslenkungsrichtung in s liegt, erhält die Drehung des Lichtvektors nach rechts eine Bevorzugung, und das Mitschwingen in II wird relativ intensiv. Hieraus resultiert eine starke Sekundärwelle und — wie wir bereits früher gesehen haben— ein großer Brechungsindex *n* oder eine kleine Fortpflanzungsgeschwindigkeit.

Dagegen erhält bei der links zirkularen Welle der Lichtvektor in II eine Komponente in der negativen y-Richtung; er wird also nicht zur s-Richtung hin, sondern von ihr weggedreht. Die Wirkung wird deshalb in diesem Falle weniger günstig und die Sekundärwelle nicht so stark, so daß ein kleinerer Brechungsindex und somit eine größere Geschwindigkeit resultiert. Bei dieser Situation bedingen die beiden mit verschiedenen Geschwindigkeiten in der z-Richtung verlaufenden Wellen eine Linksdrehung.

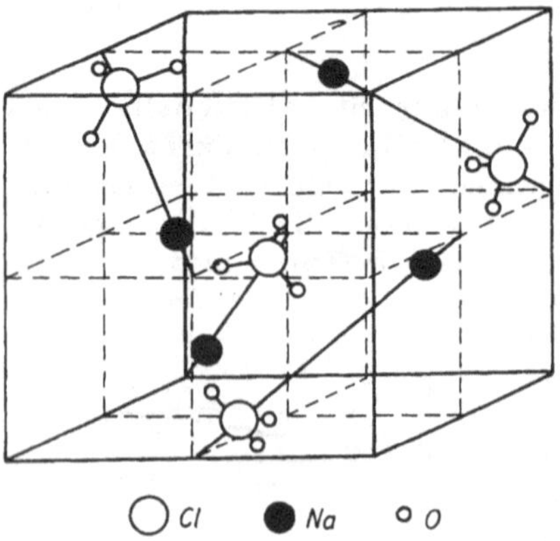

Abb. 35. Struktur von $NaClO_3$

Bei einem Kristall ist das optische Drehvermögen durch eine schraubenförmige, asymmetrische Anordnung der Partikeln bedingt. Hierzu bietet die Struktur des $NaClO_3$ ein besonders instruktives Beispiel (Abb. 35). Bei $NaClO_3$ ist die optische Aktivität allein durch den Bau der Kristallstruktur und nicht etwa, wie bei der Weinsäure, durch einen asymmetrischen Molekülbau bedingt. Deshalb zeigt auch die Lösung von $NaClO_3$, im Gegensatz zur Lösung von Weinsäure, kein optisches Drehvermögen. Blickt man in die $NaClO_3$-Struktur von einem Na-Ion in der [111]-Richtung auf die ClO_3-Gruppe, so erkennt man leicht, daß die Verbindungslinien der übrigen Ionenkomplexe um die Blickrichtung schraubenförmig angordnet sind.

Eine Bestätigung des Modells für die optische Aktivität liefert die Beziehung zwischen Drehsinn der optischen Aktivität und der betreffenden absoluten Struktur. Durch röntgenographische Untersuchungen von De Vries ist beispielsweise beim Tieftemperatur-Quarz die absolute Anordnung der Atome in der Struktur bekannt geworden. Dabei wurde das bemerkenswerte Resultat gewonnen, daß der in Richtung der c-Achse *links*drehende Quarz die Raumgruppe $P3_12$ besitzt, d. h. die Struktur weist *rechts*gewundene, dreizählige Schraubenachsen (3_1) auf. Hierbei ist *Links*drehung in dem bereits oben definierten Sinne gebraucht. Schon früher hat man *Rechtsquarze* und *Linksquarze* morphologisch definiert: Rechtsquarze sind solche Tieftemperaturquarze, welche rechte positive Trapezoeder zeigen. Sie drehen gleichzeitig optisch rechts. Ihre Struktur jedoch besitzt linksgewundene trigonale Schraubenachsen mit der Raumgruppe $P3_22$.

Quarz-Kristalle mit linken positiven Trapezoedern werden als Linksquarze bezeichnet und drehen optisch nach links.

IV. Realstruktur und einige physikalische Eigenschaften

Von KLAUS MEYER

1. Einleitung

Die den beiden vorangehenden Beiträgen zugrundeliegende dreidimensionale Periodizität im Gitteraufbau wird bei von 0 °K verschiedenen Temperaturen im Kristall nicht erreicht. Die Abweichungen vom periodischen Aufbau sind die chemische und strukturelle Fehlordnung. Unter der chemischen Fehlordnung verstehen wir den Einfluß von Verunreinigungen bzw. Dotierungen auf die Abweichungen vom regelmäßig gebauten Idealkristall, und zur strukturellen Fehlordnung gehören die geometrischen Abweichungen der Gitterbausteine vom streng geordneten Gitteraufbau. Daneben kann man eine elektrische Fehlordnung definieren, die in der Abweichung der elektrischen Ladungsverteilung vom periodischen Kristallaufbau begründet ist. Diese ist im allgemeinen an die chemische und strukturelle Fehlordnung gebunden und somit sekundärer Natur. Im Rahmen dieses Beitrages soll nur die strukturelle Fehlordnung behandelt werden.

Die Kenntnis von der Realstruktur der Kristalle ist von grundlegender Bedeutung für das Verständnis vieler Kristalleigenschaften, die in chemischer, elektrischer, magnetischer, optischer, mechanischer und anderer Hinsicht durch die Realstruktur bestimmt werden. Von SMEKAL wurde daher der Begriff der strukturempfindlichen und strukturunempfindlichen Kristalleigenschaften geprägt. Die weitaus meisten Kristalleigenschaften sind jedoch strukturempfindlicher Natur, d. h., sie sind von der Realstruktur abhängig. Daher stellt die Untersuchung der Realstruktur mit den verschiedensten Methoden heute eine wesentliche Forschungsrichtung der Kristallphysik und -chemie dar.

2. Geometrie der Kristallbaufehler

Die Einteilung der strukturellen Fehlordnung in Kristallgittern ist auf der Grundlage ihrer räumlichen Ausdehnung möglich. Wir können daher Punkt-, Linien- und Flächendefekte entsprechend ihrer null-, ein- und zweidimensionalen Ausdehnung unterscheiden. Die sich aus dem geometrischen Einteilungsprinzip ergebenden wichtigsten Kristallbaufehler sind in der Tabelle 18 zusammengestellt.

Tabelle 18. Systematik der Gitterbaufehler

Punktdefekte	Liniendefekte	Flächendefekte
FRENKEL-Fehlordnng	Versetzungen	Kleinwinkelkorngrenze
SCHOTTKY-Fehlordnung		Großwinkelkorngrenze
Anti-FRENKEL-Fehlordnung		Stapelfehler
Anti-SCHOTTKY-Fehlordnung		Zwillingsgrenze

2.1. Punktdefekte

Da Punktdefekte in den drei Dimensionen atomare Abmessungen aufweisen, bezeichnet man sie auch als atomare Fehlordnung. Diese Fehlordnungsart unterscheidet sich grundsätzlich von Linien- und Flächendefekten dadurch, daß sie im thermischen Gleichgewicht ist.[1]) Daher sind Idealkristalle bei Normaltemperatur nicht existent. Selbst wenn sie versetzungsfrei wären und keine anderen Flächendefekte enthielten, müßte man bei einer von 0 °K verschiedenen Temperatur mit einer bestimmten Gleichgewichtskonzentration atomarer Fehlordnung rechnen. Einer bestimmten Temperatur kann somit ein definierter Fehlordnungsgrad zugeordnet werden. Daher bezeichnet

---

[1]) Darüber hinaus kann die atomare Fehlordnung zusätzlich durch äußere Einwirkungen entstehen, etwa durch Beschuß mit Neutronen und Ionen, durch mechanische Bearbeitung oder andere Prozesse, wie z. B. Schockwellen. In diesem Fall liegen Abweichungen von der Gleichgewichtskonzentration vor.

man diese Art der Fehlordnung auch als Eigenfehlordnung oder thermische Fehlordnung.

Die vier Grundtypen der thermischen Fehlordnung sind in der Abb. 36a—d für binäre Ionenkristalle der Zusammensetzung *AB* zusammengestellt.

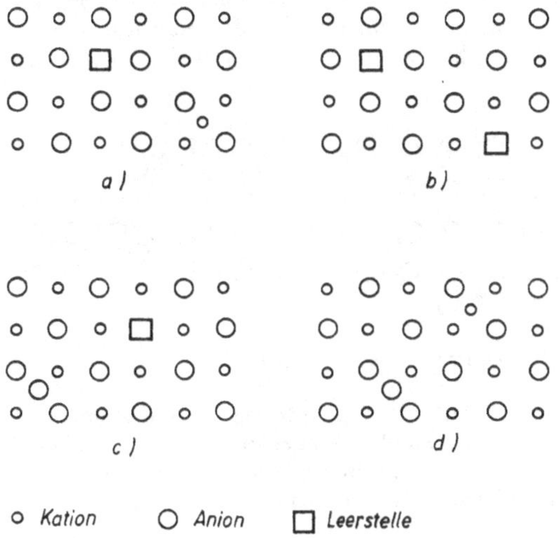

Abb. 36. Die vier Grundtypen der thermischen Fehlordnung in binären Ionenkristallen vom Typ *AB*

a FRENKEL-Fehlordnung, b SCHOTTKY-Fehlordnung, c Anti-FRENKEL-Fehlordnung, d Anti-SCHOTTKY-Fehlordnung

1. FRENKEL-Fehlordnung
   Leerstellen im Kationenteilgitter und Kationen auf Zwischengitterplätzen
2. SCHOTTKY-Fehlordnung
   Leerstellen im Kationen- und Anionenteilgitter
3. Anti-FRENKEL-Fehlordnung
   Leerstellen im Anionenteilgitter und Anionen auf Zwischengitterplätzen
4. Anti-SCHOTTKY-Fehlordnung
   Kationen und Anionen auf Zwischengitterplätzen.

Für monoatomare Kristalle ist die FRENKEL- und SCHOTTKY-Fehlordnung in Abb. 37 schematisch dargestellt.

Die Berechnung der thermischen Fehlordnung ist durch Anwendung der bekannten thermodynamischen Zustandsfunktionen möglich. Durch die Entstehung von Fehlstellen im Gitter steigt sowohl die innere Energie U wie die

Entropie S des Kristalls. Die Gleichgewichtskonzentration der Fehlstellen ergibt sich bei einer bestimmten Temperatur aus der freien Energie F nach der Beziehung

$$\Delta F = \Delta U - T\Delta S, \tag{1}$$

die ein Minimum annimmt. Mit dem Minimum an freier Energie besitzt der Kristall ein Maximum an Stabilität. Die Berechnung der Fehlstellenkonzentration läuft also auf die Bestimmung von ΔU und ΔS hinaus.

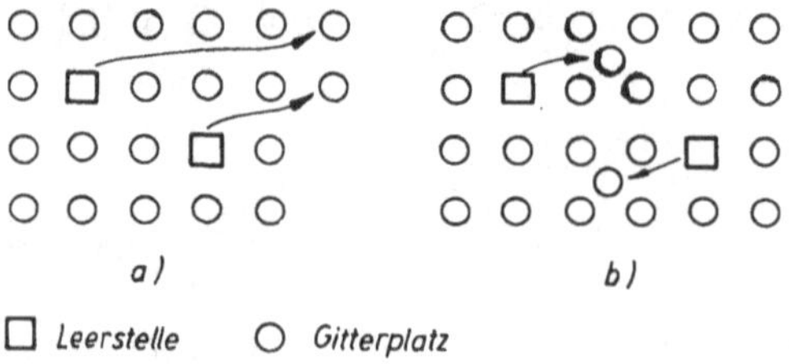

Abb. 37. SCHOTTKY- und FRENKEL-Fehlordnung in monoatomaren Gittern. SCHOTTKY-Fehlordnung (a) erzeugt Leerstellen, wobei die Atome zur Oberfläche wandern (Volumenänderung). FRENKEL-Fehlordnung erzeugt Zwischengitteratome und Leerstellen gleicher Konzentration (keine Volumenänderung).

Unter der Voraussetzung, daß keine Volumenänderung auftritt und die Fehlstellenkonzentration so gering ist, daß eine gegenseitige Beeinflussung der atomaren Baufehler vermieden wird, können wir die SCHOTTKY-Fehlordnung für einen monoatomaren Kristall, d. h. für einen aus einer Atomsorte bestehenden Kristall, berechnen.

Wenn der Kristall aus N Atomen aufgebaut ist und n Leerstellen vorhanden sind, ergibt sich die Zahl der möglichen Konfigurationen bzw. die Zahl der Realisierungsmöglichkeiten

$$W = \frac{N!}{n!\,(N-n)!}. \tag{2}$$

W bedeutet die thermodynamische Wahrscheinlichkeit für die Verteilung der n Leerstellen auf die N Gitterplätze. Die damit verbundene Entropievergrößerung können wir aus der BOLTZMANN-Beziehung ableiten:

$$\Delta S = k \cdot \ln W \tag{3}$$

$$= k \cdot \ln \frac{N!}{n!\,(N-n)!}. \tag{4}$$

Die Änderung von U ergibt sich aus dem Produkt der Bildungsenergie E einer Leerstelle und der Zahl der Leerstellen n:

$$\Delta U = n \cdot E. \tag{5}$$

Ersetzt man in (1) ΔU und ΔS durch (4) und (5), ergibt sich die damit verbundene Änderung der freien Energie des Kristalls für eine gegebene Temperatur T:

$$\Delta F = n \cdot E - kT \cdot \ln \frac{N!}{n!\,(N-n)!}. \tag{6}$$

Durch Anwendung der STIRLINGschen Formel

$$\ln x! \approx x \cdot \ln x \tag{7}$$

geht (6) über in

$$\Delta F \approx n \cdot E - kT\,[N \cdot \ln N - n \cdot \ln n - (N-n) \cdot \ln (N-n)]. \tag{8}$$

Die Gleichgewichtskonzentration erhält man aus der Minimalbedingung

$$\left(\frac{\partial \Delta F}{\partial n}\right)_T \approx E - kT\,[-\ln n - 1 + \ln (N-n) + 1] \tag{9}$$

$$\approx E - kT \ln \frac{N-n}{n} = 0. \tag{10}$$

Daraus folgt

$$E \approx kT \cdot \ln \frac{N-n}{n} \tag{11}$$

oder

$$\frac{N-n}{n} \approx e^{E/kT}. \tag{12}$$

Da die Zahl der SCHOTTKY-Defekte n im Vergleich zur Gesamtzahl der im Kristall vorhandenen Atome klein ist ($n \ll N$), können wir für $N - n \approx N$ setzen. Damit vereinfachen sich (11) und (12), so daß die Zahl der bei der Temperatur T im Gleichgewicht befindlichen Leerstellen

$$n \approx N \cdot e^{-E/kT} \tag{13}$$

oder

$$\frac{n}{N} \approx e^{-E/kT} \tag{14}$$

ist.

Die Fehlstellenkonzentration nimmt somit exponentiell mit der Temperatur zu.

Um z. B. die Fehlstellenkonzentration in einem Cu-Kristall bei 1100 °K zu berechnen, setzen wir in (14) für die Bildungsenergie einer Fehlstelle $E = 1{,}1$ eV, so daß

$$\frac{n}{N} \approx e^{-1,1/1100 \cdot 8,6 \cdot 10^{-5}} \approx 10^{-5}$$

wird. Das bedeutet, daß etwa jeder 10^5-te Gitterplatz unbesetzt ist oder der mittlere Abstand zwischen benachbarten Leerstellen einige Dutzend Atomabstände beträgt. Die berechnete Fehlstellenkonzentration ergibt sich nur dann, wenn man auch tatsächlich für die Gleichgewichtseinstellung sorgt.

Höhere Fehlstellenkonzentrationen kann man z. B. dadurch erreichen, daß man einen Kristall plötzlich abschreckt und somit die bei erhöhter Temperatur eingestellte Konzentration bei tiefer Temperatur einfriert.

Für die Berechnung der FRENKEL-Fehlordnung ergibt sich eine (13) analoge Beziehung. Ist N' die Zahl der möglichen Plätze für Zwischengitteratome und n die Zahl der Atome, die ihren Gitterplatz verlassen haben, folgt für

$$n = N \cdot N' \cdot e^{-E/2kT}. \tag{15}$$

Für binäre Ionenkristalle vom Typ AB lassen sich die Beziehungen (13) und (15) entsprechend modifizieren. Aus Gründen der Elektroneutralität kann in diesen Gittern z. B. bei der SCHOTTKY-Fehlordnung nur die gleiche Zahl von Kationen- und Anionenleerstellen entstehen. In diesem Fall wird die Bildungsenergie für ein Leerstellenpaar benötigt. Welche Art der Fehlordnung in einem bestimmten Kristallgitter überwiegend auftritt, hängt im wesentlichen von den notwendigen Bildungsenergien ab. Im allgemeinen werden sich mehrere Fehlordnungstypen überlagern, doch wenn ein Typ, für den die niedrigste Bildungsenergie benötigt wird, stark überwiegt, bezeichnet man die Fehlordnungsart entsprechend. In Alkalihalogeniden überwiegt z. B. die SCHOTTKY-Fehlordnung. Die Bildungsenergien für ein Leerstellenpaar sind für einige Alkalihalogenide in der Tabelle 19 zusammengefaßt.

Tabelle 19. Experimentell bestimmte Bildungsenergien für Leerstellenpaare in Alkalihalogeniden

Kristall	Bildungsenergie in eV
KCl	2,01
NaCl	2,06
NaBr	1,68
LiF	2,68
LiCl	2,12
LiBr	1,80
LiJ	1,34

2.2. *Liniendefekte*

Zu dieser Gruppe von Baufehlern gehören die Stufen- und Schraubenversetzungen, die wir uns jedoch nicht als zwei grundsätzlich verschiedene Versetzungstypen vorzustellen haben. Wir können sie als zwei Grenzfälle im Verlauf einer Versetzungslinie betrachten, die eine unterschiedliche Orientierung zum BURGERS-Vektor aufweist. Im allgemeinen haben Versetzungen Mischcharakter, d. h., sie bestehen aus Stufen- und Schraubenanteilen.

In der Abb. 38 ist die Lage des BURGERS-Vektors zu einem Versetzungsring gezeichnet. Im Grenzfall des parallelen Verlaufes von Versetzungslinie und BURGERS-Vektor sprechen wir von einem Schraubenanteil, im senkrechten Fall von einem Stufenanteil. Unter der Versetzung oder Versetzungslinie verstehen wir die Grenzlinie, die den abgeglittenen von dem nichtabgeglittenen Kristallbereich trennt (siehe auch Abb. 75). Der Atomaufbau befindet sich an dieser Stelle in einem verzerrten Zustand. Diese Störung längs der Begrenzungslinie heißt Versetzung. Der BURGERS-Vektor $\mathfrak{b}$ gibt Betrag und Richtung der Verschiebung der Atome in einem Kristallgitter an. Der Betrag von $\mathfrak{b}$, $|\mathfrak{b}| = b$, wird Versetzungsstärke genannt. Ist $\mathfrak{b}$ ein Gittervektor im BRAVAIS-Gitter, spricht man von einer vollständigen Versetzung; im Fall, daß $\mathfrak{b}$ kein Vektor im BRAVAIS-Gitter ist, von einer unvollständigen oder Halbversetzung (Teilversetzung).

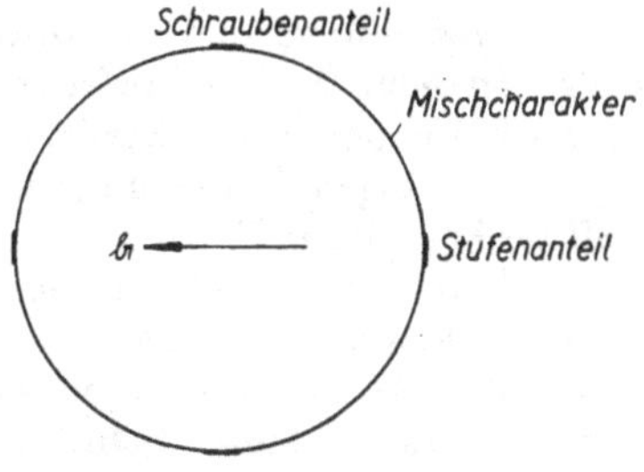

Abb. 38. Lage des BURGERS-Vektors zu einem Versetzungsring

Exakt kann man eine Versetzung durch den BURGERS-Umlauf beschreiben, indem man die Versetzungslinie in einer Ebene umfährt, die senkrecht zu dieser Linie liegt. Der Umlauf kann in sich selbst zurückführen oder verfehlt den Ausgangspunkt um einen Betrag, der bei vollständigen Versetzungen

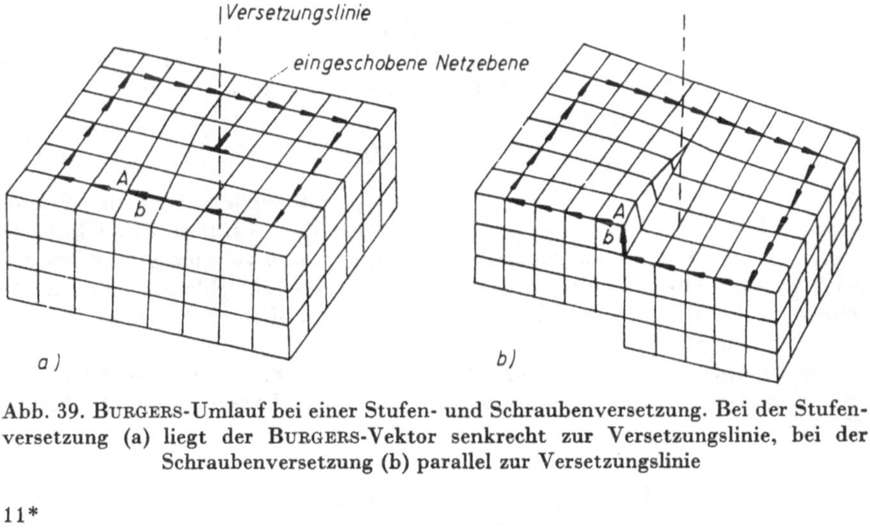

Abb. 39. BURGERS-Umlauf bei einer Stufen- und Schraubenversetzung. Bei der Stufenversetzung (a) liegt der BURGERS-Vektor senkrecht zur Versetzungslinie, bei der Schraubenversetzung (b) parallel zur Versetzungslinie

dem BURGERS-Vektor entspricht. In der Abb. 39a und b ist der BURGERS-Umlauf für eine Stufen- und Schraubenversetzung dargestellt. Die Stufenversetzung wird durch das Symbol ⊥ belegt, wobei der senkrechte Strich die eingeschobene Netzebene (einer Gittergeraden von n Atomen stehen $n + 1$ gegenüber) und der durchgehende waagerechte Strich die Gleitrichtung angeben. Bei der Stufenversetzung gelangt man während des Umlaufes zum Ausgangspunkt A zurück, ohne die Ebene zu verlassen, wenn man von einem beliebigen Punkt ausgeht. Der BURGERS-Vektor $\mathfrak{b}$ verläuft in diesem Fall senkrecht zur Versetzungslinie (Stufenversetzung).

Im Falle der Schraubenversetzung (Abb. 39b) verfehlt der Umlauf den Ausgangspunkt um einen Translationsbetrag, der bei vollständigen Versetzungen dem BURGERS-Vektor entspricht und dessen Richtung parallel zur Versetzungslinie verläuft (Schraubenversetzung). Im allgemeinen ist die Versetzungslinie gekrümmt, und man unterscheidet gleichzeitig Stufen- und Schraubenanteile (siehe Abb. 38).

2.2.1. Vollständige Versetzungen in einfachen Gittertypen

Grundsätzlich läßt die Tatsache, daß bei vollständigen Versetzungen der BURGERS-Vektor einem Gittervektor im BRAVAIS-Gitter entspricht, die Möglichkeit zu, daß in einer bestimmten Kristallstruktur sehr viele BURGERS-Vektoren und damit Versetzungen auftreten können. Tatsächlich werden aber nur wenige BURGERS-Vektoren beobachtet. Der Grund liegt in Versetzungsreaktionen, bei denen instabile Versetzungen unter Energieabgabe und Bildung stabiler Versetzungen dissoziieren. Eine Versetzungsreaktion hat daher ähnlich wie eine chemische Reaktion eine bestimmte Wärmetönung.

Wir können daher für eine Versetzungsreaktion im Falle der Dissoziation einer instabilen Versetzung mit dem BURGERS-Vektor $\mathfrak{b}_1$ in 2 stabile mit den BURGERS-Vektoren $\mathfrak{b}_2$ und $\mathfrak{b}_3$ folgende Vektorgleichung angeben:

$$\mathfrak{b}_1 = \mathfrak{b}_2 + \mathfrak{b}_3. \tag{16}$$

Wird bei der Dissoziation einer Versetzung mit großem BURGERS-Vektor in zwei kleine Vektoren Energie frei, so wird die Reaktion von selbst ablaufen. Dieser Prozeß der Aufspaltung wird so lange vor sich gehen, bis nur noch wenige BURGERS-Vektoren als Gleitvektoren übrigbleiben, die im allgemeinen kürzesten Gitterabständen im BRAVAIS-Gitter bei vollständigen Versetzungen entsprechen.

Die Energie einer Versetzung ist nach FRANK proportional dem Quadrat der Versetzungsstärke, also dem Quadrat des Betrages vom BURGERS-Vektor:

$$E \sim b^2. \tag{17}$$

Unter Berücksichtigung dieses Stabilitätskriteriums wird die Dissoziation einer Versetzung eintreten, wenn $b_1^2 > (b_2^2 + b_3^2)$ ist. Eine Aufspaltung ist unmöglich, wenn $b_1^2 < (b_2^2 + b_3^2)$ ist. Die Dissoziation ist unbestimmt, wenn $b_1^2 = b_2^2 + b_3^2$ ist. Im letzten Fall bezeichnet man die Dissoziation auch als indifferent.

Unter Verwendung dieses Stabilitätskriteriums können wir die wenigen, in den einfachsten Translationsgittern vorkommenden BURGERS-Vektoren angeben.

1. Kubisch-primitives Gitter (Abb. 40)

Die kürzesten Gittervektoren sind in der angegebenen Reihenfolge:

a) $\langle 100 \rangle$ mit der Länge $b = a$: $a\langle 100 \rangle$,

b) $\langle 110 \rangle$ mit der Länge $b = a \cdot \sqrt{2}$: $a\langle 110 \rangle$,

c) $\langle 111 \rangle$ mit der Länge $b = a \cdot \sqrt{3}$: $a\langle 111 \rangle$.

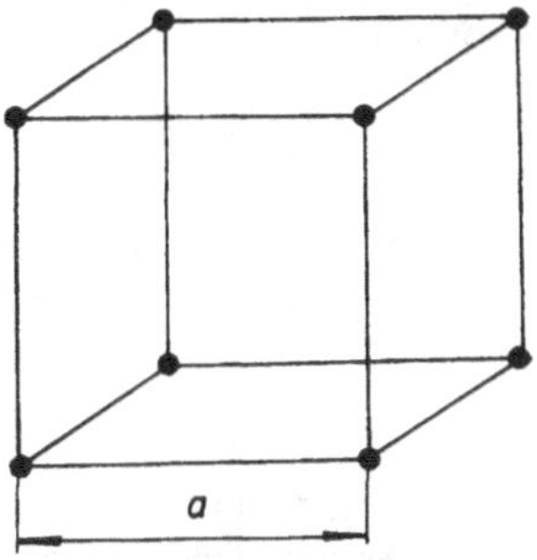

Abb. 40. Elementarzelle des kubisch-primitiven Gitters

Der kürzeste Gittervektor ist $a\langle 100 \rangle$. Die Frage nach einer Dissoziation der beiden anderen in diesen Gittervektor ist unentschieden, da weder Energie frei wird noch aufgewendet werden muß. Unter Anwendung der FRANKschen Beziehung (17) gilt für die Aufspaltung des Gittervektors $a\langle 110 \rangle$ in zwei Versetzungen vom Typ $a\langle 100 \rangle$ nach der Gleichung

$$a\,[110] = a\,[010] + a\,[001]$$

bezüglich der Quadrate der Versetzungsstärke

$$2a^2 = a^2 + a^2 = 2a^2.$$

Analog gilt für die Dissoziation des Gittervektors $a\langle 111 \rangle$:

$$a\,[111] = a\,[100] + a\,[010] + a\,[001]$$
$$3a^2 = a^2 + a^2 + a^2 = 3a^2$$

oder

$$a\,[111] = a\,[001] + a\,[110],$$
$$3a^2 = a^2 + 2a^2 = 3a^2.$$

Somit sind die Gittervektoren $a\langle 110 \rangle$ und $a\langle 111 \rangle$ gegenüber dem stabilen $a\langle 100 \rangle$ indifferent, da die Summe der Quadrate der Beträge der Vektorgleichungen jeweils auf beiden Seiten gleich ist. Alle anderen möglichen BURGERS-Vektoren sind instabil gegenüber einer Dissoziation in diese drei Vektoren.

2. Kubisch-raumzentriertes Gitter (Abb. 41)

Die kürzesten Gittervektoren sind

a) $\langle 111 \rangle$ mit der Länge $b = \frac{a}{2}\sqrt{3} : \frac{a}{2}\langle 111 \rangle$,

b) $\langle 100 \rangle$ mit der Länge $b = a : a\,\langle 100 \rangle$.

Da der letzte Gittervektor nur unter Energieaufwand nach der Reaktionsgleichung

$$a\,[100] = \frac{a}{2}[111] + \frac{a}{2}[1\bar{1}\bar{1}]$$

aufspalten kann, sind beide BURGERS-Vektoren stabil. Alle anderen sind instabil und dissoziieren in die angegebenen Vektoren.

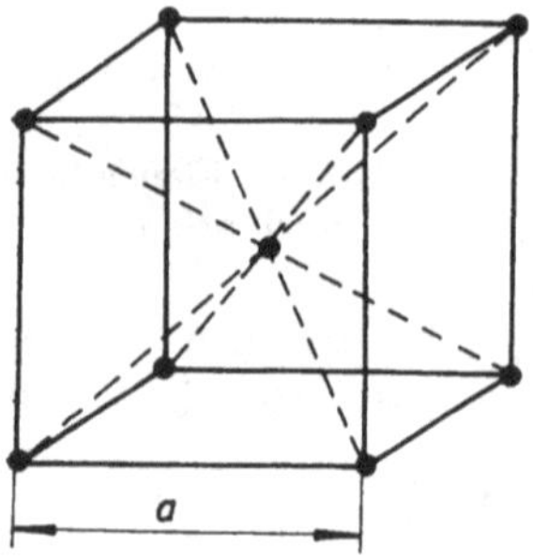

Abb. 41. Elementarzelle des kubisch-raumzentrierten Gitters

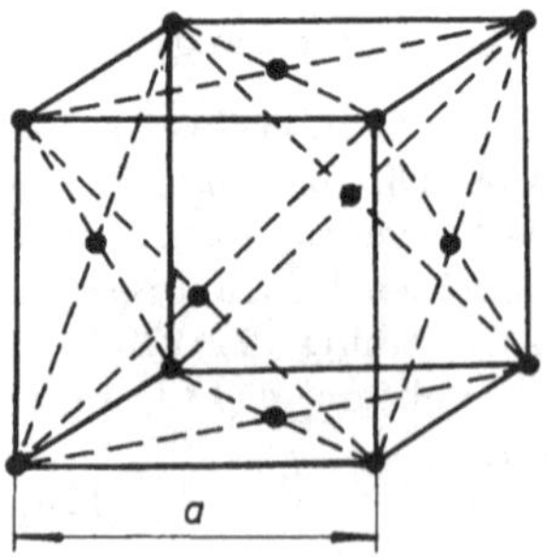

Abb. 42. Elementarzelle des kubisch-flächenzentrierten Gitters

3. Kubisch-flächenzentriertes Gitter (Abb. 42)

Die kürzesten Gittervektoren sind

a) $\langle 110 \rangle$ mit der Länge $b = \frac{a}{2}\sqrt{2} : \frac{a}{2}\langle 110 \rangle$,

b) $\langle 100 \rangle$ mit der Länge $b = a : a\,\langle 100 \rangle$.

Versetzungen mit dem BURGERS-Vektor $a\,\langle 100 \rangle$ können zwar aufspalten in $\frac{a}{2}\langle 110 \rangle$-Versetzungen, jedoch ohne Energiegewinn, so daß ihre Stabilität gegenüber einer Aufspaltung unentschieden ist. Gittervektoren vom Typ $a\,\langle 100 \rangle$ sind also indifferent.

4. Hexagonal-dichteste Packung (Abb. 43)

Wir haben in dieser Struktur zu unterscheiden zwischen den Gleitvektoren in der Basisebene und senkrecht dazu. In der Basisebene sind die kürzesten Translationsvektoren diejenigen, die zu den nächsten Nachbarn in der Basisebene hinweisen:

$$\langle 11\bar{2}0\rangle \text{ mit der Länge } b = \frac{a}{3} : \frac{a}{3}\langle 11\bar{2}0\rangle.$$

Versetzungen mit dem Burgers-Vektor $\frac{a}{3}\langle 11\bar{2}0\rangle$ werden a-Versetzungen genannt.

Senkrecht zur Basisebene ist der kürzeste Vektor

$$\langle 0001\rangle \text{ mit der Länge } b = c : c\,\langle 0001\rangle$$

der einzig stabile. Versetzungen dieses Typs werden c-Versetzungen genannt. Aus der Kombination beider Burgers-Vektoren resultiert ein Vektor des Typs $\langle 11\bar{2}3\rangle$ mit der Länge $b = \frac{1}{3}\sqrt{a^2 + c^2}$. Er kann ohne Energiegewinn aufspalten und verhält sich damit indifferent.

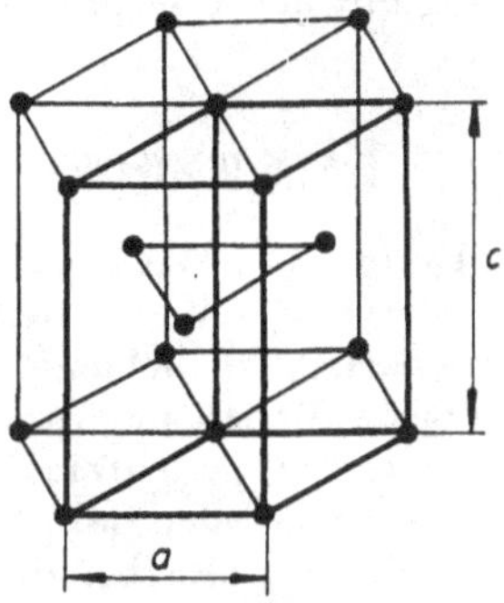

Abb. 43. Elementarzelle der hexagonal-dichtesten Kugelpackung

Alle anderen möglichen Gittervektoren sind instabil. Sie lassen sich auf diese Typen reduzieren.

Zusammenfassend ergeben sich für die vier einfachen Gittertypen die in der Tabelle 20 zusammengestellten stabilen und indifferenten Burgers-Vektoren.

Tabelle 20. Stabile und indifferente Burgers-Vektoren einfacher Gittertypen

Gittertyp	stabil	indifferent
Kubisch-primitiv	$a\,\langle 100\rangle$	$a\,\langle 110\rangle$, $a\,\langle 111\rangle$
Kubisch-raumzentriert	$\frac{a}{2}\langle 111\rangle$ $a\,\langle 100\rangle$	
Kubisch-flächenzentriert	$\frac{a}{2}\langle 110\rangle$	$a\,\langle 100\rangle$
Hexagonal-dichteste Packung	$\frac{a}{3}\langle 11\bar{2}0\rangle$ $c\,\langle 0001\rangle$	$\sqrt{a^2 + c^3}\,\langle 11\bar{2}3\rangle$

Es ergibt sich somit die Schlußfolgerung, daß stabile Versetzungen in Kristallgittern Burgers-Vektoren besitzen, die kürzeste Abstände im Translationsgitter verbinden. Das sind dichtest besetzte Gitterrichtungen im Translationsgitter. Dieses Ergebnis hat weitreichende Bedeutung im Zusammenhang mit den Gleitprozessen bei der plastischen Deformation von Kristallen.

2.2.2. Versetzungsanordnungen in binären Verbindungen

Unter Berücksichtigung der stabilen Burgers-Vektoren in verschiedenen Gittertypen soll die Geometrie von Versetzungsanordnungen in speziellen Ionenkristallen behandelt werden. Hierbei ist zu berücksichtigen, daß das einfache Modell der Stufenversetzung, wie es z. B. in Abb. 39a dargestellt ist, nur für monoatomare Strukturen gilt. In binären Strukturen, etwa in NaCl-, CsCl- oder CaF_2-Strukturen, liegen die Verhältnisse komplizierter. So ist beispielsweise bei der NaCl-Struktur die eingeschobene Netzebene aus Gründen der Neutralität aus einem Netzebenenpaar aufgebaut.

NaCl-Struktur

NaCl kristallisiert im kubisch-flächenzentrierten Gitter und besitzt den stabilen Burgers-Vektor $\frac{a}{2}\langle 110\rangle$. Die primäre Gleitebene ist $\{110\}$. Der atomare Aufbau einer Stufen- und Schraubenversetzung mit dem gleichen Burgers-Vektor ist in der Abb. 44a und b dargestellt. Die unterschiedlichen Schraffierungen geben die Positionen der Ionen senkrecht zur Zeichenebene an.

CsCl-Struktur

CsCl kristallisiert im kubisch-primitiven Gitter. Der stabile Burgers-Vektor ist $a\langle 100\rangle$ und die Gleitebene $\{110\}$.

Schematisch ist eine Stufenversetzung mit dem Burgers-Vektor $a\langle 100\rangle$ in Abb. 45 dargestellt.

CaF_2-Struktur

CaF_2 kristallisiert im kubisch-flächenzentrierten Gitter. Der stabile Burgers-Vektor ist $\frac{a}{2}\langle 110\rangle$ und die Gleitebene $\{100\}$. Eine Stufenversetzung mit diesem Burgers-Vektor ist in der Abb. 46 dargestellt. Sie ergibt sich durch Einschub zweier Netzebenen.

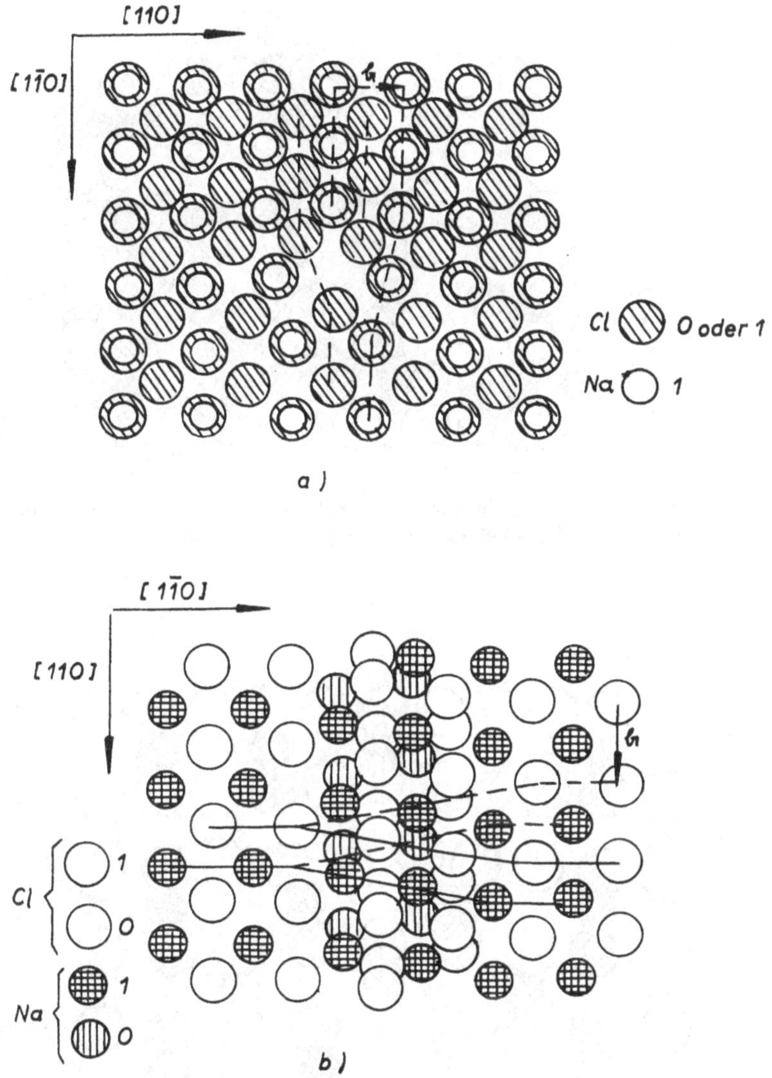

Abb. 44. Stufen- und Schraubenversetzung mit der (110)-Gleitebene und dem BURGERS-Vektor $\frac{a}{2}$ [110] der NaCl-Struktur, nach S. AMELINCKX

a) Stufenversetzung, b) Schraubenversetzung

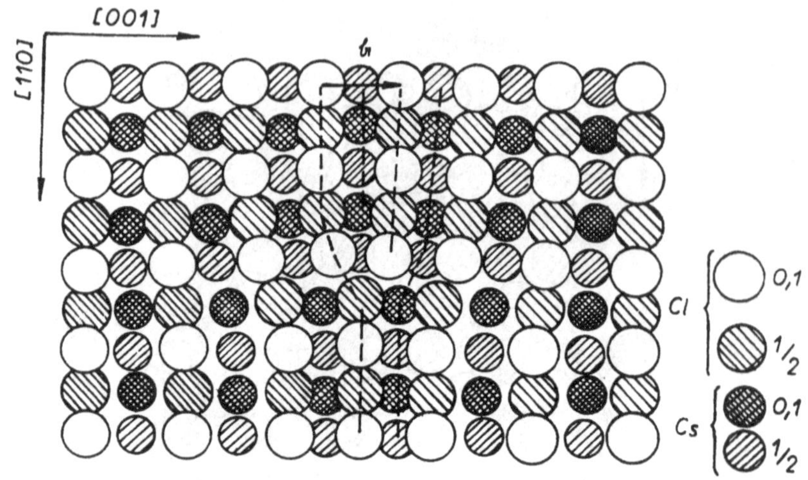

Abb. 45. Stufenversetzung in der CsCl-Struktur. Die Gleitebene ist (110) und der BURGERS-Vektor *a* [100], nach S. AMELINCKX

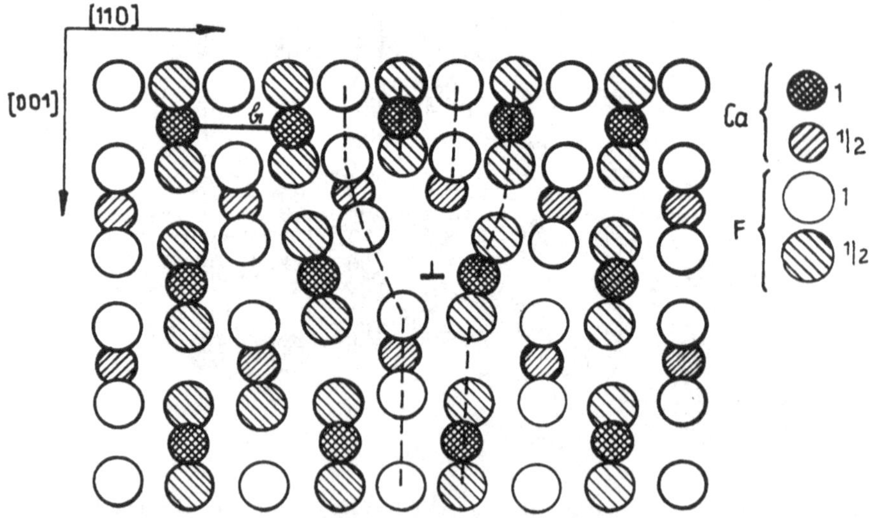

Abb. 46. Stufenversetzung in der CaF_2-Struktur. Gleitfläche ist (001) und BURGERS-Vektor $\frac{a}{2}$[110], nach S. AMELINCKX

2.2.3. *Unvollständige Versetzungen*

Unvollständige Versetzungen sind dadurch charakterisiert, daß ihre BURGERS-Vektoren keine Gittervektoren sind. Prinzipiell haben wir zwei verschiedene Arten unvollständiger bzw. Halbversetzungen (Teilversetzungen) zu unterscheiden: SHOCKLEYsche Halbversetzungen und FRANKsche Halbversetzungen. Während die SHOCKLEYschen Halbversetzungen gleitfähig sind, ist der zweite Versetzungstyp im allgemeinen nicht gleitfähig.

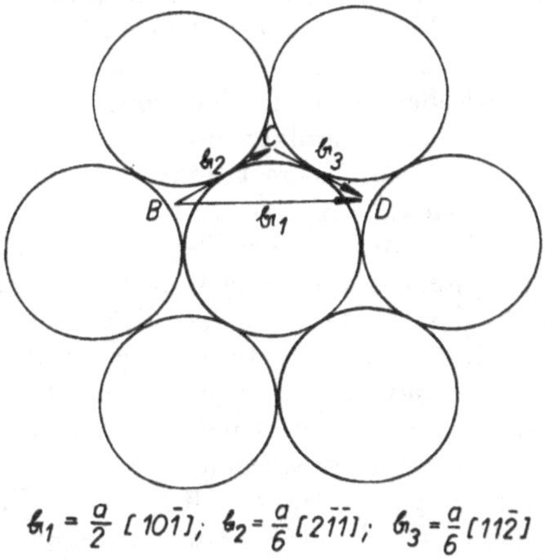

Abb. 47. Versetungsreaktion in der (111)-Ebene des flächenzentrierten Gitters durch Aufspaltung einer vollständigen Versetzung in zwei Halbversetzungen:

$$\frac{a}{2}[10\bar{1}] = \frac{a}{6}[2\bar{1}\bar{1}] + \frac{a}{6}[11\bar{2}]$$

SHOCKLEYsche Halbversetzungen

Die Entstehung SHOCKLEYscher Halbversetzungen im kubisch-flächenzentrierten Gitter können wir uns mit Hilfe der Abb. 47 klarmachen. Dargestellt ist die dichtest gepackte (111)-Ebene mit Gleitrichtung, die dem BURGERS-Vektor $\mathfrak{b}_1 = \frac{a}{2}[10\bar{1}]$ entspricht. Die für die flächenzentrierte Struktur stabile Versetzung mit dem BURGERS-Vektor $\mathfrak{b}_1$ kann aufspalten unter Verringerung ihrer Energie in zwei Halbversetzungen nach der Vektorgleichung

$$\frac{a}{2}[10\bar{1}] = \frac{a}{6}[2\bar{1}\bar{1}] + \frac{a}{6}[11\bar{2}].$$

Die makroskopische Gleitrichtung entlang der $[10\bar{1}]$-Richtung, symbolisiert durch den BURGERS-Vektor $\mathfrak{b}_1$, können wir uns im Zickzack-Weg *BCD* ... mit den alternierenden Vektoren $\mathfrak{b}_2 = \frac{a}{6}[2\bar{1}\bar{1}]$ und $\mathfrak{b}_3 = \frac{a}{6}[11\bar{2}]$ realisiert denken. Nach der FRANKschen Regel wird dadurch die Energie von $\frac{a^2}{2}$ auf $\frac{a^2}{3}$ erniedrigt. Mit der Aufspaltung des $[10\bar{1}]$-Gleitschrittes ist gleichzeitig die Entstehung eines Stapelfehlers, d. h. einer Abweichung von der normalen Schichtenfolge im flächenzentrierten Gitter, verbunden. Die Schichtenfolge im ungestörten kubisch-flächenzentrierten Gitter ist in [111]-Richtung *ABCABC* ... Aus der Abb. 47 erkennt man jedoch, daß sich das Gitter nach Ausführung des ersten der beiden Gleitschritte nicht mehr in seiner ursprünglichen Lage befindet, da die darüberliegende Atomlage nun in den vorher unbesetzten Gitterlücken liegt. Dadurch liegt eine gestörte Schichtenfolge des Typs *ABCABABCABC* ... vor. Die Aufspaltung der vollständigen Versetzung in zwei Halbversetzungen ist also gleichzeitig mit der Entstehung eines Stapelfehlers verbunden. Die Gleitebene liegt dabei in der Stapelfehlerebene.

Zwischen beiden Halbversetzungen besteht eine Abstoßungskraft, der jedoch die Oberflächenspannung des Stapelfehlers entgegenwirkt, die bestrebt ist, die Versetzungen zusammenzuziehen. Auf diese Weise entsteht ein Gleichgewichtszustand im Kräftespiel zwischen den Teilversetzungen und dem Stapelfehler. Der Gleichgewichtsabstand wird in erster Linie durch die Stapelfehlerenergie bestimmt. Praktisch beträgt die Aufspaltungsweite, d. h. der Abstand beider Teilversetzungen zwischen 1 und etwa 20 Atomabständen. Da die Gleitebene in der Stapelfehlerebene liegt, ist die Versetzung beweglich. Im Falle des Gleitens der Versetzung braucht der Stapelfehler nur vergrößert bzw. verkleinert zu werden, nicht aber aus seiner Ebene herausbewegt zu werden.

Eine Aufspaltung vollständiger Versetzungen in Teilversetzungen kann auch in der Basisebene der hexagonal dichtesten Kugelpackung stattfinden. Die Reaktion, die wir in der Form

$$\frac{a}{3}[2\bar{1}\bar{1}0] = \frac{a}{3}[1\bar{1}00] + \frac{a}{3}[10\bar{1}0]$$

schreiben können, ist mit einer Erniedrigung der Energie verbunden und wird daher auch tatsächlich ablaufen.

Eine wichtige Reaktion aufgespaltener Versetzungen ist die sogenannte Lomer-Cottrell-Reaktion, die für das Verständnis der Verfestigung kubisch-flächenzentrierter Kristalle von großer Bedeutung ist. Betrachten wir zunächst eine in der (111)-Ebene liegende Versetzung mit dem Burgers-Vektor $\frac{a}{2}[10\bar{1}]$ und eine in der $(11\bar{1})$-Ebene liegende Versetzung mit dem Burgers-Vektor $\frac{a}{2}[011]$. Die Reaktion zwischen beiden läuft nach der Gleichung

$$\frac{a}{2}[10\bar{1}] + \frac{a}{2}[011] = \frac{a}{2}[110]$$

unter Energiegewinn ab. Die entstehende Versetzung liegt in der $(00\bar{1})$-Gleitebene und hat die Richtung $[1\bar{1}0]$. Ein größerer Energiegewinn kann erzielt werden, wenn die beiden vollständigen Versetzungen vorher in Teilversetzungen aufspalten:

$$\frac{a}{2}[10\bar{1}] = \frac{a}{6}[11\bar{2}] + \frac{a}{6}[2\bar{1}\bar{1}],$$

$$\frac{a}{2}[011] = \frac{a}{6}[112] + \frac{a}{6}[\bar{1}21].$$

Zwei der Halbversetzungen können dann unter sich nach der Vektorgleichung

$$\frac{a}{6}[2\bar{1}\bar{1}] + \frac{a}{6}[\bar{1}21] = \frac{a}{6}[110]$$

weiterreagieren. Schematisch ist diese Reaktion in Abb. 48 dargestellt.

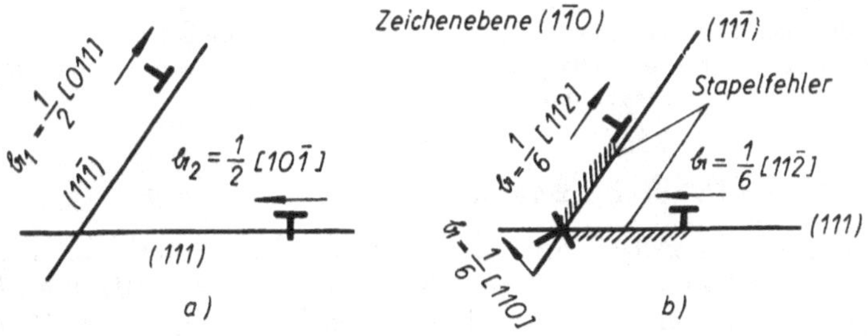

Abb. 48. Lomer-Cottrellsche Versetzungsreaktion. a) beide unaufgespaltenen Versetzungen vor der Reaktion, b) Ergebnis der Reaktion beider aufgespaltenen Versetzungen. Nach A. Seeger

Die auf diese Weise entstandene Lomer-Cottrell-Versetzung ist eine unbewegliche Versetzung, die weder klettern (siehe 2.3.) noch gleiten kann. Sie stellt daher ein Hindernis für die Bewegung benachbarter Versetzungen dar. Durch die Behinderung des Gleitprozesses trägt die Lomer-Cottrell-Versetzung entscheidend zur Verfestigung des Materials während der plastischen Verformung bei.

Die für die Aufspaltung von vollständigen Versetzungen in Teilversetzungen behandelten Gleitprozesse treffen nicht nur für Stufenversetzungen zu, sondern lassen sich prinzipiell auch auf Schraubenversetzungen übertragen. Die Besonderheit liegt darin, daß Schraubenversetzungen keine definierte Gleitebene besitzen, da der Burgers-Vektor parallel zur Versetzungslinie liegt, so daß jede die Versetzungslinie enthaltende Ebene als Gleitebene wirksam sein kann. Die bei der Aufspaltung einer vollständigen Schraubenversetzung entstehenden zwei Teilversetzungen haben Mischcharakter, d. h. Stufen- und Schraubenanteile. Daraus resultiert im Gegensatz zur vollständigen Schraubenversetzung eine eindeutige Gleitebene

(Abb. 49). Die für vollständige Schraubenversetzungen charakteristische Quergleitung, d. h. das Überspringen von einer Gleitebene auf die andere, ist bei aufgespaltenen Schraubenversetzungen damit nicht mehr ohne weiteres möglich.

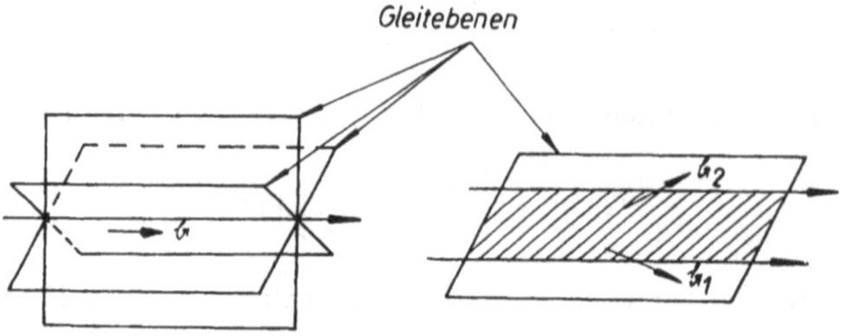

Abb. 49. Aufspaltung einer vollständigen Schraubenversetzung in Teilversetzungen. Die entstehenden Teilversetzungen haben Mischcharakter und damit eine eindeutige Gleitebene, während bei der vollständigen Schraubenversetzung unendlich viele Gleitebenen möglich sind, nach H. Bunge

Franksche Halbversetzungen

Die einfachste Art der Entstehung Frankscher Halbversetzungen besteht in der Kondensation von Leerstellen. Schreckt man z. B. einen Kristall von höheren Temperaturen plötzlich ab, so kann man auf diese Weise eine Leerstellenkonzentration erreichen, die weit über der Gleichgewichtskonzentration (siehe 2.1.) liegt. Diese Leerstellen können kondensieren und einen

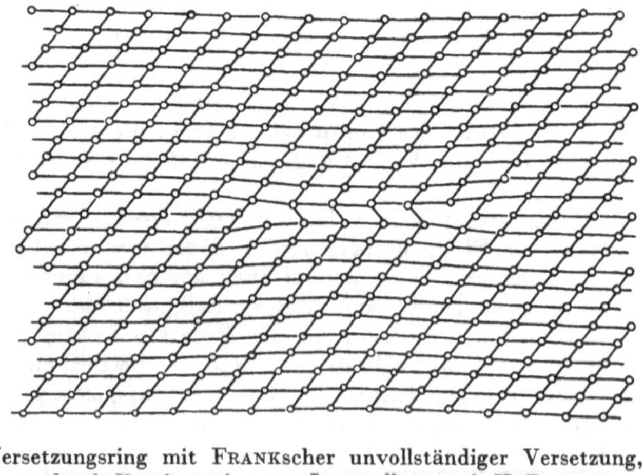

Abb. 50. Versetzungsring mit Frankscher unvollständiger Versetzung, entstanden durch Kondensation von Leerstellen, nach H. Bunge

Hohlraum bilden. Auch durch Bestrahlung von Kristallen mit energiereichen Teilchen, z. B. Neutronen oder Ionen, kann es zur Erhöhung der Leerstellenkonzentration kommen. Dieser Hohlraum kann nur bis zu einer bestimmten Größe stabil sein, dann wird er zusammenklappen.

Betrachten wir wiederum ein flächenzentriertes Gitter, in dem innerhalb der dichtest besetzten (111)-Ebene benachbarte Gitterplätze unbesetzt sind, so entsteht durch Zusammenklappen dieses Hohlraumes ein Versetzungsring (Abb. 50). Der Versetzungsring besitzt in diesem Fall einen Burgers-Vektor $\mathfrak{b} = \frac{a}{3}[111]$. Gleichzeitig ist ein Stapelfehler entstanden, der nicht wie bei der Shockleyschen Teilversetzung in der Gleitebene liegt. Wenn die Franksche Versetzung zum Gleiten gebracht werden soll, müßte der Stapelfehler aus dieser Ebene herausbewegt werden. Da dieser Schritt energetisch unwahrscheinlich ist, kann eine solche Versetzung praktisch nicht gleiten.

Eine Versetzung mit entgegengesetztem Burgers-Vektor $\mathfrak{b} = -\frac{a}{3}[111]$ entsteht auf analoge Weise durch Einschub einer Zwischengitterschicht.

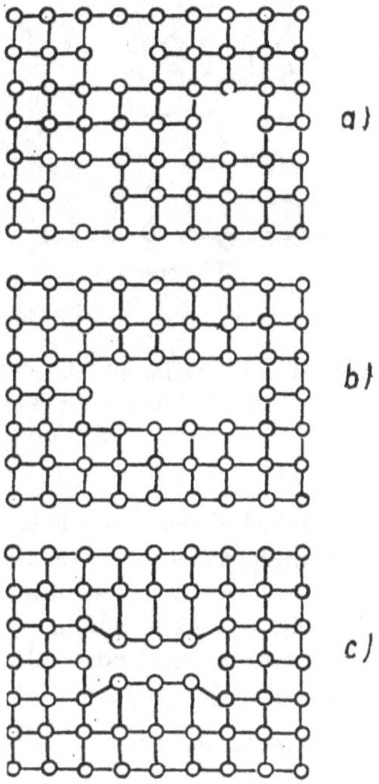

Abb. 51. Entstehung eines Versetzungsringes mit vollständiger Versetzung durch Leerstellenkondensation. a) Gitter mit isolierten Leerstellen, b) Leerstellenkondensation, c) Bildung eines Versetzungsringes

2.3. *Wechselwirkungen zwischen Punktdefekten und Versetzungen*

Wie wir bereits bei der Entstehung der Frankschen Halbversetzungen gesehen haben, sind Punkt- und Liniendefekte nicht unabhängig voneinander. Neben der Entstehung eines Versetzungsringes mit einer unvollständigen Versetzung ist auch die Entstehung eines Versetzungsringes mit vollständiger Versetzung durch Leerstellenkondensation möglich (Abb. 51a—c). In diesem Fall ist kein Stapelfehler entstanden.

Umgekehrt können Leerstellen durch bestimmte Versetzungsreaktionen erzeugt werden. In der Abb. 52a und b ist die Erzeugung einer Leerstelle durch gegenseitige Annihilation zweier Versetzungen entgegengesetzten Vorzeichens dargestellt. Räumlich gesehen wird eine ganze Leerstellenreihe entsprechend der Länge der Versetzungslinie erzeugt.

Wechselwirkungen mit Punktdefekten treten auch beim Klettern von Versetzungen auf. Wir verstehen darunter die Bewegung einer Versetzungslinie außerhalb der Gleitebene. In Abb. 53 ist eine Stufenversetzung gezeichnet, deren Versetzungslinie einen Sprung aufweist. Dieser Sprung kann

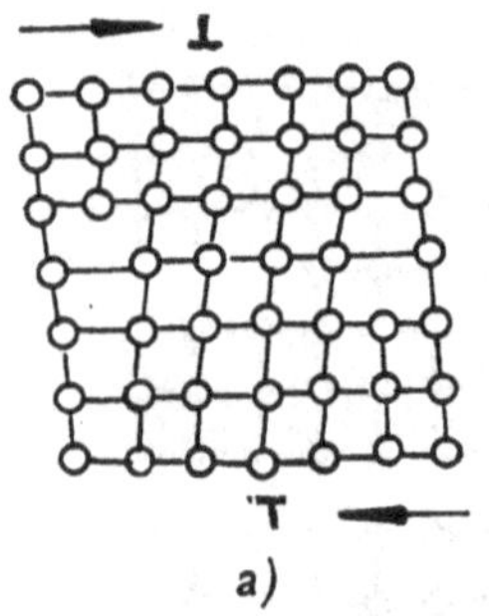

Abb. 52. Entstehung einer Leerstellenreihe durch Annihilation zweier Versetzungen entgegengesetzten Vorzeichens

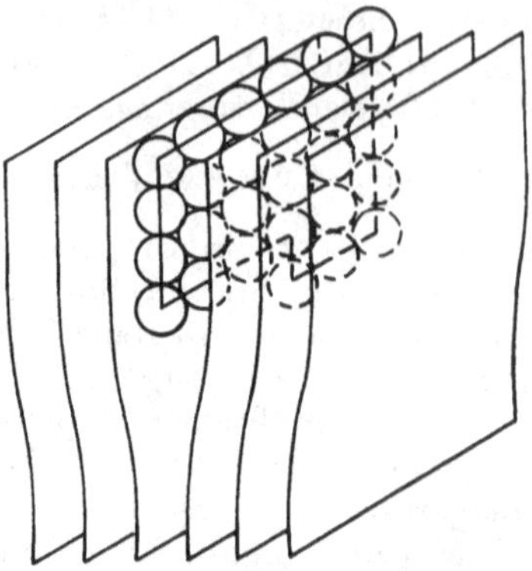

Abb. 53. Sprung in einer Versetzungslinie

zustande kommen durch Abbau der Atome von der Versetzungslinie. Dadurch entstehen Zwischengitterplätze im Kristallinnern. Andererseits können sich auch aus dem Kristallinnern Atome an die Versetzungslinie anlagern unter Bildung von Leerstellen. Auf diese Weise kann die Versetzung senkrecht zur Gleitebene steigen oder fallen (klettern).

2.4. *Flächendefekte*

2.4.1. *Stapelfehler*

Stapelfehler sind Störungen im Kristallgitter mit zweidimensionaler Ausdehnung. Sie entstehen durch eine veränderte Schichtenfolge gegenüber dem geordneten Aufbau einer Struktur. Stapelfehler begegneten uns erstmals im Zusammenhang mit unvollständigen Versetzungen und sollen an dieser Stelle ausführlicher beschrieben werden an Hand der kubisch- und hexagonal-dichtesten Kugelpackungen.

Die Schichtenfolge der kubisch-dichtesten Packung läßt sich in [111]-Richtung durch *ABCABC* ... und die der hexagonal dichtesten Packung in [0001]-Richtung durch *ABAB* ... beschreiben. Belegt man die Schichtenfolge *AB*, *BC* und *CA* nach Nabarro und Frank mit dem Stapeloperator Δ und die Schichtenfolge *AC*, *CB* und *BA* mit dem Stapeloperator ∇, läßt sich die kubisch dichteste Packung durch die Symbolik △ △ △ △ △ △ bzw. ▽ ▽ ▽ ▽ ▽ ▽ mit entgegengesetzter Orientierung und die hexagonal dichteste Packung durch die Symbolik △ ▽ △ ▽ △ ▽ △ ▽ darstellen (Abb. 54). Stapelfehler in beiden dichtesten Packungen lassen sich nach Einführung der Stapeloperatoren leicht beschreiben. Dabei ergibt sich auch anschaulich der Zusammenhang zu den in 2.2.3. beschriebenen Halbversetzungen.

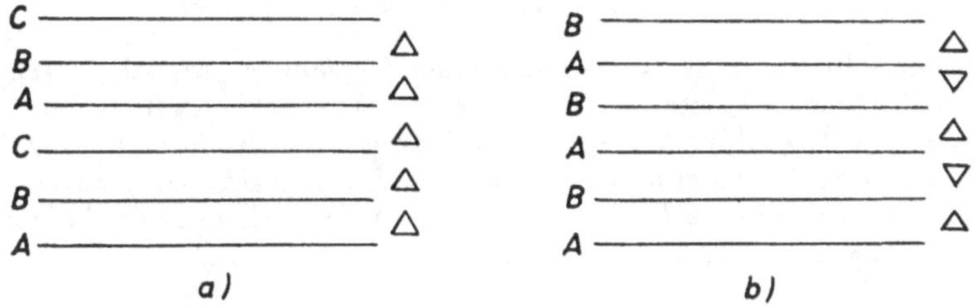

Abb. 54. Darstellung der geordneten Schichtenfolge in der kubisch-dichtesten Kugelpackung in [111]-Richtung (a) und in der hexagonal-dichtesten Kugelpackung in [0001]-Richtung (b) durch Stapeloperatoren

Abweichungen von der regelmäßigen Folge des Schichtaufbaues in der kubisch dichtesten Packung lassen sich durch Herausnehmen oder durch Einfügen einer Netzebene erzeugen, wie wir es bereits bei den FRANKschen Halbversetzungen in 2.2.3. getan haben. Durch Einschieben oder Herausnehmen einer Netzebene unter Beibehaltung der dichtesten Packung entstehen Stapelfehler mit positiver und negativer FRANKscher Halbversetzung (Abb. 55a und b).

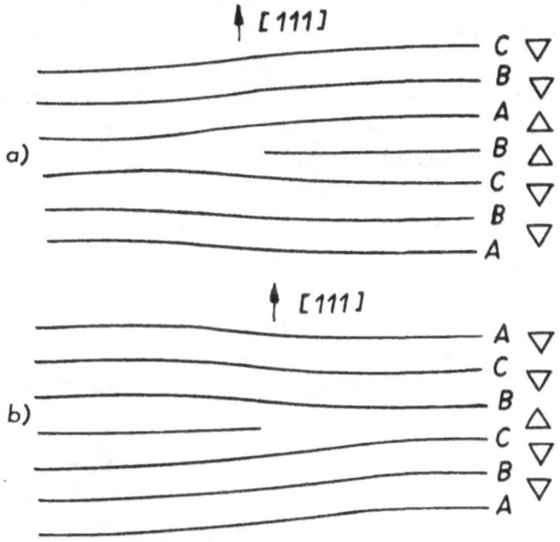

Abb. 55. Stapelfehler in der kubisch dichtesten Kugelpackung mit FRANKschen Halbversetzungen

a) Stapelfehler vom Typ ▽ ▽ △ △ ▽ ▽ durch Einschub einer Netzebene mit positiver FRANKscher Halbversetzung, b) Stapelfehler vom Typ ▽ ▽ △ ▽ ▽ durch Herausnehmen einer Netzebene mit negativer FRANKscher Halbversetzung

Unter Benutzung der Stapeloperatoren läßt sich im ersten Fall der Stapelfehler durch ▽ ▽ △ △ ▽ ▽ und im zweiten Fall durch ▽ ▽ △ ▽ ▽ ausdrücken.

Während sich alle weiteren Stapelfehler in der kubisch

dichtesten Packung auf diese beiden Typen zurückführen lassen, sind zur vollständigen Beschreibung der Stapelfehler in der hexagonalen Struktur drei Typen notwendig:

a) ∇ Δ ∇ Δ Δ ∇ Δ ∇,

b) ∇ Δ ∇ Δ Δ Δ ∇ Δ ∇,

c) ∇ Δ ∇ Δ Δ Δ Δ ∇ Δ ∇.

Typ a) entsteht durch Herausnehmen einer Netzebene parallel (0001), Verschieben der beiden Kristallhälften um eine der Strecken AB, BC oder CA und Zusammenfügen der beiden Kristallhälften. Typ b) entsteht nur durch Verschiebung beider Kristallhälften um eine der angegebenen Strecken, und Typ c) entsteht nur durch Einschieben einer Basisnetzebene in die hexagonale Kugelpackung ohne gleichzeitige tangentiale Verschiebung.

2.4.2. Kleinwinkelkorngrenzen

Versetzungen können spezielle Anordnungen in einem Kristall bilden und z. B. Korngrenzen aufbauen. Durch eine Korngrenze werden Kristallgebiete getrennt, die Orientierungsunterschiede aufweisen. Während man früher der Meinung war, die durch Kleinwinkelkorngrenzen getrennten Kristallgebiete dürften nur einige Sekunden bzw. maximal zwei Grad Neigungswinkel besitzen, wurden in jüngster Zeit Orientierungsunterschiede von 15 Grad und mehr beobachtet, wobei der Aufbau von Korngrenzen auf definierte Versetzungsanordnungen zurückgeführt werden konnte.

Im einfachsten Fall ist eine Korngrenze aus einer einzigen Versetzungsart aufgebaut, z. B. nur aus Stufenversetzungen (Abb. 56). Die beiden aneinandergrenzenden Kristallgebiete sind auf beiden Seiten der Korngrenze gegeneinander geneigt, wobei die Achse in der Korngrenze liegt (engl. tilt boundary). Ist ϑ der Neigungswinkel, D der Abstand der Versetzungen und b der BURGERS-Vektor, läßt sich für kleine Neigungswinkel die Beziehung

$$\vartheta = \frac{b}{D} \tag{18}$$

ableiten. Aus ihr kann man den Neigungswinkel berechnen, wenn man bei bekanntem BURGERS-Vektor experimentell den Abstand zwischen den Durchstoßpunkten von Versetzungen bestimmt.

Der zweite Grenzfall des Aufbaues einer Kleinwinkelkorngrenze besteht in der Anordnung von reinen Schraubenversetzungen. In diesem Fall sind die angrenzenden Subkörner gegeneinander verschränkt, wobei die Drehachse senkrecht zur Korngrenze steht (engl. twist boundary). Gleichung (18) ist ebenfalls anwendbar.

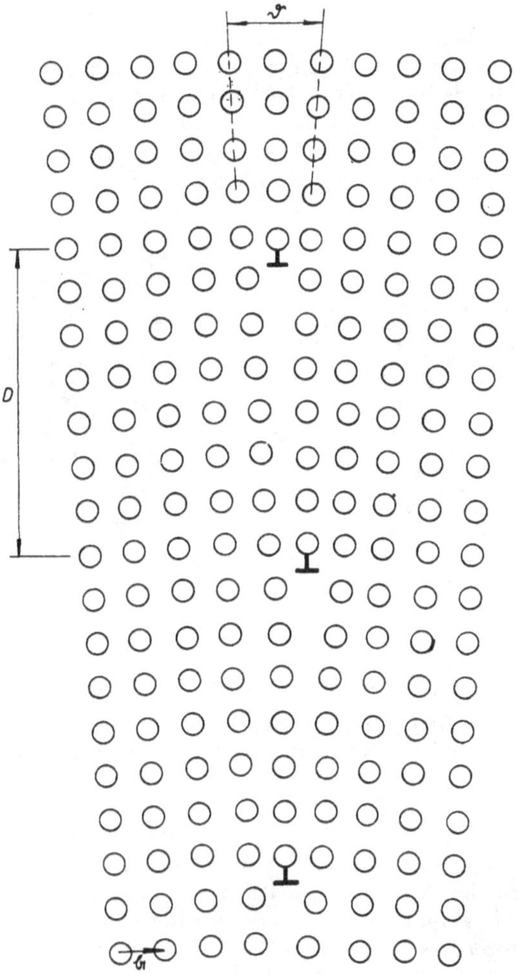

Abb. 56. Aufbau einer Kleinwinkelkorngrenze aus reinen Stufenversetzungen (engl. tilt boundary)

2.4.3. Großwinkelkorngrenzen

Mit der Erkenntnis, daß selbst große Orientierungsunterschiede verschiedener Kristallbereiche durch Versetzungsanordnungen gedeutet werden können, ist die Einteilung der Korngrenzen in Kleinwinkelkorngrenzen (Subkorngrenzen) und Großwinkelkorngrenzen problematisch. Bei den Großwinkelkorngrenzen sind die Orientierungsunterschiede groß, und die Übergangszone zwischen beiden Kristallbereichen läßt sich nicht auf spezielle Versetzungskonfigurationen zurückführen. Die Übergangsschicht kann kristallographisch nicht definiert werden. Über die Anordnung der Bausteine in der Übergangsschicht, insbesondere über die Ausdehnung der Störzone zwischen den aneinandergrenzenden Körnern, bestehen unterschiedliche Auffassungen. Im Korngrenzenmodell der Abb. 57a wird eine stark fehlgeordnete

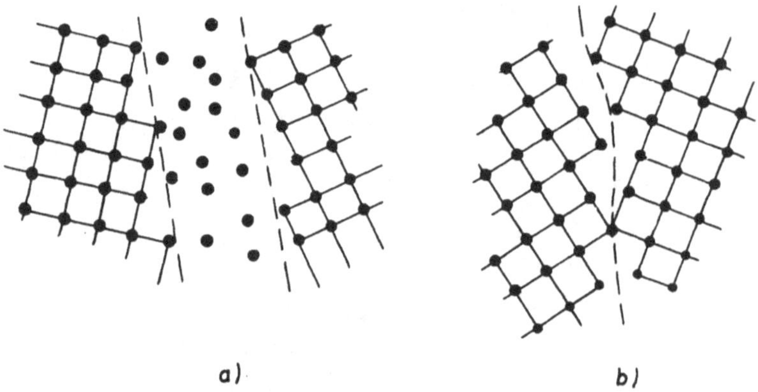

Abb. 57. Modelle einer Großwinkelkorngrenze.

a) BEILBY-Schicht als Übergangsschicht
b) Übergangsschicht atomarer Ausdehnung. Nach J. FRIEDEL

BEILBY-Schicht mit flüssigkeitsähnlichem Charakter beträchtlicher Ausdehnung zwischen den aneinandergrenzenden Kristallkörnern angenommen, während im Modell der Abb. 57b die Übergangszone atomare Dimensionen aufweist. Sie enthält aufgeweitete und komprimierte Bereiche, wobei gleichzeitig einzelne Atome der Grenzschicht beiden Kristallen gemeinsam angehören. Neuere Untersuchungen über die Natur einer Großwinkelkorngrenze machen das Modell der Abb. 57b wahrscheinlicher.

Gemeinsam ist beiden Modellen, daß die Fehlordnungsenergie in der gestörten Zwischenschicht einer Großwinkelkorngrenze mit der Schmelzwärme vergleichbar ist, sofern man die Fehlordnungsenergie auf ein Atom bezieht. Polykristalle besitzen gegenüber einem Einkristall einen Mehrgehalt an Energie, der sich aus der spezifischen Korngrenzenenergie ergibt, die als zusätzlich vorhandene Energie gegenüber einem Einkristall definiert ist. Die Korngrenzenenergie wird auf die Flächeneinheit der Korngrenze bezogen.

2.4.4. Zwillinge

Zwillinge gehören ebenfalls zu den Baufehlern mit zweidimensionaler Ausdehnung. Sie können auf verschiedene Weise entstehen, u. a. während des Kristallwachstums (Wachstumszwillinge) und durch mechanische Beanspruchung (Deformationszwillinge, mechanische Zwillingsbildung). Im einfachsten Fall können wir uns den Aufbau eines Zwillings durch Spiegelung

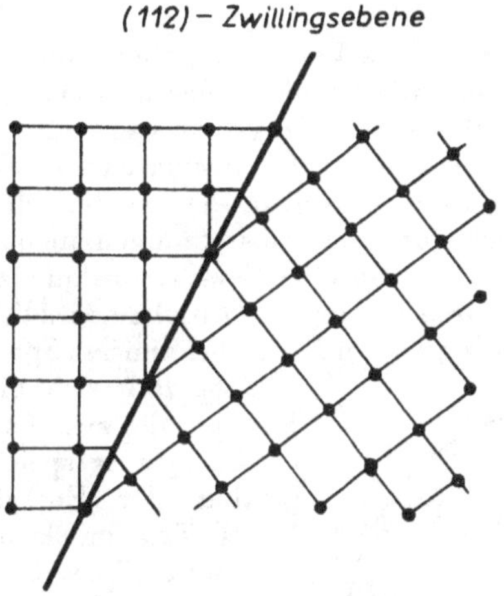

Abb. 58. Kohärente Zwillingsebene. Der rechte verzwillingte Bereich ist durch Spiegelung an der Zwillingsebene entstanden

eines Kristallbereiches an einer Zwillingsebene, die im allgemeinen eine einfach indizierte Fläche ist, entstanden denken (Abb. 58). Zwillingsebene ist in diesem Fall die (112)-Fläche. Beide Bereiche befinden sich in Zwillingsstellung. Die Kristallstruktur des Zwillings, der dabei durch Spiegelung erhalten wird, ist die gleiche wie die Grundstruktur, nur daß die Orientierung eine andere ist.

3. Energie von Versetzungen

Eine im Kristall vorhandene Versetzung stellt eine Verzerrung der Atomanordnung gegenüber der Idealstruktur dar und erzeugt ein Spannungsfeld in ihrer Umgebung. Dieses Spannungsfeld kann elastizitätstheoretisch berechnet werden, wenn wir von der unmittelbaren Umgebung der Versetzung, dem Versetzungskern, absehen, weil in diesem Bereich die Verzerrungen zu stark sind und die Kontinuumsvoraussetzungen nicht mehr gegeben sind.

Nach Abb. 59 können wir uns eine Versetzungslinie im Innern eines Hohlzylinders denken, der durch den inneren Abschneideradius r_1 und den äußeren Abschneideradius r_2 begrenzt wird. Bei bekanntem Spannungsfeld einer Versetzung läßt sich die gesamte elastische Energie, die zwischen den Zylinderradien r_1 und r_2 aufgespeichert ist, durch Integration der Energiedichte bestimmen. Unter Zugrundelegung des Modells der Abb. 59 ergibt sich aus dem Integrationsvolumen die elastische Verzerrungsenergie einer Versetzung pro Längeneinheit

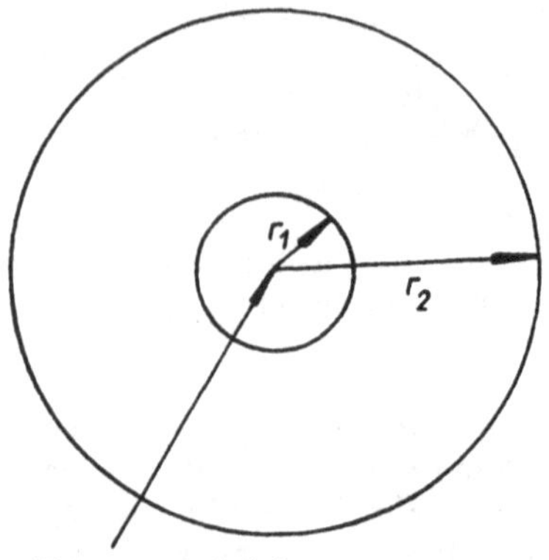

Abb. 59. Hohlzylinder um eine Versetzungslinie mit dem inneren und äußeren Abschneideradius zur Berechnung der Energie einer Versetzung

$$E_{\mathrm{St}} = \frac{G \cdot b^2}{4\pi\,(1-\nu)} \cdot \ln \frac{r_2}{r_1} \tag{19}$$

für eine Stufenversetzung und

$$E_{\mathrm{Schr}} = \frac{G \cdot b^2}{4\pi} \cdot \ln \frac{r_2}{r_1} \tag{20}$$

für eine Schraubenversetzung.

Darin bedeuten G den Schubmodul, ν die POISSONsche Querkontraktionszahl und b den BURGERS-Vektor. Die Energie einer Versetzungslinie ist somit proportional b^2. Da das Verhältnis beider Radien nur logarithmisch in die Rechnung eingeht, ist die genaue Kenntnis beider Größen nicht unbedingt notwendig. r_1 liegt in der Größenordnung 10^{-7} cm (etwa $3b$), während für r_2 der mittlere Versetzungsabstand einzusetzen ist. Um die Versetzungsenergie z. B. in Kupfer zu berechnen, setzen wir für $G = 4 \cdot 10^{11}$ dyn/cm², $b = 2{,}5 \cdot 10^{-8}$ cm und $v = 0{,}34$. Als typische Werte können wir für $r_1 = 10^{-7}$ cm und für $r_2 = 1$ cm setzen. Daraus errechnet sich die elastische Versetzungsenergie einer Stufenversetzung zu $5 \cdot 10^{-4}$ erg · cm⁻¹ oder etwa 8 eV pro Netzebene, die von der Versetzungslinie geschnitten wird.

Es ergibt sich die Frage, ob Versetzungen in einem versetzungsfreien Kristall durch homogene Erwärmung, d. h. durch thermische Bewegungen der Bausteine ohne Wärmespannungen, entstehen können. Diese Frage muß verneint werden. Es läßt sich abschätzen, daß es praktisch unmöglich ist, die Aktivierungsenergie für die Entstehung von Versetzungen ohne Anlegen einer äußeren Spannung aufzubringen, da durch diese Schwankungserscheinungen im allgemeinen nur Gebiete atomarer Ausdehnung angeregt werden können. Sind dagegen bereits in einem Kristall Versetzungen vorhanden, entstanden etwa im Prozeß der Züchtung oder durch mechanische Einwirkungen, so können auf diese Weise einzelne Versetzungen durch Anlegen einer geringen äußeren Spannung durch sogenannte Multiplikationsprozesse vermehrt werden.

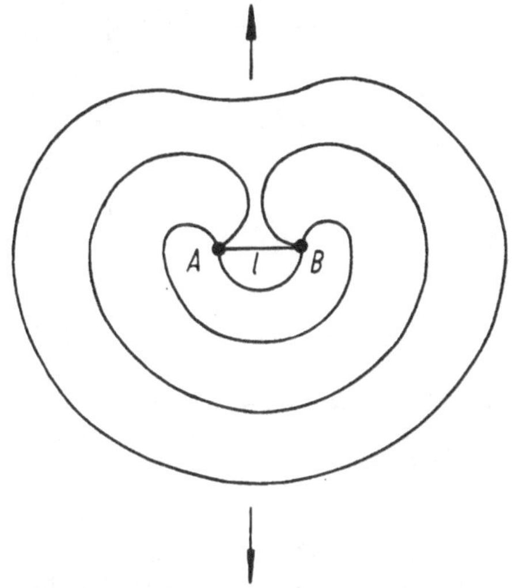

Abb. 60. Frank-Read-Mechanismus zur Erzeugung von Versetzungsringen unter der Wirkung einer äußeren Schubspannung

Als wichtigster Mechanismus der Versetzungsmultiplikation wird der Frank-Read-Mechanismus angesehen. Betrachten wir das Teilstück AB einer Versetzungslinie, die in ihrer Gleitebene verläuft und in den Punkten A und B verankert ist (z. B. durch Fremdatome, Abb. 60), so können sich unter der Einwirkung einer Schubspannung Versetzungsringe in der angegebenen Weise ablösen und damit ständig neue Versetzungen erzeugt werden. Wir haben es hier mit einem Versetzungsgenerator zu tun. Bezeichnen wir die Länge des verankerten Versetzungsteilstückes AB mit l, so ist die wirksame Schubspannung, die zur Anregung der Frank-Read-Quelle aufgebracht werden muß,

$$\tau = \frac{G \cdot b}{l}, \tag{21}$$

wobei G den Schubmodul und b den Burgers-Vektor bedeuten.

Dieser Mechanismus der Versetzungsmultiplikation hat weitreichende Bedeutung für die Verfestigung der Kristalle bei der mechanischen Bearbeitung.

Durch die gegenseitige Behinderung der Versetzungsbewegung wird die Ableitung der Netzebenen erschwert, und es muß dann eine entsprechend höhere Schubspannung aufgewendet werden.

Für die Bewegung von Versetzungen durch das Spannungsfeld bereits im Kristall vorhandener Einzelversetzungen oder Versetzungsgruppen lassen sich Beziehungen zur aufgewendeten Schubspannung angeben. Betrachten wir nach Abb. 61 zwei Versetzungen entgegengesetzten Vorzeichens, die

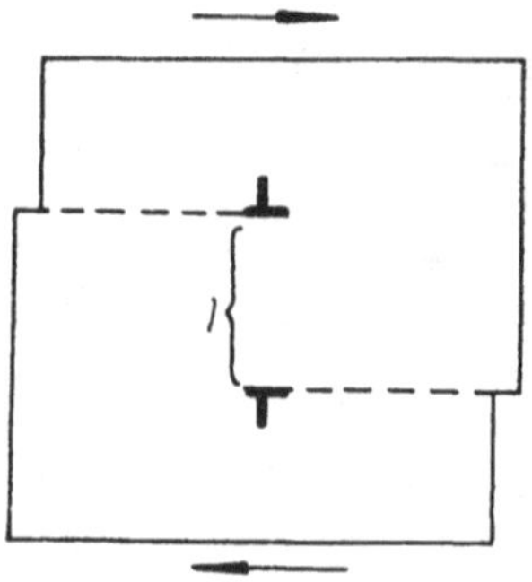

Abb. 61. Bewegung zweier Versetzungen entgegengesetzten Vorzeichens auf parallelen Gleitebenen im Abstand l

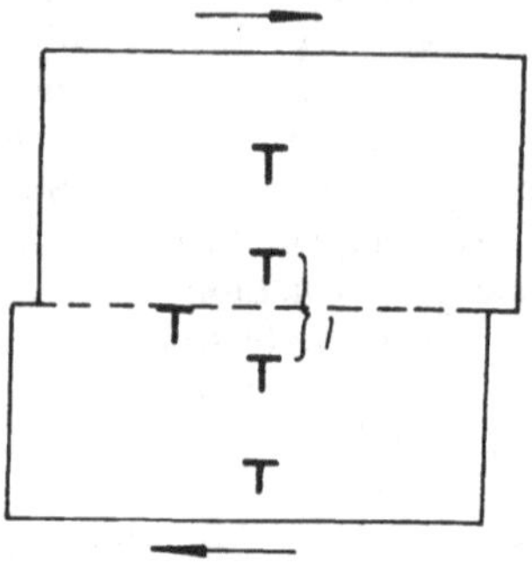

Abb. 62. Bewegung einer Stufenversetzung durch das Spannungsfeld einer Versetzungsgruppe

sich auf parallelen Gleitebenen im Abstand l gegeneinander bewegen, so kann bei konstant wirkender Schubspannung der Abstand zwischen beiden Gleitebenen nicht beliebig klein sein, weil sich die Spannungsfelder beeinflussen und sich bei Annäherung abstoßen. Es läßt sich eine Grenzbedingung der Form

$$\tau \leq \frac{G \cdot b}{8\pi (1 - \nu) \cdot l} \tag{22}$$

angeben, d. h., daß die wirkende Schubspannung mit kleiner werdendem l vergrößert werden muß.

Auch bei der Bewegung einer Versetzung durch das Spannungsfeld der in Abb. 62 gezeigten Versetzungsgruppe, die aus einer parallelen Anordnung von Einzelversetzungen besteht, läßt sich ein (22) analoger Zusammenhang angeben. Die Schubspannung zur Bewegung der Einzelversetzung durch die Versetzungsgruppe ist durch

$$\tau \leq \frac{G \cdot b}{2\pi (1 - \nu) \cdot l} \tag{23}$$

gegeben.

4. Nachweis verschiedener Kristallbaufehler, speziell der Versetzungen

Die Methoden des Nachweises verschiedener Kristallbaufehler müssen ihrer räumlichen Ausdehnung, der Konzentration und der jeweiligen Substanz angepaßt werden. Während für den Nachweis atomarer Fehlordnung bevorzugt Leitfähigkeitsmessungen und verschiedene Resonanzverfahren in Frage kommen, läßt sich die Anordnung und Konzentration von Versetzungen recht gut mit direkten oder indirekten mikroskopischen und elektronenmikroskopischen Methoden nachweisen. Hier sollen nur die wichtigsten behandelt werden.

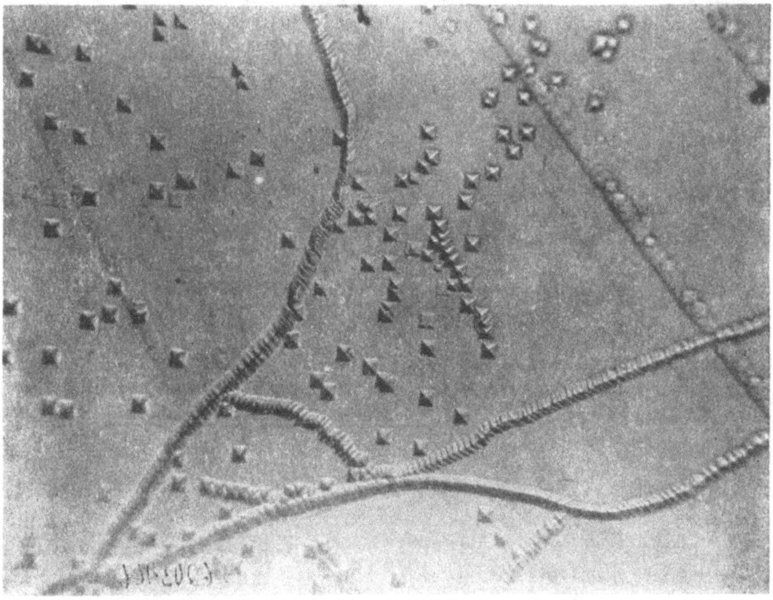

Abb. 63. Nachweis von Kleinwinkelkorngrenzen in NaCl durch dichte Aufreihung von Ätzgruben. Vergr.: 80 ×

4.1. Ätzverfahren

Infolge des erhöhten Energieinhaltes einer Versetzung ist die Auflösungsgeschwindigkeit eines Kristalls im Bereich einer Versetzungslinie größer als im ungestörten Kristallgebiet, wobei unter geeigneten Bedingungen Ätzgruben entstehen. Dabei muß die Zusammensetzung der Ätzlösung so gewählt werden, daß das Verhältnis der vertikalen zur horizontalen Auflösungsgeschwindigkeit möglichst groß ist, damit die Ätzgruben klein und tief, d. h.

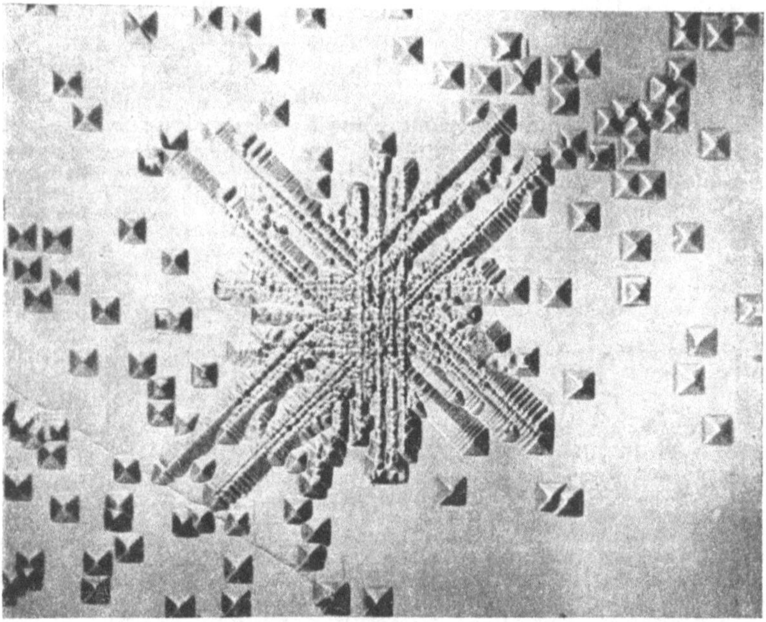

Abb. 64. Gleitlinienrosette auf der Würfelfläche von NaCl, entstanden durch Kugeleindruck, geätzt mit Eisessig. Die Ätzgrübchen sind Pyramiden mit quadratischer Grundfläche entsprechend der Flächensymmetrie der (100)-Fläche. Vergr.: 100 ×

kontrastreich werden. Eine notwendige Voraussetzung für die Anwendung des Ätzverfahrens ist der Nachweis, daß jeder Ätzgrube der Durchstoßpunkt einer Versetzung zugeordnet werden kann (engl. one-to-one correspondence). Als Kriterium können verschiedene Methoden herangezogen werden, indem man z. B. den Kristall sukzessive ätzt und poliert und somit den räumlichen Verlauf einer Versetzungslinie bestimmt oder indem man die Anordnung von Ätzgrübchen auf korrespondierenden Spaltflächen vergleicht. Im allgemeinen ist die Zuordnung von Ätzgruben zu Versetzungsdurchstoßpunkten um so einfacher, je reiner die Substanz ist (besonders bei Halbleiterkristallen). In diesem Fall ist die Bildung von Ätzgruben durch Konzentration von Verunreinigungsatomen weitgehend ausgeschlossen. Abb. 63 zeigt Versetzungsätzgrübchen, die entlang einer Kleinwinkelkorngrenze in dichter Folge aufgereiht sind, sowie Einzelgrübchen. Abb. 64 zeigt Ätzgrübchen in der Umgebung eines Kugeleindruckes. Infolge plastischer Verformung sind zahlreiche Versetzungen entstanden. Die Anordnung der Ätzgruben bildet eine Rosette, bestehend aus Stufen- und Schraubenversetzungen. An Hand der Abb. 65 läßt sich nachweisen, daß die Schraubenversetzungen die Würfelfläche durchstoßen und auf Linien parallel [100] angeordnet sind, während Stufenversetzungen auf Linien parallel [110] aufgereiht sind. Im ersten Fall spricht man von Schraubengleitbändern, im zweiten Fall von Stufengleitbändern.

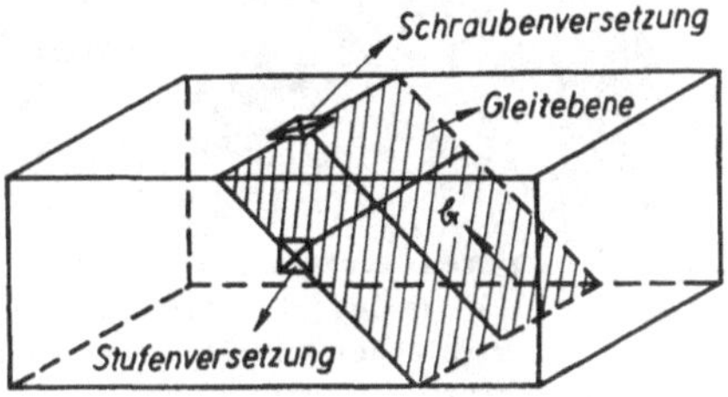

Abb. 65. Stufen- und Schraubenversetzung in der NaCl-Struktur

Unter geeigneten Bedingungen können Kristalle auch thermisch geätzt werden. Die Zahl der hierbei gebildeten Ätzgruben ist häufig größer als die mit einem Lösungsätzmittel erzeugte Zahl. Daher ist das thermische Ätzverfahren nur bedingt für eine quantitative Bestimmung der Versetzungsdichte anwendbar.

4.2. Dekoration

Bei der Anwendung der Dekorationsverfahren zum Nachweis von Versetzungen ist zu unterscheiden zwischen der Oberflächen- und der Volumendekoration. Bei der Oberflächendekoration wird der zu untersuchende Kristall mit einem geeigneten Metall, vorzugsweise Au oder Pt, unter Bedingungen bedampft, bei denen sich das Metall in Form submikroskopischer Inseln abscheidet. Die Keimbildung der Submikrokristalle erfolgt dabei nicht statistisch auf der Oberfläche, sondern setzt an bevorzugten Stellen der Oberfläche, z. B. an Stufen ein, weil dies der energetisch günstigste Schritt ist (Abb. 66). Aus der elektronenmikroskopischen Beobachtung der Goldverteilung auf einer Kristalloberfläche kann die Anordnung von Versetzungen, die die Oberfläche durchstoßen, bestimmt werden.

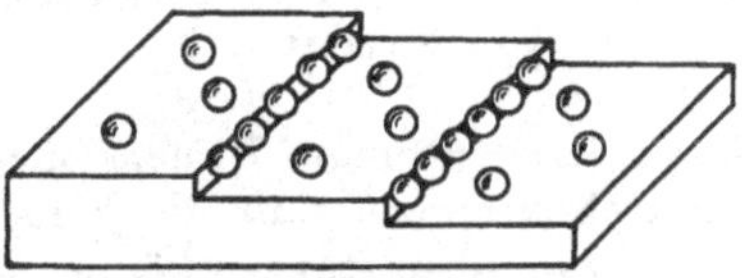
Abb. 66. Schematische Zeichnung zur Oberflächendekoration

Abb. 67 zeigt die Spur einer bewegten Versetzung, die mehrmals Gleitebene und Gleitrichtung gewechselt hat. Die Versetzung hinterläßt bei ihrer Bewegung eine Gleitstufe atomarer Dimension, an die sich die Au-Teilchen bevorzugt anlagern. Das vertikale Auflösungsvermögen des Dekorationsverfahrens liegt daher im Bereich atomarer Dimensionen. Mit Hilfe des Dekorationsverfahrens wurden Versetzungen speziell in Alkalihalogeniden untersucht. Es läßt sich aber auch auf Halbleiter und silikatische Strukturen, z. B. Kaolinit, übertragen.

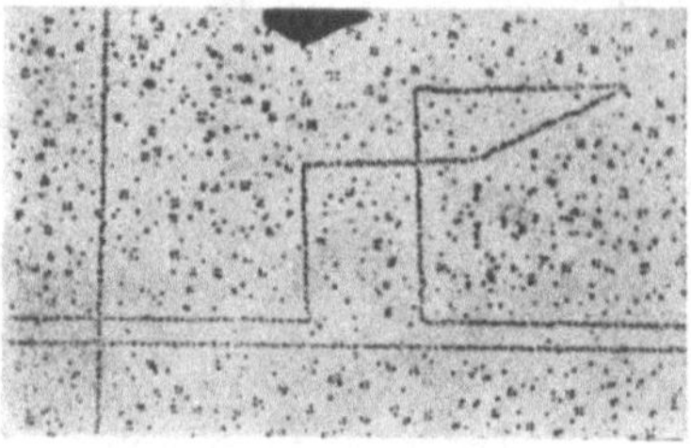

Abb. 67. Spuren einzelner bewegter Versetzungen, die mehrmals ihre Gleitebene und Gleitrichtung gewechselt haben, nach H. Bethge. Vergr.: 40000 ×

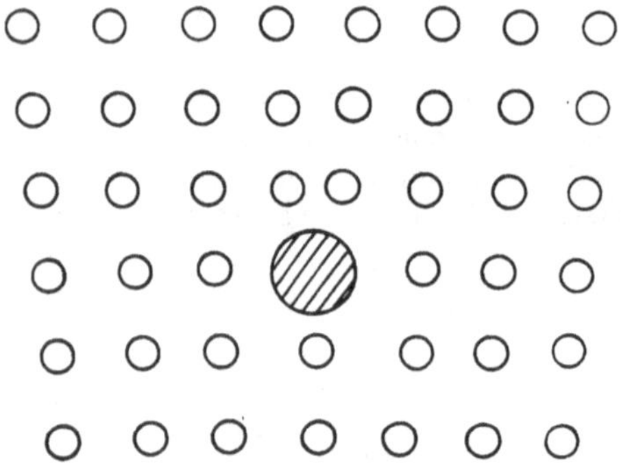

Abb. 68. Anlagerung von großen Fremdatomen im Bereich des hydrostatischen Unterdrucks in der Umgebung einer Stufenversetzung

Bei der Volumendekoration nutzt man die bevorzugte Anlagerung von Fremdatomen an Versetzungslinien aus. Im Bereich der eingeschobenen Netzebene einer Stufenversetzung liegt z. B. ein hydrostatischer Überdruck vor, während auf der entgegengesetzten Seite ein hydrostatischer Unterdruck wirksam ist. Diese Druckverteilung führt dazu, daß sich im Bereich des hydrostatischen Unterdrucks Fremdatome anlagern, die größer sind als die Atome des Grundgitters, da dadurch eine bessere Spannungsverteilung erreicht wird (Abb. 68). Auf diese Weise bildet sich eine Wolke von Fremdatomen um eine Versetzungslinie (Cottrell-Wolke). Die Anlagerung von Fremdatomen an Versetzungslinien kann atomare Dimensionen unter Bildung von Kolloidausscheidungen überschreiten, so daß die Versetzungen sichtbar gemacht werden können.

Die Fremdsubstanzen können auf verschiedenen Wegen in den Kristall eingeführt werden, z. B. indem die Dotierungskomponente während des Wachstumsprozesses dem Kristall beigefügt wird oder indem man die Fremdsubstanz auf die Oberfläche aufbringt und nachträglich durch Temperung in das Kristallinnere diffundieren läßt.

Durch Ausnutzung des Dekorationseffektes lassen sich in Alkalihalogeniden Versetzungsnetzwerke nachweisen. Ein solches Versetzungsnetzwerk stellt eine energetisch günstige Anordnung von Versetzungen dar. Dotiert man z. B. KCl während des Wachstumsprozesses mit AgCl und tempert den Kristall anschließend unter geeigneten Bedingungen, erfolgt die Ag-Abscheidung an Versetzungslinien und führt zu ihrer Dekoration (Abb. 69).

In Germanium-Kristallen lassen sich Versetzungen durch Kupfer dekorieren, indem man die Oberfläche eines Kristalls mit einem Cu-Film bedeckt und den Kristall bei höheren Temperaturen tempert. Dabei erfolgt eine bevor-

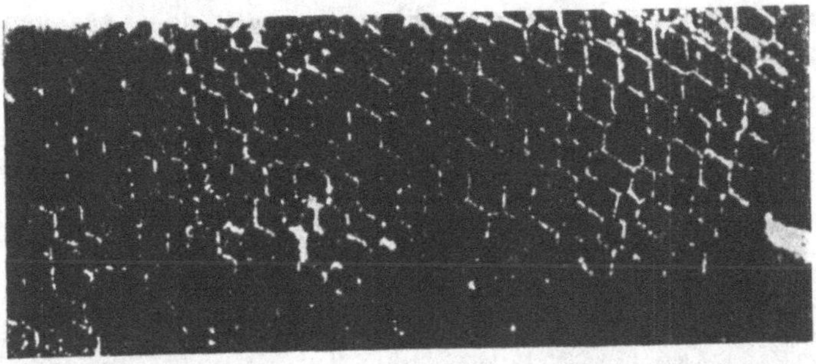

Abb. 69. Hexagonales Versetzungsnetzwerk in KCl, dekoriert durch kolloidale Silber-Ausscheidung an Versetzungslinien, nach S. Amelinckx

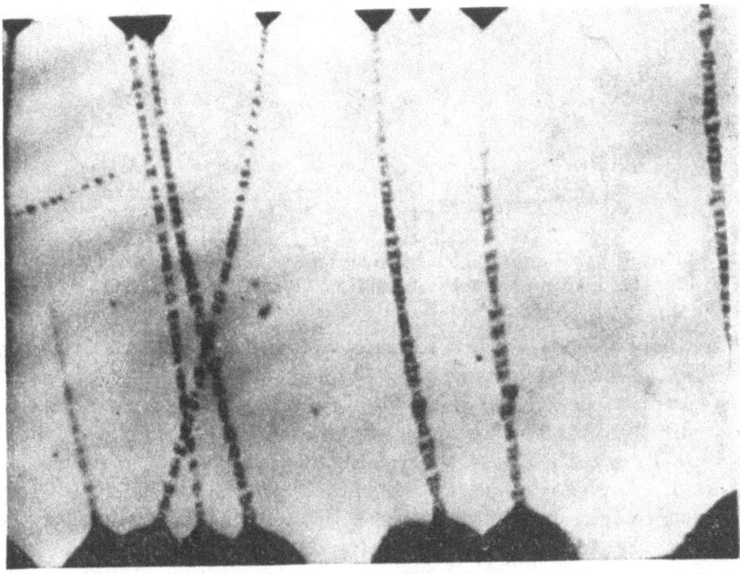

Abb. 70. Dekorierung von Versetzungslinien durch Cu-Ausscheidung in Si, nach W. C. Dash

zugte Eindiffusion der Cu-Atome entlang von Versetzungslinien, die im IR-Mikroskop sichtbar werden (Abb. 70). In Silber-Halogeniden lassen sich auch Einzelversetzungen und Versetzungsnetzwerke auf photolytischem Wege durch eine bevorzugte Ag-Ausscheidung nachweisen.

4.3. Elektronenmikroskopie dünner Folien

Die Methode besteht darin, dünne Folien der zu untersuchenden Kristalle im Elektronenmikroskop zu durchstrahlen. Es müssen daher genügend dünne Folien hergestellt werden, die für den Elektronenstrahl durchlässig sind. Ihre

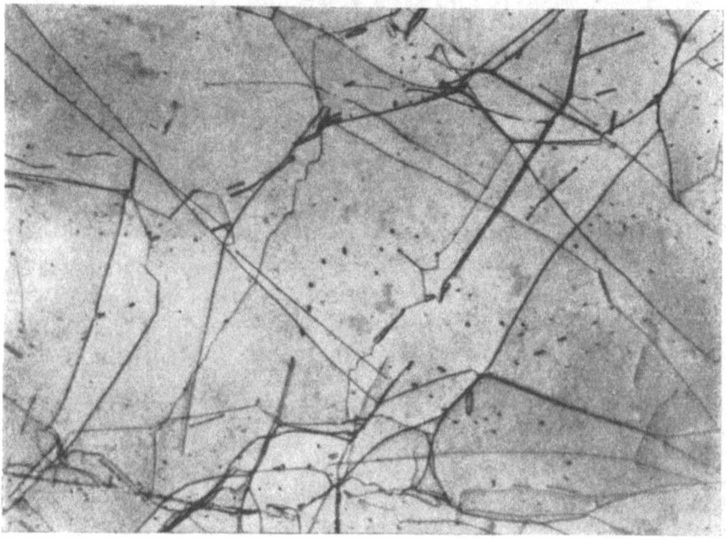

Abb. 71. Nachweis von Versetzungen in einer Einkristallfolie von Antimon mittels der Durchstrahlungselektronenmikroskopie. Vergr.: 12000 ×

Dicke liegt bei einigen Hundert Å bis zu einigen Tausend Å entsprechend der Absorption und der angelegten Strahlspannung.[1]) Auf Grund der unterschiedlichen Absorption des Elektronenstrahls im Idealkristall und im Störbereich läßt sich die Versetzungsanordnung durch Kontrastentstehung unmittelbar nachweisen. In der Abb. 71 sind einzelne Versetzungslinien und Versetzungsnetzwerke in einer Antimonfolie erkennbar. Diese Methode hat ein hohes Auflösungsvermögen und gestattet eine direkte Beobachtung der Versetzungs*bewegung* im Elektronenmikroskop unter der Einwirkung thermischer oder

[1]) Heute besteht bereits die Möglichkeit, einige μm dicke Proben zu durchstrahlen, wenn Beschleunigungsspannungen von einigen Tausend kV benutzt werden.

mechanischer Spannungen. Mit Hilfe der Durchstrahlungsmikroskopie können nicht nur Versetzungen, sondern auch Korngrenzen, Zwillingsgrenzen, Stapelfehler, magnetische Domänengrenzen und andere Baufehler nachgewiesen werden.

4.4. Röntgenographische Verfahren

Die für den Nachweis von Versetzungen gebräuchlichsten topographischen Verfahren sind das Berg-Barrett- und das Lang-Verfahren mit ihren verschiedenen Varianten. Beide Verfahren sind zum Nachweis von Einzelversetzungen und Versetzungsnetzwerken geeignet. Die Anwendung der Verfahren beruht auf der Veränderung der Intensitätsverhältnisse von einfallendem und reflektiertem Strahl im Spannungsfeld von Versetzungen gegenüber den Idealgitterbereichen. In der Abb. 72 ist das Prinzip der Berg-Barrett-Methode für den Bragg-Fall angegeben, d. h., der reflektierte Strahl tritt auf der dem einfallenden Strahl zugekehrten Oberfläche wieder aus. Der reflektierte Strahl wird auf einer photographischen Platte aufgenommen, die sich nahe der Kristalloberfläche befindet. Bei Vorhandensein von Versetzungen wird die Periodizität der reflektierten Netzebenen gestört, was zu einer Erhöhung der Intensität des abgebeugten Strahls führt, da die Primärextinktion abnimmt. Bei der Aufnahme wird eine maßstabsgetreue Abbildung erzielt. Die Vergrößerung kann nur durch Nachvergrößerung des Films erfolgen.

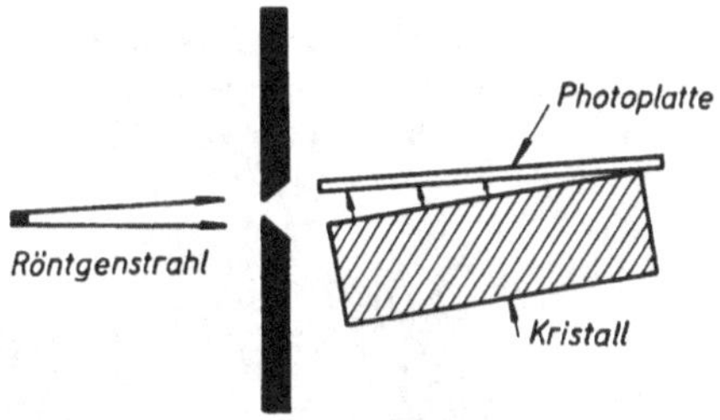

Abb. 72. Prinzip der Berg-Barrett-Methode zum Nachweis von Versetzungen in Reflexion. Der Kristall ist für den Bragg-Fall orientiert, nach W. G. Johnston

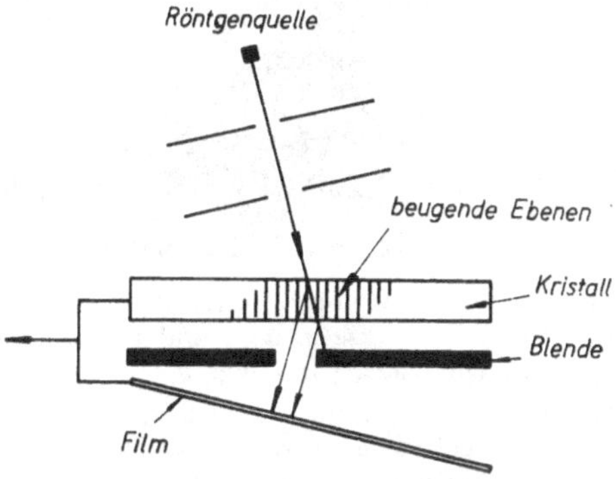

Abb. 73. Prinzip der Lang-Methode zum Nachweis von Versetzungen in Durchstrahlung. Der Kristall ist für den Bragg-Fall orientiert. Kristall und Film werden simultan bewegt; nach W. G. Johnston

Während die in Abb. 72 skizzierte Anordnung nur die Versetzungsstrukturen in oberflächennahen Bereichen (bzw. in dünnen Kristallen) zu erfassen gestattet, ermöglicht das in Abb. 73 angegebene Lang-Verfahren die Erfassung der Versetzungsstrukturen in größeren Tiefen. Durch einen synchronen Vorschub von Kristall und Film ist es möglich, einen Kristall vollständig abzutasten und seine Versetzungsstruktur aufzunehmen.

In beiden Varianten topographischer Nachweisverfahren hängt die Sichtbarmachung der Versetzungsstruktur eines Kristalls von der Orientierung der Versetzungen, d. h. von der Lage ihres BURGERS-Vektors zum Röntgenstrahl ab, da durch diese Lage der Kontrast bestimmt wird.

Abb. 74 zeigt Versetzungsanordnungen in einem MgO-Kristall, sichtbar gemacht durch die topographische Methode nach LANG. Die Versetzungen konzentrieren sich bevorzugt in den Bereichen der Kleinwinkelkorngrenzen.

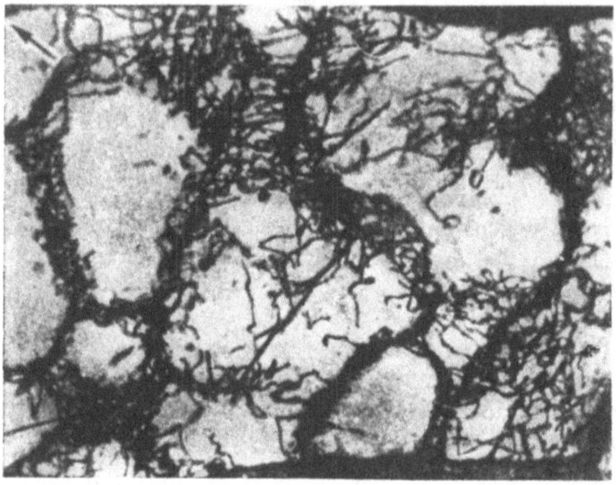

Abb. 74. Nachweis von Versetzungsanordnungen in einem MgO-Kristall mittels LANG-Verfahren. Die Versetzungen sind bevorzugt im Bereich der Kleinwinkelkorngrenzen konzentriert. Die Länge des Pfeils entspricht 150 µm. Nach A. R. LANG.

Die Ergebnisse topographischer Röntgenverfahren ergänzen sich ausgezeichnet mit den Resultaten der Durchstrahlungselektronenmikroskopie. Ersteres Verfahren gestattet die Bestimmung der Versetzungsanordnung über große Kristallbereiche, während die Elektronenmikroskopie die Versetzungsstruktur in submikroskopischen Bereichen wiedergibt. Besonders beim Studium der Verfestigung hat die gleichzeitige Anwendung beider Verfahren zu fruchtbaren Ergebnissen geführt.

Neben den aufgeführten wichtigsten Nachweisverfahren für Versetzungen gibt es noch zahlreiche andere Möglichkeiten, die weniger verbreitet sind. Mit Hilfe des Feldelektronen- oder -ionenmikroskopes gelingt der direkte Nachweis von Punkt-, Linien- und Flächendefekten. Bei der Durchstrahlung dünner Folien von Kristallen mit großer Gitterkonstante lassen sich die Netzebenen und damit auch Störungen in ihrem periodichen Aufbau nachweisen. Auf diese Weise konnten Einzelversetzungen in Platinphthalocyanidkristallen nachgewiesen werden. Unter Ausnutzung der von Versetzungen hervorgerufenen Spannungsfelder lassen sie sich auch spannungsoptisch nachweisen.

5. Physikalische Eigenschaften

5.1. Plastizität

Die Verformung eines Kristalls unter der Wirkung äußerer Schubspannungen steht in enger Beziehung zu seinem kristallographischen Aufbau. Die Verformung erfolgt durch gegenseitiges Abgleiten von Gitterbereichen. Der Gleitprozeß, der durch eine Ebene und Richtung (Gleitebene und -richtung) festgelegt ist, erfolgt bevorzugt auf dichtest besetzten Gitterebenen und entlang dichtest besetzter Gitterrichtungen. Das gegenseitige Abgleiten, d. h. Fließen des Materials, wird dann einsetzen, wenn die auf die Gleitebene bezogene Schubspannung einen bestimmten, von der Orientierung unabhängigen Wert annimmt. Dies ist der Inhalt des SCHMIDTschen Schubspannungsgesetzes.

Die Abgleitung der Schichtpakete haben wir uns nicht in der Weise vorzustellen, daß sich alle Bausteine einer Ebene *gleichzeitig* verschieben. Der Verschiebungsvorgang erfolgt vielmehr sukzessive und ist nur auf dem Wege über eine Versetzungsbewegung möglich. Im ersten Fall läßt sich die maximale Spannung abschätzen, die für eine Abgleitung notwendig wäre. Sie liegt etwa eine Größenordnung niedriger als der Schubmodul. Im Experiment werden jedoch Schubspannungen gemessen, die um mehrere Größenordnungen geringer sind als der Schubmodul. Für Cadmium ist die gemessene Schubspannung etwa 80 p/mm^2, während der Schubmodul $1{,}9 \cdot 10^6$ p/mm^2 beträgt.

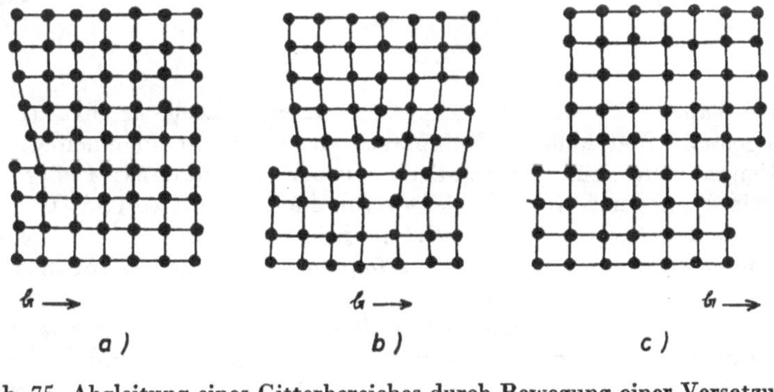

Abb. 75. Abgleitung eines Gitterbereiches durch Bewegung einer Versetzung

Den Elementarprozeß der plastischen Deformation können wir uns daher an der Abb. 75 klarmachen. Darin ist die mechanische Abgleitung durch Bewegung einer Stufenversetzung dargestellt. Abb. 75a zeigt die Entstehung einer Stufenversetzung durch mechanische Abgleitung des oberen Teilgitters. Unter der Wirkung einer Schubspannung bewegt sich die Versetzung durch den Kristall (Stadium *b*) und verläßt ihn schließlich wieder (Stadium *c*). Dadurch entsteht an der Oberfläche eine Elementarstufe, deren Höhe dem Betrag des BURGERS-Vektors entspricht. Je nach der Zahl der gewanderten Versetzungen in *einer* Gleitebene kann die entstehende Gleitstufe ein Vielfaches einer elementaren Gleitstufe betragen. Die plastische Verformung erfolgt somit durch sprunghaftes Abgleiten der Atome in Gleitrichtung, wobei die Sprungweite durch den Betrag des BURGERS-Vektors gegeben ist. Obwohl der Kristall dabei eine Formänderung erfährt, bleibt seine Symmetrie erhalten. Die sukzessive Abgleitung der Gitterebenen durch Bewegung von Versetzungen macht es verständlich, warum nur Schubspannungen benötigt werden, die um mehrere Größenordnungen niedriger als die theoretische Festigkeit, die etwa $^1/_{10}$ des Schubmoduls beträgt, liegen.

Tabelle 21. Bevorzugte Gleitelemente verschiedener Strukturen für Raumtemperatur

Gittertyp	Kristall	Gleitelemente	
		Gleitebene	Gleitrichtung
kubisch-flächenzentriert	Cu, Au, Ni, Ag, Pb, Al	$\{111\}$	$\langle 110\rangle$
kubisch-flächenzentriert	NaCl, KCl, KBr, KJ	$\{110\}$	$\langle 110\rangle$
kubisch-raumzentriert	Mo, Nb, W	$\{110\}$	$\langle 111\rangle$
Diamantstruktur	Ge, Si	$\{111\}$	$\langle 110\rangle$
hexagonale Kugelpackung	Cd, Zn	$\{0001\}$	$\langle 2\bar{1}\bar{1}0\rangle$
CsCl-Struktur	NH_4Cl, NH_4Br, TlCl	$\{100\}$	$\langle 100\rangle$

In der Tabelle 21 sind die Gleitelemente verschiedener Strukturen zusammengestellt. Bei höheren Temperaturen treten im allgemeinen zusätzliche Gleitelemente auf. Schematisch ist der Translationsvorgang in verschiedenen Strukturen vom NaCl-Typ für die $\{110\}$, $\langle 110\rangle$- und $\{100\}$, $\langle 110\rangle$-Gleitung in der Abb. 76 dargestellt. In beiden Strukturen wird die gleiche Translationsrichtung betätigt, doch erfolgt der Verschiebungsprozeß in verschiedenen Ebenen.

Die für die Verformung eines Kristalls notwendige Spannung ist von der Vorbehandlung abhängig. Im allgemeinen erhöht sich während der Deformation der Widerstand gegen die Verformung, d. h., es tritt eine Verfestigung mit zunehmender Versetzungsdichte ein (engl. work hardening). Trägt man die

Spannung als Funktion der Verformung (Abgleitung) auf, erhält man den in Abb. 77 dargestellten typischen Verlauf einer Verfestigungskurve, der besonders an kubisch-flächenzentrierten Metallen bestätigt wurde. Grundsätzlich können drei Bereiche einer Verfestigungskurve unterschieden werden, deren Ausdehnung weitgehend von der Verformungsgeschwindigkeit, Verformungstemperatur, Vorbehandlung und Kristallorientierung abhängt. Im Verfestigungsbereich I nimmt die Spannung mit zunehmender Abgleitung zu. In diesem Bereich, der besonders durch Betätigung des bevorzugt orientierten Gleitsystems gekennzeichnet ist, steigt die Zahl von Versetzungen stark an, besonders durch Multiplikationsprozesse (z. B. Frank-Read-Generator).

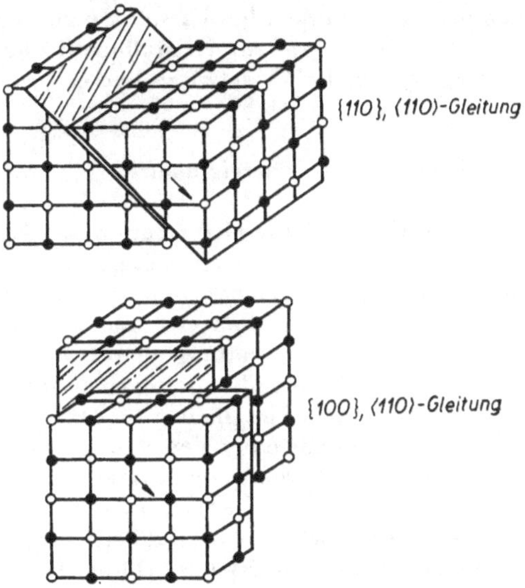

Abb. 76. Translations-Gleitung in der gleichen Richtung, jedoch in verschiedenen Ebenen in Kristallen mit NaCl-Struktur

Im Verfestigungsbereich II steigt die Spannung stärker an als in I. Dieses Verhalten liegt in der Wechselwirkung der Versetzungen innerhalb eines Gleitsystems und weiterer Gleitsysteme begründet. Infolge der hohen Versetzungskonzentration behindern sich die Versetzungen in ihrer Bewegung. Unter bestimmten Voraussetzungen kommt es zu Reaktionen aufgespaltener Versetzungen (z. B. Lomer-Cottrell-Reaktion, siehe Abb. 48). Dadurch entstehen Versetzungen, die weder gleiten noch klettern können und ein Hindernis für die Bewegung benachbarter Versetzungen darstellen. Sie tragen entscheidend zur Verfestigung des Materials im Verlaufe der plastischen Verformung bei.

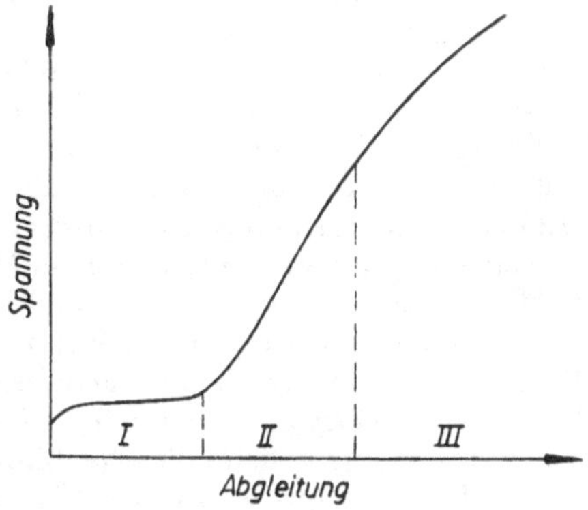

Abb. 77. Typische Verfestigungskurve kubisch-flächenzentrierter Metalle

Mit zunehmender Verformung zeigt die Verfestigungskurve einen flacheren Verlauf (Bereich III), d. h., die Zunahme der Versetzungsdichte und damit die Verfestigung werden geringer. In diesem Bereich findet unter der Wirkung einer thermischen Aktivierung ein Teilabbau der Barrieren statt, die durch Versetzungsreaktionen hauptsächlich im Bereich II gebildet wurden. Außerdem können Versetzungen bestehende Spannungsfelder durch Kletterbewegungen umgehen. Indem sie zur Kristalloberfläche wandern und sich dort auflösen, verringert sich die Versetzungsdichte.

5.2. Erholung und Energieinhalt

Durch die plastische Deformation von Kristallen werden zahlreiche weitere Kristalleigenschaften in charakteristischer Weise verändert. Infolge der erhöhten Versetzungsdichte nimmt der Energieinhalt zu. Die durch Kaltbearbeitung in Kristallen erzwungene Versetzungsdichte besitzt eine obere Grenze. Ihre Überschreitung würde zur Überwindung der Kohäsionskräfte infolge der wirksamen Spannungen führen. Die typische Grenzkonzentration für kaltbearbeitete Metalle liegt bei etwa 10^{12} Versetzungen pro cm^2. Benutzt man für die Energie einer Versetzungslinie in Kupfer den nach 3. berechneten Wert von $5 \cdot 10^{-4}$ erg/cm und nimmt man als Maximalkonzentration der Versetzungsdichte $10^{12}/cm^2$ an, ergibt sich die durch eingeführte Versetzungen gespeicherte Energie zu $5 \cdot 10^8$ erg/cm^3. Experimentell kann der erhöhte Energieinhalt mikrokalorimetrisch bestimmt werden.

Infolge der erhöhten potentiellen Energie deformierter Kristalle befinden sie sich in einem instabilen Zustand und sind bestrebt, unter Energieabgabe in den Grundzustand überzugehen. Durch die geringe Beweglichkeit der Gitterbausteine bei Normaltemperatur kann dieser Prozeß praktisch nicht ablaufen. Erst bei höheren Temperaturen wird die Aktivierungsenergie aufgebracht. Die Erholungsgeschwindigkeit nimmt entsprechend der ARRHENIUS-Gleichung mit der Temperatur nach einer *e*-Funktion zu.

Bei Temperaturerhöhung eines kaltbearbeiteten Kristalls wird die gespeicherte Energie nicht kontinuierlich abgegeben, sondern in einzelnen Stufen. Abb. 78 zeigt die mit einer Differentialmethode gemessene Wärmeentwicklung bei konstanter Aufheizgeschwindigkeit von tordierten Kupfer- und Nickelproben gegenüber unverformten Proben. Maxima in der Wärmeabgabe treten bei 300 °C im Falle von Cu und 600 °C im Falle von Ni auf. Bei diesen Temperaturen treten auch Änderungen in der Härte und dem elektrischen Widerstand auf. Die erhöhte Leistungsabgabe bei diesen Temperaturen kommt nicht allein durch Erholungsvorgänge zustande, sondern durch Rekristallisationsprozesse, d. h. durch eine vollständige Neubildung der Kristalle. Während sich als Folge des Erholungsprozesses die Versetzungen umordnen und stabilere Lagen einnehmen sowie zur Kristalloberfläche wandern und sich dort auflösen, findet bei der Rekristallisation, die bei höheren Temperaturen erfolgt, eine Kristallumbildung und Neuorientierung statt. Beim Nickel tritt zusätzlich ein kleineres Maximum in der Leistungsabgabe bei tieferen Temperaturen auf, das nicht mit einer Verminderung der Härte verbunden ist. Dieses Maximum kann gedeutet werden durch das Ausheilen von atomaren Baufehlern, ohne daß die Versetzungskonzentration dadurch wesentlich verändert wird.

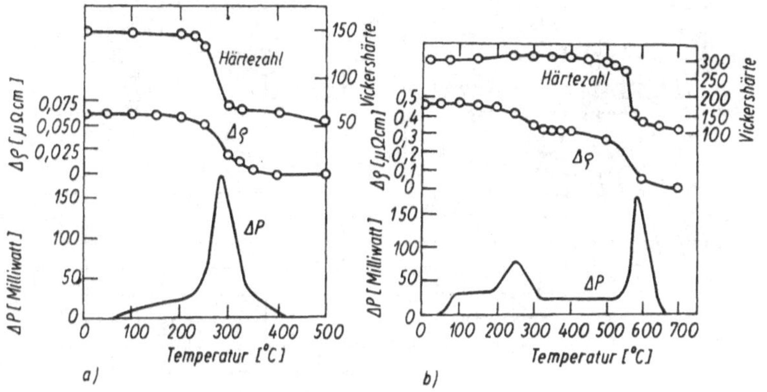

Abb. 78. VICKERS-Härte, Unterschied $\Delta\varrho$ des spezifischen elektrischen Widerstandes sowie Änderung der Leistungsabgabe zwischen verformten und unverformten Proben a) tordierte Kupferproben, b) tordierte Nickelproben. Nach L. M. CLAREBROUGH et al.

5.3. *Bruch*

Der Bruch in einem Kristall wird durch zwei Teilprozesse bestimmt, durch die Entstehung (Auslösung) eines Risses und seine Ausbreitung. Es kann heute als gesichert angesehen werden, daß verschiedene Versetzungsreaktionen als bruchauslösende Mechanismen in Frage kommen.

Abb. 79 zeigt zwei Gruppen von je 4 Versetzungen entgegengesetzten Vorzeichens, die gegeneinander aufgelaufen sind. Im linken Teilbild sind durch die gekrümmten Linien die Spannungen angedeutet, die entstehen, wenn die vier Versetzungen mit dem BURGERS-Vektor $b = 4a$ in zwei um den Abstand $h = 5a$ voneinander entfernten Gleitebenen aufgelaufen sind. Das rechte Teilbild zeigt den entstandenen Riß mit der Breite b und der Höhe h. Durch das Auflaufen von Versetzungen werden Normalspannungen erreicht, die die Kohäsionskräfte des Gitters überwinden. Nach dem Auftreten des Risses sind die ursprünglichen elastischen Verspannungen des Gitters zurückgegangen und in Form der Oberflächenenergie des Anrisses in Erscheinung getreten.

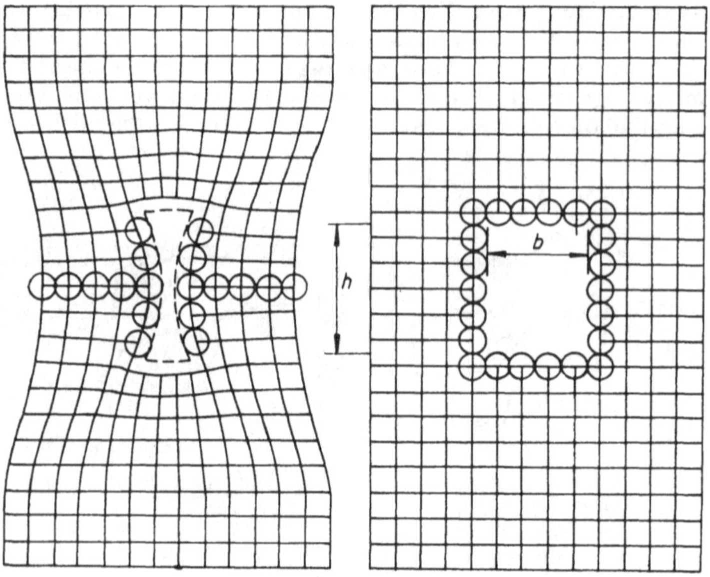

Abb. 79. Auflaufen zweier Gruppen von je vier Versetzungen und Entstehung eines Risses. Nach A. KOCHENDÖRFER

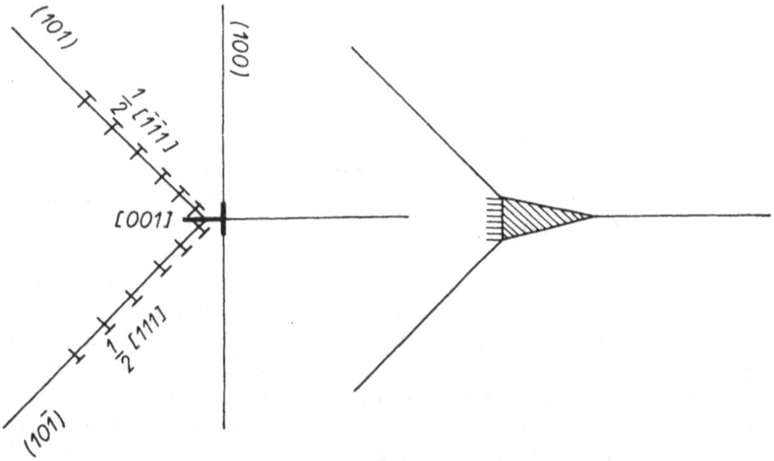

Abb. 80. Zwei Gruppen von aufgelaufenen Versetzungen in {101}-Ebenen bilden einen Riß in der (001)-Ebene. Die Pfeile demonstrieren die Wirkung der Zugspannung beim Öffnen des Risses. Nach A. H. COTTRELL

Laufen einzelne Versetzungen verschiedener Gleitebenen aufeinander, so können unter bestimmten Voraussetzungen ebenfalls Normalspannungen entstehen, die die Gitterfestigkeit überschreiten. Abb. 80 zeigt zwei Gruppen von aufgelaufenen Versetzungen in {101}-Ebenen, durch die ein Riß in der (001)-Ebene gebildet wird. Wird durch eine äußere Schubspannung im Verlaufe des Verformungsprozesses eine große Zahl von Versetzungen gegen ein Hindernis gedrängt, das die Versetzungen nicht überwinden können, so wird die Versetzungsdichte am Kopf der Gruppe so groß, daß daraus hohe Normalspannungswerte resultieren. Im Falle der Abb. 80 reagieren Versetzungen mit dem BURGERS-Vektor ⟨111⟩ und bilden Versetzungen mit dem Gleitvektor [100], der in der (001)-Ebene liegt. Dadurch entsteht zuerst ein Keil monoatomarer Größe in der (001)-Ebene. Weitere auflaufende Versetzungen erhöhen die Normalspannungen auf die (001)-Ebene, bis das Gitter aufreißt. Die bei der Bildung des Anrisses freiwerdende elastische Energie genügt allein nicht, um den Riß auszubreiten. Die Ausbreitung kann nur erfolgen, wenn unter der Wirkung der äußeren Spannung zusätzliche Normalspannungen wirksam sind.

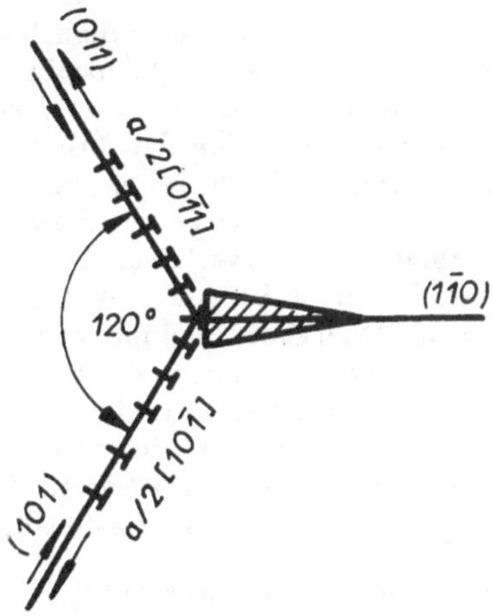

Abb. 81. Zwei Gruppen von aufgelaufenen Versetzungen in {110}-Ebenen bilden einen Riß in der (11̄0)-Ebene. Nach A. S. KEH

Bei der punktförmigen mechanischen Beanspruchung von Alkalihalogeniden mit NaCl-Struktur, z. B. beim Eindringen einer Nadel auf der Würfelfläche, reißt das Gitter in Richtung der Flächendiagonalen auf. Die Entstehung dieser Risse ist durch Spannungskonzentrationen bedingt, die durch Blockierung von Versetzungen in Gebieten auftreten, die so stark heterogen deformiert und verfestigt sind, daß die Versetzungsbewegung in den Gleitsystemen praktisch nicht mehr möglich ist. Für die Deutung der in {110}-Ebenen beobachteten Risse ist der Mechanismus einer Versetzungsreaktion anwendbar. Die aus den Gleitebenen (011) und (101) zusammentreffenden Versetzungen mit den Gleitvektoren $\frac{a}{2}[0\bar{1}1]$ und $\frac{a}{2}[10\bar{1}]$ reagieren miteinander (Abb. 81) unter Abgabe der Hälfte der elastischen Energie und bilden eine neue Versetzung mit dem BURGERS-Vektor $\frac{a}{2}[1\bar{1}0]$:

$$\frac{a}{2}[0\bar{1}1] + \frac{a}{2}[10\bar{1}] = \frac{a}{2}[1\bar{1}0].$$

Die resultierende Versetzungslinie liegt in der (112)-Ebene und ist gegenüber derjenigen in der (110)-Ebene unbeweglich. Daher laufen die in den sich schneidenden Gleitebenen (011) und (101) erzeugten Versetzungen gegen diese unbewegliche Versetzung auf und erzeugen einen Riß in der ($1\bar{1}0$)-Ebene.

5.4. Diffusion

Die Diffusion in Kristallen haben wir uns im atomaren Bild durch spezielle Platzwechselmechanismen vorzustellen. Platzwechselvorgänge können in monoatomar aufgebauten Kristallen z. B. duch Ausgleich verschiedener kinetischer Energien der Atome, entsprechend der BROWNschen Molekularbewegung in Flüssigkeiten, zustandekommen. Man bezeichnet diese Art der Platzwechselvorgänge als Selbstdiffusion. Damit ein Gitterbaustein seinen normalen Platz verlassen kann, muß eine bestimmte Aktivierungsenergie aufgebracht werden. Die Aktivierungsenergien sind besonders niedrig für die an der Oberfläche befindlichen Kristallbausteine, da sie eine geringere Bindungsenergie besitzen als die Atome im Kristallinnern. Die Aktivierungsenergien für Platzwechselprozesse im Kristallinnern werden durch die Realstruktur entscheidend beeinflußt.

Für den Elementarprozeß des Stofftransportes bestehen verschiedene Möglichkeiten. Die wichtigsten davon sind in einatomigen Kristallen (Abb. 82):

1. Diffusion über Leerstellen, Leerstellenmechanismus (Abb. 82a)

Der Austausch erfolgt zwischen einem Gitterbaustein und einer Leerstelle. Vom energetischen und geometrischen Standpunkt ist dieser Mechanismus bevorzugt, weil als Aktivierungsenergie praktisch nur die Ablösearbeit der Gitterbausteine aufgebracht werden muß. Leerstellen sind in einem Kristall immer vorhanden, da jeder Kristall bei von 0°K verschiedenen Temperaturen eine bestimmte Gleichgewichtskonzentration von Leerstellen enthält (siehe 2.1.).

2. Diffusion über Zwischengitteratome, Zwischengittermechanismus (Abb. 82b)

Die Atome wandern auf Zwischengitterplätzen. Die Bewegung erfordert eine starke Gitterverzerrung, die mit einer hohen Aktivierungsenergie verbunden ist.

3. Diffusion durch Ringsprünge, Ringdiffusion (Abb. 82c)

Von ZENER wurde ein Ringtausch-Mechanismus vorgeschlagen, bei dem mehrere Atome gleichzeitig beteiligt sind. In der Abbildung sind es z. B. vier Atome in der Ebene.

4. Direkter Austausch (Abb. 82d)

Gegenüber dem Ringtausch ist der direkte Platztausch mit einer starken Gitterverzerrung verbunden, so daß dieser Mechanismus eine hohe Aktivierungsenergie erfordert, die durch thermische Energie allein praktisch nicht aufgebracht werden kann. Platzwechselvorgänge nach diesem Mechanismus sind daher unwahrscheinlich.

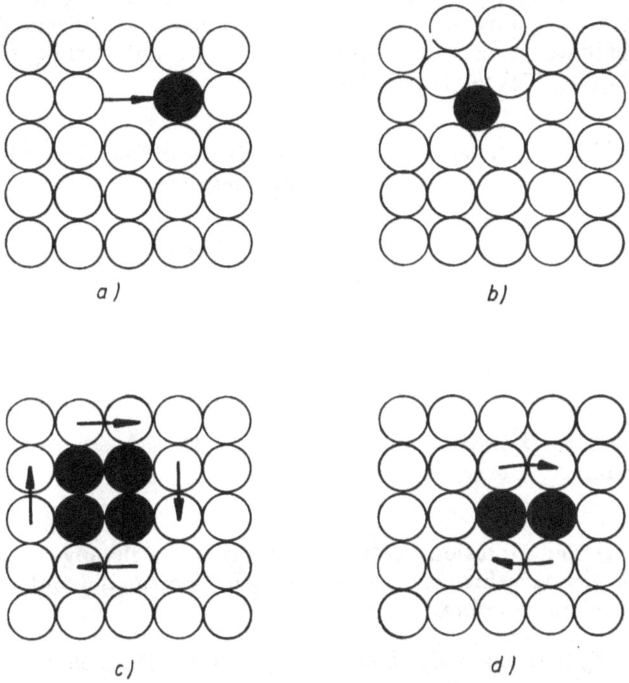

Abb. 82. Platzwechselmechanismen in monoatomaren Kristallen

Theoretisch wurden die Aktivierungsenergien für verschiedene Diffusionsmechanismen für das kubisch-flächenzentrierte Kupfergitter berechnet. Die Werte sind in Tabelle 22 angegeben.

Tabelle 22. Berechnete Aktivierungsenergien für verschiedene Diffusionsmechanismen in Kupfer

Diffusions-Typ	Aktivierungsenergie E_A in kcal/mol
Leerstellendiffusion	64
Ringdiffusion	91
Zwischengitterdiffusion	230
Direkter Platztausch	253

Somit dürfte der Leerstellenmechanismus der bevorzugteste Platzwechselmechanismus sein. Die experimentell beobachtete Aktivierungsenergie kommt diesem Wert recht nahe.

Die Aktivierungsenergien sind auch im Bereich einer Korngrenze gegenüber einem nur mit Punktdefekten behafteten Kristall erniedrigt. Gemessene Aktivierungsenergien der Selbstdiffusion im Gitter und entlang einer Korngrenze sind in der Tabelle 23 zusammengestellt.

Tabelle 23. Aktivierungsenergien der Selbstdiffusion im Gitter und entlang einer Korngrenze in eV

Metall	Gitter	Korngrenze
Pb	1,21	0,68
Ag	2,0	0,88
Ni	2,7	0,65

Drückt man die Temperaturabhängigkeit der Diffusion durch die ARRHENIUS-Gleichung der Form

$$D = D_0 \cdot e^{-E_A/RT}$$

aus, worin D der Diffusionskoeffizient ist, lassen sich allgemeine Gesetzmäßigkeiten für verschiedene Diffusionsmechanismen, die unterschiedliche Aktivierungsenergien erfordern, angeben:

$$E_A \text{ (Gitter)} > E_A \text{ (Korngrenze)} > E_A \text{ (Oberfläche)},$$

$$D \text{ (Oberfläche)} > D \text{ (Korngrenze)} > D \text{ (Gitter)}.$$

Literaturverzeichnis

Zu Teil I

[1] KLEBER, W., Einführung in die Kristallographie. Berlin 1965.
[2] LJUBARSKI, G. J., Anwendungen der Gruppentheorie in der Physik (Übersetzung aus dem Russischen). Berlin 1962.

Zu Teil II

[3] BHAGAVANTAM, S., Crystal Symmetry and Physical Properties. New York 1966.
[4] BIRSS, R. R., Symmetry and Magnetism. Amsterdam 1964, sowie Proc. Phys. Soc. **79** (1962) 946.
[5] BOAS, W., und MACKENZIE, J. K., Anisotropy in Metals. Progr. Met. Phys. **2** (1950) 90.
[6] NYE, J. F., Physical Properties of Crystals. Oxford 1957.
[7] SMITH, CH. S., Macroscopic Symmetry and Properties of Crystals. Solid state physics 6 (1958) 175.
[8] VOIGT, W., Lehrbuch der Kristallphysik. Leipzig 1910.
[9] WOOSTER, W. A., A Textbook on Crystals Physics. Cambridge 1949.

Zu Teil III

[10] Handbuch der Physik, Band VII, Teil 1 und 2. Kristallphysik. Berlin—Göttingen—Heidelberg 1955 u. 1958.
[11] BORN, M., und HUANG, K., Dynamical Theory of Crystal Lattices. Oxford 1954.
[12] BUCHWALD, E., Einführung in die Kristalloptik. Berlin 1952.
[13] COULSON, C. A., Valence. 2. Aufl., Oxford 1963.
[14] EMELÉUS, H. J., und ANDERSON, J. S., Ergebnisse und Probleme der modernen anorganischen Chemie. 2. Aufl., Berlin—Göttingen—Heidelberg 1954.
[15] JONA, F., und SHIRANE, G., Ferroelectric Crystals. Oxford—London—New York—Paris 1962.
[16] KITTEL, CH., Introduction to Solid State Physics. New York—London 1964.
[17] KLEBER, W., Angewandte Gitterphysik 3. Aufl., Berlin 1960.
[18] KLEBER, W., Kristallchemie. Leipzig 1963.
[19] KLEBER, W., Einführung in die Kristallographie. 9. Aufl., Berlin 1965.
[20] MEGAW, H. D., Ferroelectricity in Crystals. London 1957.
[21] PAULING, L., Die Natur der chemischen Bindung. Weinheim 1962.
[22] WELLS, A. F., Structural Inorganic Chemistry. 2. Ed., Oxford 1950.
[23] WINKLER, H. G. F., Struktur und Eigenschaften der Kristalle. 2. Aufl., Berlin 1955.

[24] WOOSTER, W. A., A Text Book on Crystal Physics. Cambridge 1949.
[25] ZEMANN, J., Kristallchemie. Berlin 1966.
[26] ZWIKKER, C., Physical Properties of Solid Materials. London 1954.

Zu Teil IV

[27] AMELINCKX, S., Direct Observation of Dislocations. Akademic Press, New York 1964.
[28] BETHGE, H., in: Grundlagen des Festigkeitsverhaltens von Metallen, „Methoden zur direkten Beobachtung von Versetzungen". Akademie-Verlag, Berlin 1965.
[29] BETHGE, H., Oberflächenstrukturen und Kristallbaufehler im elektronenmikroskopischen Bild, untersucht am NaCl. Physica status solidi **2** (1962) 3—27 und 775—820.
[30] VAN BUEREN, H. G., Imperfections in Crystals. North Holland Publishing Comp., Amsterdam 1961.
[31] BUNGE, H.-J., in: Grundlagen des Festigkeitsverhaltens von Metallen, „Über die Geometrie von Versetzungen". Akademie-Verlag, Berlin 1965.
[32] COHEN, M., (Hrsg.), Dislocations in Metals. The American Inst. of Mining and Metallurgical Engineers, New York 1954.
[33] COTTRELL, A. H., Dislocations and Plastic Flow in Crystals. Clarendon Press, Oxford 1963.
[34] FISHER, J. C., (Hrsg.), Dislocations and Mechanical Properties of Crystals. J. Wiley, New York 1957.
[35] FRIEDEL, J., Dislocations. Pergamon Press, Oxford 1964.
[36] JOHNSTON, W. G., in: Progress in Ceramic Science, Vol. 2, Hrsg. J. W. BURKE, Dislocation Etch Pits in Non-Metallic Crystals. Pergamon Press, New York 1962.
[37] NEWKIRK, J. B., und WERNICK, J. H., (Hrsg.), Direct Observation of Imperfections in Crystals. Interscience publishers, New York 1962.
[38] READ, W. T., Dislocations in Crystals. Mc Graw Hill Book Comp., New York 1953.
[39] SEEGER, A., Handbuch der Physik, Band VII, 1, Hrsg. S. FLÜGGE, Theorie der Gitterfehlstellen. Springer-Verlag, Berlin 1955.
[40] SHOCKLEY, W., HOLLOMON, J. H., MAURER. R., und SEITZ, F., (Hrsg.), Imperfections in Nearly Perfect Crystals. J. Wiley, New York 1952.
[41] TÄUBERT, P., in: Grundlagen des Festigkeitsverhaltens von Metallen, „Einführung in die Versetzungstheorie". Akademie-Verlag, Berlin 1965.
[42] THOMAS, G., Transmission Electron Microscopy of Metals. J. Wiley, New York 1962.

Sachverzeichnis

Kolibri 360 GmbH
Ferdinand-Jühlke-Straße 7
99095 Erfurt, Deutschland
produktsicherheit@kolibri360.de